国家出版基金项目
NATIONAL PUBLICATION FOUNDATION

飞行控制系统工程系列丛书

总主编　高亚奎

运输类飞机自动飞行控制系统设计与实现

张　伟　王　颂　潘兆磊等　编著

高亚奎　张珊珊　审校

西北工业大学出版社

西安

图书在版编目(CIP)数据

运输类飞机自动飞行控制系统设计与实现 / 张伟等编著. —西安：西北工业大学出版社，2024.3
（飞行控制系统工程系列丛书）
ISBN 978 - 7 - 5612 - 9241 - 9

Ⅰ.①运… Ⅱ.①张… Ⅲ.①运输机-自动飞行控制-飞行控制系统 Ⅳ.①V249.1②V271.2

中国国家版本馆 CIP 数据核字(2024)第 061830 号

YUNSHULEI FEIJI ZIDONG FEIXING KONGZHI XITONG SHEJI YU SHIXIAN
运 输 类 飞 机 自 动 飞 行 控 制 系 统 设 计 与 实 现
张伟　王颂　潘兆磊 等　编著

责任编辑：朱辰浩	**策划编辑**：黄　佩
责任校对：季苏平	**装帧设计**：赵　烨

出版发行：西北工业大学出版社
通信地址：西安市友谊西路 127 号　　　邮编：710072
电　　话：(029)88493844,88491757
网　　址：www.nwpup.com
印 刷 者：西安五星印刷有限公司
开　　本：787 mm×1 092 mm　　　1/16
印　　张：17.625
字　　数：429 千字
版　　次：2024 年 3 月第 1 版　　　2024 年 3 月第 1 次印刷
书　　号：ISBN 978 - 7 - 5612 - 9241 - 9
定　　价：128.00 元

如有印装问题请与出版社联系调换

《飞行控制系统工程系列丛书》
编撰委员会

主　　任：唐长红

副 主 任：赵志忠

编　　委：王　斑　王　博　王　松　刘小雄　安　刚　江飞鸿

　　　　　邱岳恒　李广文　李爱军　张　伟　张珊珊　张军红

　　　　　陈　杰　高亚奎　章卫国　范彦铭　杨朝旭　赵伟国

　　　　　赵淑丽　汤重阳　畅爱东　黑文静　张　博　杨海斌

总 主 编：高亚奎

执行主编：王　斑　王　博　安　刚　邱岳恒　李爱军

　　　　　张　伟　张珊珊　张　博　陈　杰

　　　　　（排名不分先后）

总　序

　　大型运输机,通常称为大飞机,其研发、生产制造、集成验证、复杂供应链、高风险试飞能力是一个国家工业体系、科技水平和综合实力的集中体现,是国家战略装备的重要组成部分,其成功研制对于增强我国的综合国力、科技实力和国际竞争力,以及早日实现中国式现代化具有极为重要的意义。它的价值甚至不亚于载人航天工程。

　　大飞机是国之重器,是我国建设创新型国家,实现高水平航空科技自立自强、打造世界一流军队的重大战略支撑。在我国科研工作者多年奋发图强的基础上,大飞机工程"三剑客"运 20 飞机、C919 飞机、AG600 飞机已经实现了重大技术突破,其中运 20 飞机、C919 飞机已批量交付用户使用,AG600 飞机已进入科研试飞阶段。这不仅实现了我国大飞机技术集群式突破,形成了大飞机研发制造的核心能力,而且锻造了一条蕴藏巨大潜力的产业链,为国家经济、政治和军事发展释放出了巨大的价值,也充分体现了国家意志、人民意志。

　　随着我国大飞机工程的稳步推进,目前其已经进入深水区,尤其是以电传飞行控制为核心的现代大型飞机飞行控制系统设计技术是最为关键的核心技术之一。大飞机对飞行控制系统的要求日益提高,不仅要保证飞行器的安全性、稳定性和操纵性,具备优异的飞行品质,以便于高质量、高效率、低成本完成复杂任务,同时也需要对故障有监控、自愈功能,还要对复杂气象和强干扰具有一定的"免疫"功能。这些需求对工程技术人员来说,既是良好机遇,更是巨大挑战。经过近 20 年的持续艰苦攻关,我国工程技术人员终于突破了多项关键技术瓶颈,也积累了丰富的飞行控制系统工程设计经验。

　　为了更好地总结现代大型飞机飞行控制系统研制经验,以及做好知识与经验的传承,我们特邀请中国工程院唐长红院士领衔,高亚奎研究员担任总主编,联合西北工业大学、航空工业一飞院、航空工业庆安、航空工业兰飞、航空工业青云、天云飞控（西安）科技有限责任公司等高校、科研院所和企业的专家学者，策划出版了飞行控制系统工程系列丛书，本系列丛书由《现代飞机飞行控制系统传感器技术》《现代飞行控制系统设计》《飞行控制系统预测与健康管理》《飞机非线性容错飞行控制》《大型运输机控制律设计与验证技术》《大型飞机高升力控制系统设计与验证》《运输类飞机自动飞行控制系统设计与实现》《现代飞机机械操纵系统设计与验证》《飞控系统研制流程与工作分解》等9本专著组成。

目前，国内还缺乏成体系出版的关于飞行控制系统研制的工程系列丛书。本系列丛书是专门针对大型运输类飞机飞行控制系统工程研制策划出版的一个专题系列丛书，更多直接针对工程应用过程中的难题和核心技术，更适合于工程应用。虽然国内也有许多优秀的翻译类飞控系统图书，但不同国家、不同的设计师团队、不同的研制条件，在面对不同技术成熟度的工程解决方案时也不尽相同，也就是说，本套系列丛书更适合我国国情。同时，编写和执笔人员均是实际参与大飞机飞行控制系统研制的高校和科研院所的一线人员，更能体现出我国当前飞行控制系统工程研制技术水平，具有明显的中国特色和中国方案。

飞行控制系统工程系列丛书基于正向设计思想，总结了近年来我国大飞机飞控系统研制的工程经验，对于激发高校老师和学生对飞行控制技术研究的兴趣，以及提高飞机相关院厂所飞行控制系统科研技术人员的工程应用能力，均具有较强的指导和参考作用。同时，本系列丛书具有鲜明的工程应用特点，可为后续型号的飞控系统研制提供设计参考，具有广泛的经济、军事和政治价值，对于促进高安全、高可靠大飞机飞行控制科学与技术的繁荣与发展影响深远。

《飞行控制系统工程系列丛书》编撰委员会

2023 年 7 月

前　言

　　作为一个国家航空实力的象征,运输类飞机的重要性丝毫不亚于先进战斗机,甚至在和平年代,运输机所发挥的作用,远远超越了其他类型飞机。运输类飞机具有航程远、飞行时间长的特点,因此,在运输机上应用自动控制技术会显著减轻驾驶负担、提高飞行安全。现代运输机自动飞行控制系统功能完善、使用频率高,已成为飞机设计必备的重要机载系统。《运输类飞机自动飞行控制系统设计与实现》是飞行控制系统工程系列丛书之一。

　　自动飞行控制系统在飞机上的应用最早可追溯到 1912 年美国斯佩里(Sperry)父子制成的自动驾驶仪,目的是解决"平衡和操纵"的问题,使飞机能稳定在三个轴(滚转轴、俯仰轴和偏航轴)上。20 世纪 30 年代,远程航运事业的发展,促使具有自动控制飞机高度、速度和航向的控制器出现,以减轻长航时飞行员的疲劳。第二次世界大战后的民航运输事业的发展,推动了自动驾驶仪向自动飞行控制系统发展。20 世纪 80 年代出现的飞行管理系统,极大地方便了飞机运营。自动飞行控制系统根据飞行管理系统提供的水平、垂直和油门引导指令,实现了飞机从起飞到着陆全飞行阶段的自动控制。随着电传飞行控制技术的发展,早期属于自动驾驶仪的三轴增稳功能逐渐由电传飞行控制系统来替代实现,自动飞行控制系统则朝着与飞行任务紧密结合的方向发展,以解决新飞行任务带来的自动控制问题。

　　本书以国内大型运输机、国产先进民用客机研制为背景,从工程实际需要出发,面向工程设计人员,以现代电传飞行控制系统构架下的运输类飞机自动飞行控制系统设计为描述对象,研究并总结国内运输机主机所、主要机载承研单位近 20 年来在运输类飞机自动飞行控制系统研制方面的工程实践经验。本书编著的指导思想和原则是:内容应覆盖运输类飞机自动飞行控制系统研制过程中的各重要方面,使读者有全面的、清晰的了解;从型号实践中总结并提炼出自动飞行控制系统各模态功能的应用场景、设计要点和设计思路,具有良好的工程应用价值，使相关从业技术人员阅读后有实实在在的收获；站在飞机的层级看自动飞行控制系统设计与实现，启发读者系统全局思维；注重编著的准确性以及与全系列丛书的一致性。

本书适用于从事自动飞行控制系统设计和研制的工程技术人员，同时对于刚参加飞行控制系统研制工作的大学生、研究生亦有重要参考价值，通过阅读本书，可解决如何尽快进入型号研制角色的问题，避免或少走弯路。

高亚奎研究员组织航空工业一飞院、航空工业青云、航空工业兰飞、中国民航大学、天云飞控（西安）科技有限责任公司等约 40 余位科研人员实施本书的编著工作，具体由张伟、王颂、潘兆磊负责。全书由高亚奎、张珊珊负责校对。

本书由 15 章组成：第 1 章"绪论"，由张伟、王颂、潘兆磊负责，参与作者有刘志君、邱岳恒、刘梦凡、高如钢、张治国、张贺、崔小丹、张媛；第 2 章"研制流程及要求"，由王颂负责，参与作者有潘兆磊、高如钢、李媛媛、张治国、刘阳、李创；第 3 章"自动飞行控制系统设计"，由韩建辉负责，参与作者有李创、吴春英、王兴、张程、孙文冲、张伟、徐彪、张鑫、张治国、王香、何嘉航；第 4 章"自动驾驶"，由潘兆磊负责，参与作者有杨汀、孙文冲、邱岳恒、杨开智、潘兆磊、张贺、刘鹏飞、张伟、张治国；第 5 章"飞行指引"，由吴春英负责；第 6 章"自动导航"，由李创负责，参与作者有赵宏业、刘鹏飞、张治国、崔小丹；第 7 章"自动进场与着陆"，由孙文冲负责，参与作者有张伟、潘兆磊；第 8 章"起飞/复飞控制"，由孙文冲负责，参与作者有张治国、王佳；第 9 章"回传系统"，由张治国负责，参与作者有徐彪；第 10 章"自动油门"，由张伟负责，参与作者有王贝、张媛、张治国、孙文冲；第 11 章"自动飞行控制系统软件设计"，由张鑫负责，参与作者有刘佳、文信峰、何嘉航、黄全进、裴建岗、刘亚南、李德玮；第 12 章"自动飞行控制系统地面验证试验"，由陈伟负责，参与作者有张程、云光議、张贺、张冀、张伟；第 13 章"自动飞行控制系统试飞验证"，由张伟负责，参与作者有廖文静、李越男、刘亚南；第 14 章"自动飞行控制系统设计中的几个问题"，由高如钢负责，参与作者有张媛、张治国、李创、张伟；第 15 章"自动飞行控制系统的未来发展与展望"，由王颂负责，参与作者有杨汀、潘兆磊。

本书由航空工业一飞院资助出版。航空工业青云、航空工业兰飞、天云飞控（西安）科技有限责任公司为本书的编著和出版也提供了诸多方便与支持。在此一并向他们表示诚挚的谢意！

由于经验和水平有限，书中难免存在不足之处，敬请读者不吝赐教。

编著者

2023 年 9 月

目　　录

第1章 绪 论

1.1 自动飞行控制系统的演变历史

在人类 100 多年的航空史上,人就相当于最灵巧的、最全面的、最具适应能力的自动飞行控制器。然而,飞行员的反应速度、精力总是有限的,而机械电子类的自动控制器并不受这些限制。设计自动飞行控制器的目的就是为了减轻飞行员的负担,使飞行员能担负其他更重要的任务。

飞行的首要任务就是要使飞机稳定在三个轴(滚转轴、俯仰轴和偏航轴)上,这可以被认为是自动飞行控制系统的最初功能。在 20 世纪初有人驾驶飞机出现以后,人们正忙于设计制造飞机本体结构,对如何保证它具有"固有稳定性"的概念还比较模糊。由于没有解决"平衡和操纵"的问题,制造出来的飞机常会坠毁,造成人身伤亡事故,因此,迫切需要研制自动飞行控制器来加强飞机的三轴稳定性。

1912 年,美国的艾默·斯佩里(Eimer Sperry)和劳伦斯·斯佩里(Lawrence Sperry)制成了基于电动陀螺稳定原理的自动驾驶仪,标志着自动飞行时代的到来。该自动驾驶仪可以保持飞机的俯仰角、滚转角和航向角,使得飞机稳定平飞。它的结构以气压-液压式为主,主要包括两个双自由度陀螺、磁离合器、计算放大装置、气压式敏感元件、液压式敏感元件以及用空气涡轮驱动的执行机构。为了演示自动驾驶的效果,劳伦斯·斯佩里在飞机平稳飞行转换为自动驾驶仪控制后,让随他登机的机械师从驾驶舱走出来,并沿着机翼行走,扰动飞机的平衡,演示自动驾驶仪向副翼、方向舵和升降舵提供操纵指令,使得飞机保持机翼水平状态的过程。自动驾驶仪所解决的稳定性问题使得飞机能够在空中稳定飞行,为进一步促进飞机产生社会价值奠定了基础。

飞行的第二要务就是使飞机稳定在飞行员选定的配平飞行状态,即保持飞机高度、速度和航向不变,这也是飞机能够执行一定飞行任务的基础。20 世纪 30 年代,远程航运事业的发展,促使具有自动控制飞机高度、速度和航向的控制器出现,以减轻长航时飞行员的疲劳。然而,这时的自动驾驶仪只具有保持当前飞行状态的能力,还不具备自动切换到新飞行状态的能力,飞行员需人工干预,调整飞机建立新的飞行状态(如一个新的高度或航向),然后再接通自动驾驶仪保持当前飞行状态。

第二次世界大战促使自动驾驶仪进一步发展,不仅传感器有所进步,而且功能也有所拓展。结构上由过去的气压-液压式发展到全电动,数量上由三个陀螺分别控制三个通道改为使用一个或两个陀螺来操纵飞机,并可作机动、爬高及自动保持高度等。战争期间,有的轰炸机自动驾驶仪还与瞄准仪连接起来,以改善水平轰炸的定向瞄准精度。典型的如美国制造的采用电子管放大器、电动舵机和电动陀螺的敏感元件的 C-1 型自动驾驶仪。

第二次世界大战后,随着飞行包线的扩大,固定参数自动驾驶仪不能保证飞机在飞行状态变化情况下仍然具有良好的控制性能。随之发展了可根据动压(q)、马赫数(Ma)、高度(H)、迎角(α)等参数变化而自动调节的自动驾驶仪及其他形式的自适应自动驾驶仪,这一改变开创了现代自动飞行控制律调参技术的先河。

飞行的第三要务就是使飞机能够完成从地球上任意一个机场起飞,然后保持相对地面的飞行航迹(按照事先规划的航路)飞往另一个机场并降落的飞行任务。1947 年,装有 A-12 电动自动驾驶仪及班迪克斯(Bendix)公司自动油门系统的 C-54 全天候型飞机完成了从纽芬兰起飞到布莱兹诺顿(Brize Norton)着陆的全程自动飞行。20 世纪 60—70 年代,安装了 PB-20D 自动驾驶仪与仪表着陆系统的三叉戟客机,不仅可以实现自动驾驶,还可以实现自动着陆。第二次世界大战后的民航运输事业的发展,不仅使得自动驾驶仪具有轨迹控制能力,也推动自动驾驶仪向自动飞行控制系统发展。自动飞行控制系统最大的两个特点是具有了余度概念和能与外部(如飞行管理系统、发动机控制系统)进行交联的能力。

安全性和可靠性始终是自动飞行控制系统发展的重要课题,如何提高飞机航路自动飞行的可靠性以及自动着陆的安全性,始终是自动飞行控制系统设计师考虑的核心问题。余度管理可以保证在一台自动飞行控制计算机发生故障的情况下,飞机的控制权能够自动切换到其他状态良好的计算机,航路飞行一般确保两台自动飞行控制计算机工作良好,着陆飞行一般需确保三台自动飞行控制计算机工作良好。20 世纪 80 年代出现的飞行管理系统,极大地方便了飞机运营。飞行管理系统按照输入的飞行计划,以航路点和无线电台的形式,产生从起飞机场到着陆机场的引导指令。自动飞行控制系统根据飞行管理系统提供的水平和垂直引导指令,实现飞机从起飞到着陆全飞行阶段的自动控制,典型的具有现代自动飞行控制系统的飞机代表如空客 A350、波音 B787 等。

从最初的稳定飞行到定高定向控制,再到目前的轨迹自动控制,自动飞行控制系统的发展始终与飞行目的和飞行任务紧密结合,并逐步代替飞行员的控制工作,减轻驾驶负担。现代地面雷达网密布,高炮、导弹等地面防御力量强大,军用飞机想从中、高空进入敌人空域是十分困难的,战斗机(轰炸机)很少能在完成任务之前不被敌人击落或不丧失战斗力。然而,地面雷达有一个盲区,越靠近地面,雷达越不易发现,但是高度越低,飞行就越困难,因此,设计能够保持飞机在 50~60 m 高度飞行的自动地形跟随功能或者避开障碍物的自动地形回避功能会大大增强飞机的作战能力。不论是战斗机、轰炸机,还是运输机,自动飞行控制系统的功能和技术进步必然伴随着新的飞行任务而不断演变,其目的总是在逐步地代替飞行员的控制工作。

1.2　运输类飞机的任务特点

运输类飞机简称运输机,分为民用运输机和军用运输机。早期,运输机并没有军用和民用之分。第一次世界大战结束后,为战时需要而生产的大量飞机,仅做一些简单改装就用于运输邮件、货物和旅客。随着航空工业的不断发展,运输机在速度和运力等方面有了非常大的进步,并不断引入航空科学的新技术,以适应航空运输业的发展变化需求,被用于国民经济的各部门,运输类飞机便分成了军用和民用两类。

运输类飞机最主要的任务是运输货物或人员。对于大型运输机,如大型军用运输机,其最明显的特点是大批量运送军事人员、武器装备和其他军用物资。它具有较大的载重量和续航能力,能实施空运、空降、空投,保障地面部队从空中实施快速机动,具有较完善的通信、导航设备,能在昼夜复杂气象条件下飞行,有些军用运输机还装有自卫武器。

与军用运输机相比,大型民用运输机除了强大的货物及乘客运输能力外,主要特点还包括利用率高,并拥有良好的运营经济性、舒适性和安全性。对客机而言,安全是最首要的要求。当然,在战争时期,民用飞机还可随时转为军用,例如海湾战争期间,美国曾动员民用飞机用于军事运输。

1.2.1　民用运输机

民用运输机是指用于客货运输的非军用飞机。民用运输机的主要特点是安全、经济和舒适,随着国际能源价格的波动,民用运输机越来越注重飞行成本的降低。按照使用功能划分,民用运输机可分为客运飞机和货运飞机两大类,即我们常说的客机和货机。

客机的功能主要是用来运送旅客,客舱的设计要求能为旅客提供优越、舒适的生活条件。典型的民航客机机型如波音公司的 B737 系列、B747 系列、B777 系列,最新的为 B787 系列,空中客车公司的 A320 系列、A380 系列、A350 系列等飞机,都服役于世界各大航空公司。现代大型宽体客机的载客人数都在 200 人以上,最大飞行高度超过 10 000 m,最大速度在 900～1 050 km/h。

货机通常专指用于商业的民用货运飞机,它以包机或定期航班的形式专门运输货物。大多数民用货机都由客机改装而成,且都有专门的货机型号,如大型宽体货机 B747、B777 等。货机一般设计为集装设备型的货舱,货舱底部一般均设置滚轴机固定系统,可以放置集装板和集装箱。中小型货机一般用于国内、地区或近邻国家间飞行;大型货机因载货量大,多用于跨洋远程飞行。货机与客机类似,都可在大、中型机场起降。

现代民用运输机的航线飞行高度依赖于自动飞行控制系统,特别是对于长航时的越洋飞行任务,可以大大降低飞行员的操纵负担并提高飞行的安全性。

通常情况下,民用运输机的任务特点是在起飞和着陆滑跑过程中,需要飞行员介入进行人工操纵,而在其余飞行阶段则主要由自动飞行控制系统完成飞行任务。

1.2.2　军用运输机

军用运输机是现代空军武器装备系统中的重要组成部分,是实现高机动作战的重要支柱,具有载重大、航程远、灵活机动等特点。军用运输机是现代战争中一种重要的机动力量,主要执行快速兵力部署、空运装备和物资、空投空降、运送伤病员等任务。美军认为"空运是美国战时机动性的第一大支柱","空运能够确保美国向世界上任何发生危机的地区迅速派出部队对付各种威胁"。

空中运输在整个军事运输系统中具有较高的战略地位,空运和海运、陆运一起组成完整的军事运输系统。现代军用运输机的巡航速度一般可达 600～900 km/h,是陆上运输速度的 15 倍、海上运输速度的 25 倍,因此可以说是这几种运输手段中最快捷的。现代大型运输机的航程已达数千千米,可覆盖辽阔的疆土,经空中加油后,可实施全球性运输,在战争中以及和平年代的抗震救灾、防疫救援中起着十分重要的作用。因此,军用运输机尤其是大型军用运输机的装备数量、技术水平和运载效能已成为衡量一个国家国防实力的重要标志。

军用运输机按运输能力和任务分为战略运输机和战术运输机。战略运输机主要用于远距离空运人员和装备,其主要特点是载运能力大、航程远、通常需要大中型机场起降。战略运输机的起飞总重一般在 150 t 以上,最高可达 600 t;载重能力在 40 t 以上,最高可达 250 t,如美国的 C-5、C-17,俄罗斯的 IL-76、An-225,中国的运-20 等。

战术运输机用于在战役、战术范围内执行空运、空降和空投任务,即在战区附近承担近距离的兵员、武器装备和货物的运输、空投、空降。战术运输机一般是中型运输机,通常飞机总重是 70～80 t,载重 20 t 左右,载运 100 多名士兵,航程 3 000～4 000 km,多为涡轮螺旋桨式飞机,具有野外简易机场、短距离起降能力,如美国的 C-130 系列、欧洲的 A-400M、俄罗斯的 An-70、中国的运-9 等。

军用运输机大多数采用后掠上单翼、宽机身的总体布局,以方便大型设备、货物的装载和运输。其货舱门分为前开式、后开式和侧开式,有的舱内装有货桥、起吊装置或绞车,由液压或电动系统操纵,便于装运无动力的大型货物或装备。其动力装置多为 2～4 台涡轮风扇或涡轮螺旋桨发动机(战略运输机多采用涡轮风扇发动机,战术运输机多采用涡轮螺旋桨发动机),通常都使用翼下吊舱安装方式。其装备有完善的电子系统和导航设备,如气象雷达、航行雷达、多功能显示系统、卫星通信导航设备、飞行管理系统、自动飞行控制系统等,能够适应民用飞机航路飞行管控及终端机场起降管控,具备缩短垂直间隔(Reduced Vertical Separation Minimum,RVSM)、所需性能导航(Required Navigation Performance,RNP)等区域航路运行能力。

1.3 各类飞机自动飞行控制系统的特点及功能分析

1.3.1 运输类飞机

1.3.1.1 任务特点

现代民用运输机的自动飞行控制系统功能完善,使用频率高,对外交联关系复杂,可显著改善飞行品质,减轻飞行员负担,完成特定的飞行任务功能,成为飞机重要的机载系统之一。虽然其自动飞行控制系统的任务相对固定,但对保证飞机飞行安全、完成飞行任务起着重要作用。现代民用运输机的自动飞行控制系统的发展主要集中于飞行管理系统和飞行引导系统的集成最优化和人机界面接口的最优方面,以及在包线范围内的控制,因此现代民用运输机自动飞行的发展主要基于空域运行的自动飞行集成,集成化程度越高,自动化程度也越高。

现代军用运输机的自动飞行控制系统除了具有民机的航线飞行任务外,还需针对空投空降、低空突防、编队飞行等特殊军用场景开展设计,满足军用部署相关的自然、机械和电磁环境要求,实现同一个飞机基础平台、不同任务构型的使用需求。

1.3.1.2　功能需求

运输类飞机必须保证安全可靠地将人员或货物运送到指定地点,对于自动飞行控制系统的需求主要是能自动控制飞机高度、速度、航向及相关设定轨迹,要求飞机飞行过程中响应平稳、瞬态过载小。

在交联关系上,运输类飞机自动飞行控制系统作为飞行控制系统的外回路控制系统,与电传飞行控制系统、飞行管理系统、自动油门系统等交联,实现自动驾驶、自动导航、飞行指引、自动进近着陆等功能。

1.3.1.3　性能需求

军用运输机自动飞行控制系统的性能应满足《有人驾驶飞机自动飞行控制系统与增稳系统、控制增强系统通用规范》(GJB 3819—1999)、《有人驾驶飞机飞行控制系统通用规范》(GJB 2191—1994)3.1.2 节、《有人驾驶飞机自动驾驶仪通用规范》(GJB 1690A—2022)等有关要求,且应使飞机满足有关飞行品质要求。

军用运输机自动飞行控制系统的性能要求与民用运输机基本一致,在部分指标上会存在略高于民用运输机的现象。民用运输机关注的性能要求主要是在航线飞行以及进、离场过程中的自动控制精度,如水平导航偏离目标航线的误差、高度控制中偏离预设高度的误差、精密进近着陆过程中对航向道和下滑道轨迹控制的误差等。军用运输机自动飞行控制系统除关注航线及起降场景外,还需满足特殊军用任务过程中的控制精度。

1.3.1.4　通用需求

运输机自动飞行控制系统的可靠性须按照《装备可靠性工作通用要求》(GJB 450A—2004)及飞机顶层可靠性工作计划的要求,编写并执行自动飞行控制系统的可靠性工作计划,开展自动飞行控制系统寿命和可靠性设计、分析、试验和管理工作,编制可靠性设计准则,并在设计中予以落实,分析并采取改进设计措施,消除引起飞机任务失败和导致灾难性安全事故的单点故障模式。

运输机自动飞行控制系统的维修性应依据《装备维修性通用大纲》(GJB 368A—1994)及飞机顶层维修性工作计划要求制订维修性工作计划,全面开展维修性设计、分析、核查和验证工作。应在产品明显的位置按《维修性设计技术手册》(GJB/Z 91—1997)的要求标识产品的型号、名称、代号、件号等;内部含多电路板的设备应设计为车间可更换单元(Shop Replaceable Unit,SRU)形式,SRU 的设计应满足用户检测与更换需要,并制定相应的检测、验收、包装技术条件,满足备件保障要求。同一型号的设备和零部件,应满足互换性要求。设备、接头应进行防差错设计,防止造成人为差错。

运输机自动飞行控制系统的测试性应依据《装备测试性大纲》(GJB 2547—1995)及飞机顶层测试性工作计划制订测试性工作计划,开展测试性设计、分析、评估和验证工作。应制定测试性设计准则,结合测试性建模与分析开展测试性设计。应具有完善的自检测(BIT)能力,包括上电自检测(PUBIT)、飞行前自检测(PBIT)、飞行中自检测(IFBIT)和维护自检测(MBIT),自检的性能监测和故障检测数据应存储在自身或所属系统的非易失存储器中。应在机上留有检测接口,能够进行原位测试。

运输机自动飞行控制系统的安全性应按照 SAE ARP4754A,SAE ARP4761、《装备安全性工作通用要求》(GJB 900A—2012)及飞机总师单位安全性工作计划的要求,制订和执行系统安全性大纲及工作计划,开展系统安全性设计、分析和评估工作,贯彻各项安全性设计准则和技术措施,消除或有效控制由系统失效带来的危险,满足整机的安全性指标要求。

运输机自动飞行控制系统的环境试验应根据飞机使用环境总体要求,参照《军用设备环境试验方法》(GJB 150—1986)和《机载设备环境条件和试验方法》(RTCA/DO‐160G)的有关规定执行。

1.3.2 轰炸类飞机

1.3.2.1 任务特点

轰炸机指可携带空对地武器,对敌方地面、水面或水下目标实施攻击的军用飞机,有些轰炸机还装备有防御性的武器。轰炸机是一座空中堡垒,能投掷炸弹、核弹或发射空对地导弹等。传统的轰炸机可以分为轻型轰炸机、中型轰炸机和重型轰炸机三种类型。轻型轰炸机能载弹 3～5 t,中型轰炸机能载弹 5～10 t,重型轰炸机能载弹 10～30 t 及以上。

现代轰炸机一般指远程轰炸机或战略轰炸机。现代轰炸机的任务特点如下:
(1)优秀的突防能力;
(2)超远航程或滞空能力;
(3)良好的协同作战能力;
(4)良好的生存能力;
(5)载弹量大;
(6)精准的武器投放能力;
(7)高性能的轰炸机可避开敌方雷达探测网,具有低可探测性;
(8)可全球快速到达,全球摧毁,以较高的效率实施远程作战任务。

1.3.2.2 功能需求

现代轰炸机由于执行任务的需要,需配置自动飞行控制系统,以提高执行任务的精确性和效率,并减轻飞行员负担,提高飞行安全。现代轰炸机的自动飞行控制系统的三大功能包括自动驾驶、飞行指引、自动油门。

结合任务特点,现代轰炸机的自动飞行控制系统的主要功能需求如下:
(1)为满足优秀的突防能力,自动飞行控制系统应具有地形跟随/地形回避功能模态,并具备危险自动拉起功能;

（2）为保证拥有超远航程或滞空的能力，并与其他飞机形成良好的协同作战能力，要求自动飞行控制系统不仅具备常规功能，还要求具有编队飞行、空中受油等功能；

（3）为具备精准的武器投放能力，自动飞行控制系统应具有轰炸导引功能模态，并且在大重量载弹投放时，应具有控制飞机稳定飞行的能力。

1.3.2.3　性能需求

轰炸机的常规功能模态性能要求与运输类飞机一致，可参考 GJB 1690A、GJB 2191、GJB 3819 等相关标准。这些军用标准中规定了自动飞行控制系统自动驾驶功能的各种模态的保持精度和控制精度要求，包括平稳大气中、紊流中、有风气象条件下的精度要求。除此之外，还规定了自动飞行控制系统运行的相关限制要求。

还有一些特殊的功能模态，如地形跟随等在以上相关标准中并未给出定量指标，需结合工程实际确定。

1.3.2.4　通用需求

轰炸机自动飞行控制系统的可靠性需求分为定性要求和定量要求。可靠性的定性要求一般依据《装备可靠性工作通用要求》（GJB 450A—2004）及飞机顶层可靠性工作计划，对产品开展可靠性设计、分析及验证工作。可靠性工作计划应包括可靠性建模、预计、分配、故障模式及影响分析、故障树分析等。可靠性定量要求一般用平均故障间隔时间（MTBF）来规定，分配给自动飞行控制系统的 MTBF 值由总师单位给出。

轰炸机自动飞行控制系统的维修性需求同样分为定性要求和定量要求。维修性的定性要求一般依据《装备维修性工作通用要求》（GJB 368B—2009）及飞机顶层维修性工作计划，对产品开展维修性设计、分析及验证工作。一般地，维修性定量要求会规定产品的平均修复时间（MTTR）——30 min 和最大修复时间——60 min。

轰炸机自动飞行控制系统的测试性需求分为定性要求和定量要求。定性要求应依据《装备测试性工作通用要求》（GJB 2547A—2012）及飞机顶层测试性工作计划，对产品开展测试性设计、分析及验证工作，应及时向总师单位反馈产品研制过程中测试性工作进展情况及产品的测试性信息，应具备上电自检测、飞行前自检测、飞行中自检测、维护自检测功能。测试性定量要求如下。

（1）系统/设备在工作中和基层级（外场）维修用机内自检测（BIT）测试中：

1）故障检测率（FDR）不低于 95%。

2）故障隔离率（FIR）：

A. 故障隔离到 1 个 LRU/LRM 不低于 95%；

B. 故障隔离到 2 个 LRU/LRM 不低于 98%；

C. 故障隔离到 3 个 LRU/LRM 应为 100%。

（2）虚警率（FAR）不大于 2%。

（3）外场可更换单元（LRU）在维修用 BIT 加测试设备，故障隔离率（FIR）：

1）故障隔离到 1 个 SRU 不低于 85%；

2）故障隔离到 2 个 SRU 不低于 95%；

3）故障隔离到 3 个 SRU 应为 100％。

轰炸机自动飞行控制系统的安全性工作是飞机级/系统级安全性工作的继续。安全性需求来源于飞机级/系统级功能危害性评估（FHA）的定义，根据这些定义对系统进行全面的评估，以确定系统设计是否满足自动飞行控制系统的每种失效状态概率要求。安全性评估时，先根据失效状态的概率要求向下进行安全性指标的分配，然后再根据系统底层部件失效概率进行安全性预计，检查系统架构是否满足安全性需求，若不满足，则需要对系统架构或余度进行优化。一般地，典型的自动飞行控制系统失效状态安全性指标要求见表 1-1。

表 1-1 自动飞行控制系统失效状态安全性指标要求

功 能	失效状态	失效概率要求
AP 自动驾驶	高度低于 200 ft 未通告的进近丧失	$<10^{-9}$/飞行小时
FD 飞行指引	高度低于 200 ft 进近中错误的飞行指引指令	$<10^{-9}$/飞行小时
AP 自动驾驶	400 ft 以下，任何方法不能断开自动驾驶	$<10^{-7}$/飞行小时
AP 自动驾驶	错误的地形跟随 AP 控制指令	$<10^{-7}$/飞行小时
AP 自动驾驶	未通告的地形跟随 AP 断开	$<10^{-7}$/飞行小时
FD 飞行指引	起飞阶段错误俯仰飞行指引模式或指令	$<10^{-7}$/飞行小时
FD 飞行指引	风切变状态下错误的风切变指引	$<10^{-7}$/飞行小时
自动油门	任何方法不能断开自动推力	$<10^{-5}$/飞行小时
自动油门	错误的自动推力指令	$<10^{-5}$/飞行小时

注：1 ft＝0.304 8 m。

轰炸类飞机自动飞行控制系统所规定的环境要求包括低气压、高温、低温、温度冲击、湿热、温度-湿度-高度、霉菌、盐雾、太阳辐射、淋雨、酸性大气、振动、坠撞安全与冲击、加速度、电磁兼容性、电源特性、防雷击等。这些环境要求需根据轰炸机作战任务特点以及设备在机上的安装位置来确定具体要求。从物理形式划分来说，现代自动飞行控制系统的部件在硬件上只保留飞行控制面板或模态选择板，且安装在驾驶舱内，其环境要求不会很苛刻。一般可参考 GJB 150.A—2009 系列等试验要求，电磁兼容参考 GJB 151B—2013 等相关试验要求，其中防雷击要求可参考 HB 6167.24—2014 规定的试验方法和要求。

1.3.3 战斗类飞机

1.3.3.1 任务特点

战斗类飞机主要包括执行对空作战任务的歼击机（又称战斗机）、执行对地/对海目标攻击任务的强击机、可兼顾对空截击/对地打击以及伴随式电子压制等作战任务的多用途战斗机（又称战斗轰炸机），其突出特点是飞机飞行性能优良、机动灵活、机载火力强大。现代战斗机可配置多种空中搜索、瞄准类的火控设备，具有全天候作战能力。

执行对空拦截作战和对地、对海作战任务的特点有很大不同。对空作战强调飞机的快速占位能力，应利用飞机本体动能与势能转换的性能，以尽可能快的速度满足机载武器的发射条件。对地、对海作战强调飞机平台保持投弹前航迹的稳定性，另外，根据作战场景的不同,飞机可能还需要具有较好的低空低速飞行能力,以满足低空突防的要求。

1.3.3.2　功能需求

战斗类飞机必须具有在昼夜和复杂气象条件下,对敌方飞机、有翼导弹、直升机、无人机、活动或固定的地面与海上目标进行攻击的能力,主要的作战方式以超视距和中距空战为主,兼顾对地攻击;在立体化战争中,战斗机将与其他通信平台(如预警机、电子战飞机、C4I 网络)实现广泛的网络互联和信息交换,完成自己作为打击节点的任务。另外,在应对敌方不断完善的防御体系时,要求飞机应能快速突防,完成对目标的打击并且安全退出和返航。

战斗类飞机自动飞行控制系统的发展经历了从早期的自动驾驶仪到现代化的飞行器综合管理系统的巨大跨越。早期的战斗机自动驾驶仪仅具备姿态保持、高度保持、航向保持和自动改平功能。

最新一代的战斗机自动飞行控制系统已成为飞机飞行器综合管理系统的重要组成部分之一,可与火控系统、数据链系统、综合航电系统、导航系统、武器外挂管理系统、发动机控制系统和主飞行控制系统等机载系统一起紧密耦合工作,实现综合飞行/火力/推力控制(IFFPC)与战术飞行管理(Tactical Flight Management,TFM)功能,具有飞机姿态、高度、航向/航迹、速度、自动威胁回避、自动攻击引导、危险状态自动改出等能力。

1.3.3.3　性能需求

为了满足现代战场条件下遂行战斗任务的要求,人们对未来战斗类飞机在性能特性和战术特性上提出了更高的要求。要求战斗类飞机应具备超声速巡航、推力矢量控制、高隐身突防、大作战半径/续航以及智能作战能力。对应战斗类飞机的自动飞行控制系统,应具有更为完善的功能模式,以大幅减轻长航时巡逻飞行期间飞行员的操纵负担;在空战中与人工智能系统、火控系统和推力矢量控制系统交联,实现自动甚至是自主的引导和攻击占位;在侦察任务中保持飞机飞行姿态和飞行轨迹,满足光学侦察设备的成像品质;在对地攻击任务中精确跟踪投弹航线,满足精确制导(空地导弹或制导炸弹)或非精确制导武器(减阻炸弹或火箭弹)的投放条件;在危险高度/姿态或飞行员产生天地错觉时,具备将飞机自动改出至安全飞行状态的能力,确保飞行安全,其性能指标可参考 GJB 1690A、GJB 2191、GJB 3819 等相关标准。

1.3.3.4　通用需求

战斗类飞机具有较高的战斗出勤率要求,因此其自动飞行控制系统应具有较高的任务可靠性,在飞机处于复杂战场环境下仍应正常工作。战斗类飞机对再次出动准备的时间要求非常严格,这是关乎飞机战斗力的重要指标之一。因此,战斗类飞机自动飞行控制系统应具有较高的外场可维修能力。可采用降低系统硬件复杂度的方式进行优化设计。例如,采用全数字化体系结构代替传统的模拟电路部件,大幅缩小自动飞行控制系统的硬件成品数量,或可采用灵活拆卸的外场可更换模块(LRM),甚至直接采用纯软件功能模块的方式,最大程度地压缩机载系统的成品数量,降低外场备件保障压力,提升保障能力。

战斗类飞机自动飞行控制系统应具有较高的可测试性,这与可维修性需求息息相关。具有较高可测试性的系统,会方便在外场将故障快速而准确地定位,以及后续开展维修工作。

战斗类飞机大多会执行复杂气象条件下的起降、超低空突防以及接近飞机性能包线极限的各种机动飞行,功能完善且安全可靠的自动飞行控制系统是确保飞行安全、完成战斗任务的重要条件。在低空长航时突防、低能见度以及飞行员生理因素出现天地错觉无法控制飞机时,自动飞行控制系统是避免飞机发生可控触地事故的最重要手段。战斗类飞机自动飞行控制系统应具有较高的系统功能安全性,在其典型使用场景下不应出现使飞机发生Ⅰ、Ⅱ和Ⅲ类危险事件的风险。

战斗类飞机面对的作战环境往往较为苛刻,从严寒到酷暑,从降水到雷电,从盐雾到风沙,还要面对包括核电磁脉冲在内的复杂电磁环境,以及航炮射击和外部武器命中造成的振动和冲击毁伤。在战斗类飞机自动飞行控制系统的设计中,必须考虑使用环境的因素。需要根据机载设备在飞机上的不同安装区域和环境,以及飞机耐战斗损伤的能力,在飞机总体设计单位的统一考虑下开展自动飞行控制系统的耐环境性(环境适应性)设计和验证。适航是飞机的最低安全标准,在战斗类飞机自动飞行控制系统的设计中,应将适航符合性设计纳入总体设计要求。

1.3.4 无人机

1.3.4.1 任务特点

无人驾驶飞机简称"无人机",英文缩写为"UAV",是利用无线电遥控设备和自备的程序控制装置操纵的不载人飞机,或者由机载计算机完全地或间歇地自主地操作。

与有人驾驶的飞机相比,无人机往往更适合长时间工作以及在危险环境中执行任务。无人机按应用领域,可分为军用与民用。军用方面,无人机分为侦察机、电子对抗机等。民用方面,无人机的行业应用正在逐步发展壮大,例如在航拍、农业、植保、快递运输、灾难救援、观察野生动物、监控传染病、测绘、电力巡检、救灾、影视拍摄、制造浪漫等领域的应用,大大拓展了无人机本身的用途。目前,世界各国都在积极扩展无人机行业应用与发展无人机技术。

侦察无人机是一种携带照相、热成像等侦察设备,为完成战场侦察与校射任务的航空装备,其作战方式通常包括预先侦察和实时侦察。它具有反应速度快、侦察时间短、定位精度高、全天候、全天时、全自主等特点。

电子对抗无人机主要完成电子侦察、电子进攻和电子防御三大任务。电子侦察主要是指获取敌电子情报,如侦察敌雷达频率、体制,截获敌通信信息等。电子进攻分为电子干扰类软杀伤和反辐射攻击类硬杀伤。电子防御是在敌方实施电子对抗的情况下,为己方无人机发挥效能而采取的保护措施,主要指构建电磁屏障。

1.3.4.2 功能需求

侦察无人机具有在昼夜和复杂气象条件下,在战场浅近纵深和战术纵深监视、侦察敌人部署和行动的能力。电子对抗无人机可飞临敌方防护严密的要地上空或在一定空域巡航,对敌方雷达和无线电通信实施监听、干扰、压制和摧毁等活动。不论是完成侦察任务还是对抗任务,都需要无人机具备自动保持特定高度、速度、航向及轨迹等的能力。

无人机自动飞行控制功能模态相比有人机有所减少,主要包括姿态保持、航迹保持/选择、高度保持/选择、速度保持/选择、轨迹控制等。

1.3.4.3　性能需求

无人机主要关注轨迹自动控制精度,对于姿态控制精度没有过高要求,因此可以参照有人机性能要求,放宽无人机姿态控制精度指标。例如,有人机俯仰角保持精度为±0.5°,滚转角保持精度为±1°,无人机可放宽至俯仰角保持精度为±1°,滚转角保持精度为±1.5°。对于有对准航向任务的无人机,其航向控制精度不应降低,如攻击型无人机的定向投弹。

无人机轨迹自动控制精度应至少等同于有人机,主要包括侧偏距控制精度和偏航角控制精度。这一要求有利于无人机精准完成目标任务。

1.3.4.4　通用需求

对一个新研无人机系统,必须在其寿命周期内开展一系列针对自动飞行控制系统的可靠性工作,包括可靠性要求及指标体系论证,可靠性工作计划的制订,可靠性建模、预计与分配,可靠性试验与评定等,以保证无人机能够满足基本的自动飞行可靠性要求。

维修性是保证无人机系统设备完好、任务成功及经济效益的一个重要的技术特性,一般要求自动飞行系统的设备尽量做到在检查或拆卸故障组件时,不必拆卸其他设备或组件,尽量采用标准件,以保证系统、设备和维修设施相互间能配套使用。自动飞行控制系统应能在地面站界面上显示故障,以便迅速查明故障及部位,正确地做出判断,检测设备、故障诊断手段的使用不应过分复杂。在设计时应充分考虑并采取有效措施,防止在维修操作中发生差错,即使发生维修差错也能立即发觉,不致造成损坏设备或发生事故等后果。

无人机自动飞行控制系统应具有较高的可测试性,这与可维修性需求息息相关。具有较高可测试性的系统,会方便将故障快速而准确地定位,以及后续开展维修工作。无人机自动飞行控制系统设备的安装、部件拆装、电搭接、与其他系统之间的干扰应该符合安全性通用准则。

在无人机自动飞行控制系统的设计中,必须考虑使用环境的因素,以确保在不同的环境条件下能正常工作。一般情况下,在设计初期就必须对无人机的自动飞行控制系统耐受环境特征要求加以考虑,它包括固有的特征和特定的特征两种要求,这些特征决定了无人机自动飞行控制系统耐受所处工作环境产生有害应力的能力。

1.4　典型运输机自动飞行控制系统

20世纪80—90年代,空中客车公司和波音公司作为世界航空界的两大霸主,通过对21世纪民航客机的需求分析、预测,基于当时的航空技术,分别研制了两型中远程现代民用客机,即A330和B777。

中国作为世界上客机运送量最大的国家,必须发展自己的民用客机,继而将大飞机研制作为《国家中长期科学和技术发展规划纲要(2006—2020年)》确定的16个重大专项之一,提升至国家战略地位,这就是目前我国干线飞机——C919飞机。

C-17飞机是美国研制的一款大型军用运输机,融合战略/战术空运能力于一体。

本节选取以上四型代表目前国内外自动飞行控制系统先进技术水平的典型民用、军用运输机,从功能、性能和系统架构三个方面介绍四型典型运输机的自动飞行控制系统,并对其功能、性能特点进行分析对比。

1.4.1 A330 飞机

A330 飞机是空中客车公司研制的 335～440 座双发涡扇宽体客机。首架 A330 飞机于 1992 年 11 月 12 日首飞,1993 年 10 月 21 日同时获得欧洲航空安全局(JAA)和美国联邦航空局(FAA)的型号合格证。

A330 飞机自动飞行控制系统由两台飞行管理导引与包线保护计算机(FMGEC)、一台飞行控制装置(FCU)和三台多功能控制显示装置(MCDU)组成,可实现飞行导引、包线保护、飞行管理及故障检测隔离功能。

1.4.1.1 功能

A330 飞机自动飞行控制系统实现以下功能:

(1)自动驾驶/飞行指引。

1)纵向主要包含以下模态:

A. 垂直速度(V/S);

B. 飞行航迹倾角(FPA);

C. 高度保持(ALT);

D. 高度截获(ALT ACQ);

E. 垂直航迹(VPATH);

F. 开放爬升(OPCLB);

G. 开放下降(OPDES);

H. 下降(DES);

I. 爬升(CLB)。

2)侧向主要包含以下模态:

A. 航向(HDG);

B. 航迹(TRK);

C. 水平导航(LNAV)。

3)自动驾驶/飞行指引方式以及起飞/复飞模式下可用的模态有以下几种:

A. 包含下滑道、航向道、对准、拉平、滑行(GLIDE, LOC, ALIGN, FLARE, ROLL OUT)的进近方式;

B. 复飞(GA);

C. 航向道(LOC);

D. 仅指引的起飞(TO)。

(2)自动推力,包含以下模式:

1)速度(SPD);

2)马赫数(MACH);

3)推力(THR);

4)慢车(IDLE)。

1.4.1.2　性能

A330 自动飞行控制系统及相关设备满足 JAR25 规定的适航需求和性能准则。自动驾驶最低使用高度如下。

(1)起飞时:100 ft 离地高度(AGL)或离地后至少 5 s。

(2)非精密进近:MDA/MDH(或 LNAV/VNAV 进近的 DA)。

(3)FMA 上显示了 CAT Ⅱ 或 CAT Ⅲ 的 ILS 进近:160 ft 离地高度(AGL)。

(4)人工复飞后:100 ft 离地高度(AGL)。

(5)其他飞行阶段:500 ft 离地高度(AGL)。

(6)自动着陆:自动着陆已验证具备 CAT Ⅱ 和 CAT Ⅲ 的 ILS 进近能力,ILS 下滑道角度在 $-3.15° \sim -2.5°$,机场高度可达 9 200 ft。

在 GPS 主模式下,已验证的 RNP 精度见表 1-2。

表 1-2　RNP 精度　　　　　　　　　　　　　　　　　　　　　单位:n mile

飞行阶段	AP 接通在 NAV 模式	AP 未接通但 FD 在 NAV 模式
航路中	1	1
终端区域	0.5	0.5
进近	0.1	0.3

A330 飞机已认证,具备执行 RVSM 的能力。

1.4.1.3　系统架构

A330 飞机自动飞行控制系统集成了飞行管理导引与包线保护系统功能,主要硬件包括飞行管理导引与包线保护计算机、飞行控制装置、多功能控制显示装置。A330 飞机自动飞行控制系统架构图如图 1-1 所示。

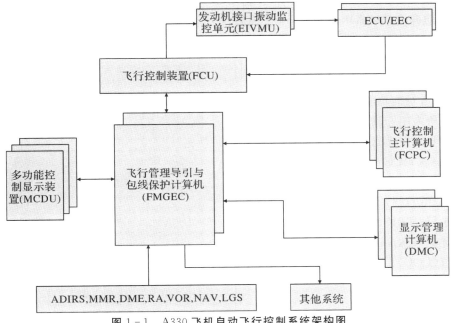

图 1-1　A330 飞机自动飞行控制系统架构图

自动飞行控制系统向三台飞行控制主计算机（FCPC）发送舵面控制指令，以实现自动驾驶、飞行指引功能。自动飞行控制系统通过发动机接口振动监控单元（EIVMU）向发动机控制单元（ECU）发送推力指令，以实现自动油门功能。当自动驾驶和自动油门接通时，侧杆控制器和油门杆均不移动。

1.4.2　B777 飞机

B777 飞机是由美国波音公司研制的 283～368 座中、远程宽体客机，配备两台涡扇发动机。B777 飞机于 1990 年 10 月 29 日正式启动研制计划，1994 年 6 月 12 日首飞，1995 年 4 月 19 日获得欧洲联合适航证和 FAA 型号合格证，1995 年 5 月 17 日首架交付用户。

B777 飞机自动飞行控制系统主要包括三台自动驾驶飞行指引计算机（AFDC）、一台模式控制板（MCP）和六台驾驶仪回传作动器（BDA）。自动飞行控制系统通过接收 MCP 和飞行管理系统发送的指令实现自动驾驶、飞行指引和自动油门功能。

1.4.2.1　功能

B777 自动飞行控制系统可实现以下功能：

（1）自动驾驶。自动驾驶提供纵向和侧向的自动驾驶功能，以减轻飞行员的飞行负担。自动驾驶的主要工作模式包括以下几种。

1）纵向主要工作模式：

A. 高度保持（ALT）；

B. 高度层改变（FLCH SPD）；

C. 垂直速度（V/S）；

D. 航迹倾角（FPA）；

E. 垂直导航（VNAV），包括垂直导航速度（VNAV SPD）、垂直导航航迹（VNAV PTH）、垂直导航高度（VNAV ALT）三个子模式；

F. 下滑道（G/S）；

G. 自动着陆拉平（FLARE）；

H. 跑道对准（RWA）。

其中，除跑道对准功能模式外，其他功能模式都在主飞行显示器（PFD）上显示，垂直速度或飞行航迹角为俯仰轴的基本（默认）模式。

2）侧向主要工作模式：

A. 航向保持（HDG HOLD）；

B. 航迹保持（TRK HOLD）；

C. 航向选择（HDG SEL）；

D. 航迹选择（TRK SEL）；

E. 水平导航（LNAV）；

F. 航向道（LOC）；

G. 跑道对准（RWA）；

H. 滑跑（ROLLOUT）。

其中，除跑道对准功能模式外，其他功能模式都在 PFD 上显示，航向保持或航迹保持为横滚轴的基本(默认)模态。

(2)飞行指引。飞行指引(FD)提供俯仰、横滚指引,以供飞行员根据指引信息手动控制飞机的飞行姿态。指引指示可以在平视显示器的 PFD 或多功能显示器(MFD)上显示。FD 可独立工作,可与自动驾驶(AP)和/或自动油门(A/T)同时工作。飞行指引功能除包括自动驾驶所有功能模态外,还包括起飞/复飞指引(TO/GA)。

(3)自动油门。自动油门功能提供从起飞到着陆全部飞行过程的推力控制,由模式控制面板(MCP)和控制显示单元(CDU)控制自动油门的操作,MCP 提供方式和速度选择,CDU 向推力管理控制系统发送推力限制模态和降级推力限制模态数据及状态。当选择了 VNAV 方式后,FMC 选择自动油门方式和目标推力值。自动油门可与 AP 或 FD 分开,单独工作。此外,还具备"CLB/CON"功能:在双发工作时,选择该功能,可以将推力限制改变为 FMC 所选的爬升推力;在单发工作时,选择该功能,可以将推力限制改为最大连续推力。

自动油门工作方式包括以下几种。

1)THR:自动油门控制推力以保持俯仰方式所需的爬升/下降率;

2)THR REF:自动油门将油门杆调整到起飞/复飞位;

3)IDLE:自动油门将油门杆调整到慢车位,IDLE 后面就是 HOLD 方式;

4)HOLD:油门杆自动油门伺服机构受到抑制,飞行员可人工调整油门杆;

5)SPD:自动油门保持指令速度。

1.4.2.2 性能

B777 飞机规定自动驾驶稳态飞行中的不稳定机动不得超过下列值。

(1)法向加速度:$\pm 0.15g$。

(2)横向加速度:$\pm 0.1g$。

(3)滚转角速率:$\pm 2.5(°)/s$。

(4)滚转角:$\pm 5°$。

B777 飞机自动驾驶主要性能指标如下。

(1)航向保持/选择控制精度:$\pm 1°$。

(2)航迹保持/选择控制精度:$\pm 1°$。

(3)垂直速度控制精度:$\pm 200\ ft/min$。

(4)高度保持控制精度:30 000 ft 以下,$\pm 40\ ft$;30 000 ft 以上,$\pm 50\ ft$。

1.4.2.3 系统架构

B777 自动飞行控制系统包括自动驾驶飞行指引仪系统(AFDS)和自动油门系统。模式控制面板(MCP)和飞行管理计算机(FMC)控制 AFDS 和自动油门系统,以实现爬升、巡航、下降和进近。

B777 自动飞行控制系统包括三台自动驾驶飞行指引计算机(AFDC)和一块 MCP,系统架构如图 1-2 所示。MCP 是飞行员和 AFDC 之间主要的交互界面,提供对自动驾驶、飞行指引仪、高度警戒和自动油门等系统的操纵。MCP 用来选择和启动 AFDS 方式并建立高度、速度、爬升/下降剖面,其示意图如图 1-3 所示。AFDC 提供对飞行指引仪和自动驾驶的控制,飞行指引仪的信息显示在 PFD 上。AFDS 并不直接控制飞行操纵面,而是通过电传飞行操纵系统控制升降舵、副翼、襟副翼和扰流板,即 AFDC 将控制指令发送给主飞行控制计算机(PFC),PFC 进行指令综合计算后,将计算得到的操纵面偏转指令发送给作动控制器(ACE),ACE 将操纵面偏转指令发送给动力控制单元(PCU)并通过 PCU 控制操纵面偏转。只有在自动驾驶进近和着陆时才增加自动驾驶方向舵的指令,自动着陆的滑跑阶段是由自动驾驶控制前轮转弯来实现的。

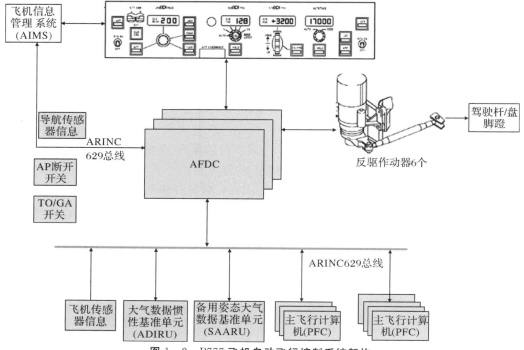

图 1-2 B777 飞机自动飞行控制系统架构

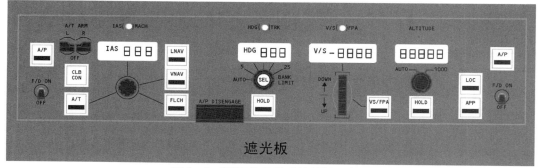

图 1-3 B777 飞机模式控制板示意图

1.4.3 C919 飞机

C919 大型客机是我国按照国际民航规章自行研制、具有自主知识产权的大型喷气式民用干线飞机。其自动飞行控制系统主要由自动飞行控制系统软件和飞行模式控制板(FM-CP)组成,其中 FMCP 是自动飞行控制系统的主要硬件。

1.4.3.1 功能

C919 飞机自动飞行控制系统功能主要包含飞行导引控制系统、自动推力、自动飞行包线保护等。

(1)飞行导引控制系统(FGCS)。FGCS 包括飞行指引和自动驾驶,主要功能模态如下。

1)侧向主要模态:

A.滚转保持;

B.机翼水平;

C.航向保持;

D.航迹保持;

E.航向选择;

F.航迹选择;

G.FMS 水平导航;

H.航向道;

I.FMS 着陆;

J.背航道。

2)纵向主要模态:

A.航迹倾角选择/保持;

B.高度选择;

C.高度保持;

D.垂直速度选择;

E.飞行高度层改变;

F.下滑道进近;

G.FMS 垂直导航。

3)综合模态:

A.起飞指引;

B.复飞指引;

C.风切变导引。

其中,起飞和风切变只在飞行指引功能下有效,在起飞、风切变模态下,不能接通自动驾驶。

(2)自动推力。

1)推力等级;

2)自动油门;

3)推力指引;

4)电子推力配平。

1.4.3.2 性能

C919 飞机严格按照适航规章进行研制,自动飞行控制系统的性能指标要求执行适航标准,具体如下。

（1）自动驾驶在飞机起飞后，离地 400 ft 以上可以接通。

（2）垂直方向的基本控制量为航迹倾角，航迹倾角的指标如下。

1）稳态精度：±0.5°。

2）航迹倾角对于 5°的阶跃响应：最大超调/欠调小于等于 2°，追踪误差小于等于 1°。

（3）水平方向的基本控制量为滚转角，滚转角的指标如下。

1）稳态精度：±1°。

2）滚转角对于 5°的阶跃响应：最大超调/欠调小于等于 2°，追踪误差小于等于 1°。

（4）自动油门：±5 kn。

1.4.3.3 系统架构

C919 飞机自动飞行控制系统与主飞行控制系统综合形成了完整的飞行控制系统。自动飞行控制系统的软件采用软件分区的形式驻留在飞行控制模块（FCM）中；硬件除飞行模式控制板（FMCP）外，与大气数据系统、主飞行控制系统共用 FCM，余度配置为 3×2 主控通道/监控通道非相似数字计算机。自动飞行控制系统的设计目标是通过综合化的飞行控制计算机设计减少硬件的数量，从而提升系统集成度，减轻成品质量，降低飞机维护保障成本。

C919 飞机自动飞行控制系统架构如图 1-4 所示。

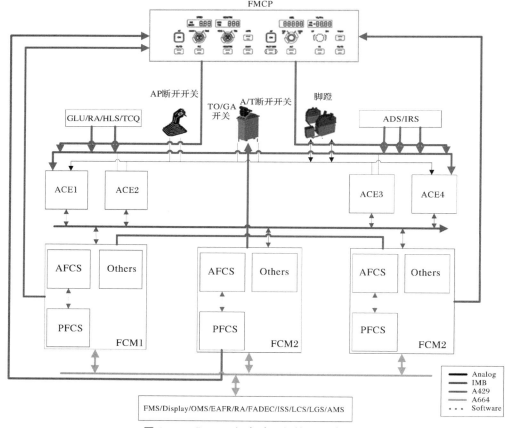

图 1-4 C919 飞机自动飞行控制系统架构

1.4.4　C-17 飞机

C-17 是由美国麦道（现波音）公司在 20 世纪 80 年代研制的大型战略战术运输机，安装四台普惠 PW2040 涡扇发动机。1980 年 2 月，美国空军提出 C-X 战略运输机需求草案；1981 年 8 月 28 日，麦道中标该机型研制；1991 年 9 月 15 日首飞；1993 年 2 月 5 日，美国空军给该机冠以"环球霸王Ⅲ"的称号；2013 年 9 月 2 日最后一架交付。

C-17 运输机自动飞行控制系统控制面板具有选择和控制功能，为自动飞行控制系统提供操作指令，能够实现飞行指引、自动驾驶、自动油门、Frontside/Backside 控制功能。

1.4.4.1　功能

（1）飞行指引。飞行指引提供俯仰、滚转和推力的指引功能，指引指示显示在平视显示仪的主飞行显示屏上或多功能显示屏上。FD 可独立工作，可与 AP 和/或 ATS 同时工作。

（2）自动驾驶。自动驾驶提供俯仰轴和滚转轴自动驾驶功能，具有垂直导航、水平导航、二级进近着陆和自动复飞等自动驾驶的功能，以尽可能减轻飞行员负担。

1）纵向主要模态：

A. 高度保持；

B. 垂直速度；

C. 高度选择；

D. 垂直导航；

E. 紊流；

F. 分离轴模态；

G. 起飞；

H. 复飞。

其中紊流模态是为了减小在紊流中的机身机动过载，该模态工作时俯仰轴保持当前俯仰角，滚转轴保持飞机水平。分离轴模态时，俯仰轴自动控制，滚转轴人工控制。垂直速度为纵向控制基本模态。

2）侧向主要模态：

A. 航向保持；

B. 航向选择；

C. 水平导航；

D. 航向道；

E. 伏尔；

F. 紊流；

G. 起飞；

H. 复飞。

航向保持为侧向控制的基本模态。

（3）自动油门。自动油门在正常构型提供发动机推力控制和速度控制，在高升力构型控制垂直剖面航迹。自动油门系统在 AP 接通和不接通时均可接通。

主要工作模式如下：

1）表速/马赫数保持；

2）表速/马赫数选择；

3）爬升；

4）发动机压力比（EPR）；

5）推力控制；

6）迎角速度。

速度保持为推力轴控制的基本模态，而速度控制主要是表速/马赫数控制及针对编队飞行的速度导航。

（4）Frontside/Backside 控制。Frontside 控制是指吹气式襟翼没打开的控制策略，Backside 控制是指打开吹气式襟翼的控制策略。

自动飞行控制系统用襟缝翼控制手柄位置来确定是用 Frontside 还是 Backside 控制逻辑来控制飞机。在 Frontside 和 Backside 控制时，AFCS 所用的控制模式不同。Frontside 时，纵向控制高度和垂直速度，推力轴控制表速，基本模态为速度保持；Backside 时，纵向控制表速，推力轴控制高度和垂直速度。

1.4.4.2 性能

C-17 运输机的主要性能指标如下。

（1）自动驾驶滚转角范围限制值：-35°～35°。

（2）自动驾驶超控力：俯仰时大于 25 lb①，滚转时大于 10 lb。

（3）滚转角速率限制：5(°)/s(正常)，3(°)/s(小值)。

（4）油门 EPR 控制精度：±2%。

1.4.4.3 系统架构

C-17 运输机自动飞行控制系统主要包括多功能控制板、4 台飞行控制计算机、2 台任务计算机、2 台大气数据计算机、4 台惯性基准单元，通过 MIL-STD-1553B 总线进行数据通信。系统架构如图 1-5 所示。

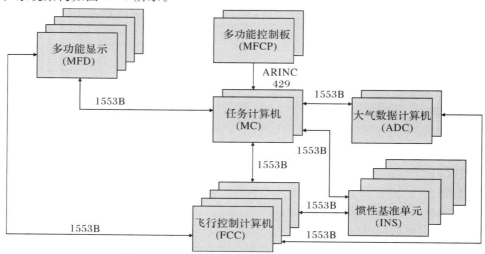

图 1-5　C-17 运输机自动飞行控制系统架构

①　1 lb≈0.453 6 kg。

1.4.5 特点分析比较

1.4.5.1 功能比较

A330、B777、C919 和 C-17 四型飞机的自动飞行控制系统主要功能对比见表 1-3,本节主要从自动驾驶、飞行指引、自动推力三个基本功能的异同进行对比分析。

表 1-3 四型典型飞机的自动飞行控制系统主要功能对比

功 能	模态/子功能	典型机型			
		A330	B777	C919	C-17
自动驾驶 飞行指引	垂直速度(V/S)	✓	✓	✓	✓
	航迹倾角(FPA)	✓	✓	✓	
	高度保持(ALT)	✓	✓	✓	✓
	高度层改变		✓	✓	
	高度选择			✓	✓
	高度截获(ALT ACQ)	✓			
	垂直导航(VNAV)	✓	✓	✓	✓
	快速爬升(OPCLB)	✓			
	快速下降(OPDES)	✓			
	下降(DES)	✓			
	爬升(CLB)	✓			
	紊流				✓
	分离轴模态				✓
	滚转保持			✓	
	机翼水平			✓	
	航向(HDG)	✓	✓	✓	✓
	航迹(TRK)	✓	✓	✓	
	下滑道		✓	✓	
	水平导航(LNAV)	✓	✓	✓	✓
	进近,包含下滑道、航向道、对准、拉平、滑跑（GLIDE、LOC、RWA、FLARE、ROLL OUT)	✓	✓	✓	✓
	复飞(GA)	✓	✓	✓	✓
	航向道(LOC)	✓	✓	✓	✓
	起飞(TO)	✓	✓	✓	✓
	风切变导引			✓	

续 表

功 能	模态/子功能	典型机型			
		A330	B777	C919	C-17
自动推力	速度（SPD）	√	√	√	√
	马赫数（MACH）	√	√	√	√
	保持（HOLD）		√		
	推力（THR）	√	√	√	√
	推力基准（THR REF）		√	√	
	慢车（IDLE）	√	√		
	电子推力配平			√	
	迎角速度				√
	发动机压力比				√
	爬升				√
	推力等级			√	

由表 1-3 可以看出,不同类型的民用客机/军用运输机的自动飞行控制系统均具备自动驾驶、飞行指引和自动油门（自动推力）三大功能。在自动驾驶/飞行指引功能下,四型飞机均具有高度保持、垂直导航、航向控制、水平导航、进近、起飞、复飞和航向道基本模态;在自动推力功能下,四型飞机均具有速度/马赫数控制、推力控制基本控制模态。这说明以上模态是自动飞行控制系统必须具备的基本控制模态。但是,不同的机型在三大功能下的具体控制模态差异较大,这与用户需求、飞机构型、系统架构等因素密不可分。

另外,在飞机运行使用上,不同的飞机制造商对飞机人工操纵实现方式有所不同。例如:A330 采用侧杆控制方式,且侧杆不随动;B777 采用驾驶柱/盘控制方式,且驾驶杆/盘随动。

1.4.5.2 性能比较

本节对前述四型飞机的性能指标进行比较分析,具体见表 1-4。

表 1-4 四型飞机性能指标

飞机名称	指标名称	指标要求
A330	AP 接通最低使用高度	起飞时,飞机离地 100 ft 或离地后至少 5 s
		ILS 进近,离地 160 ft
		人工复飞后,离地 100 ft
		其他飞行阶段,离地 500 ft
B777	航向保持/选择	精度:±1°
	航迹保持/选择	精度:±1°
	垂直速度	控制精度:±200 ft/min
	高度保持	30 000 ft 以下,±40 ft
		30 000 ft 以上,±50 ft

续 表

飞机名称	指标名称	指标要求
C919	航迹倾角	稳态精度:±0.5°
		对于 5°的阶跃响应:最大超调/欠调 2°,追踪误差 1°
	滚转角	稳态精度:±1°
		对于 5°的阶跃响应:最大超调/欠调 2°,追踪误差 1°
	自动油门	±5 kn
C-17	滚转角	限制值:−35°~35°
	滚转角速率	限制值:5(°)/s(正常)、3(°)/s(小值)
	油门 EPR	控制精度:±2%

表 1-4 从不同机型自动飞行控制系统性能指标的不同维度进行了描述,如飞机不同构型下自动驾驶功能允许接通的最低高度,自动飞行控制系统基本模态的控制精度和限制值,自动推力有关的速度、压力比控制精度等。

受限于资料的完整性,虽然不能从表 1-4 所示数据横向对比各典型飞机自动飞行控制模态的精度指标差异,但笔者研究认为表中所描述各典型运输类飞机在具体设计实现上的性能指标差异很小。

1.5　本书的主要思路与内容

自动飞行控制系统从早期的三轴稳定控制到现代的多种模态控制,随着科学技术的发展,其实现形式已经发生了很大变化。本书主要以现代电传飞行控制构架下的运输类飞机自动飞行控制系统设计为对象,注重现代运输类飞机自动飞行控制系统的工程设计与实现。

首先围绕运输机的任务特点,结合适航条款、规范及标准要求,分析得出自动飞行控制系统的设计需求;对自动驾驶、自动导航、自动进近与着陆、飞行指引和自动油门的设计过程及所使用的工具软件进行描述,其中既包括系统架构设计及与外部交联关系,也包括内部各模态的切换逻辑和控制律算法。

其次从地面试验验证的角度,描述如何去验证设计,内容遵循型号工程研制过程中的试验验证环节,如品模评估试验、铁鸟试验、人机组合试验和机上地面试验。本书在写作试验验证部分时,重点突出每个试验的侧重点及验证的目的,包括对自动飞行控制试飞验证目的、试飞方法和结果评估的描述。

最后是对自动飞行控制系统设计中有争议的几个问题进行研讨,以引起读者的思考,同时对未来发展方向进行展望。

1.6　本章参考文献

［1］王洛. C - 17 飞机简介及设计特点分析［J］. 航空科学技术,2006(2):11 - 15.

［2］侯树荣,董彦斌,刘圣宇,等. 军用运输机在现代战争中的作用及发展趋势［J］. 吉林工程技术师范学院学报,2010,26(4):1 - 3.

［3］李瑛. 美军运输机的装备特点及发展趋势［J］. 外军后勤信息,2005(4):11 - 15.

第 2 章 研制流程及要求

2.1 概 述

系统,是由相互作用和相互依赖的若干组成部分结合而成具有特定功能的有机整体,经过组合的整体,其功能要大于各部分的功能之和。

自动飞行控制系统是飞机上最重要的机载系统之一,它往往由电子计算机产品、应用软件、操作系统软件、底层驱动软件、机械类产品、液压控制产品等部件组成,完成对飞机姿态、轨迹、速度等多种参数的控制,是一种高度复杂的机载系统,对功能完整性、安全性、可靠性等要求极高。

自动飞行控制系统的研制,要遵循科学的研制流程。这种流程看似像流水线一样按时间顺序一个接一个地完成,彼此独立,实际上相互之间的连接关系十分紧密。传统的系统设计是一个迭代的过程,即不断地反复进行设计改进,直到最终设计完成。这就使得设计过程漫长艰辛,一个小小的改进就需要全部重走一遍设计流程。因此,对于复杂的系统,需要寻找一种新的、更加综合的设计过程。在设计之初,就要考虑各种关系的影响,增加性能评估和设计确认过程,这样可以有效地减少设计迭代,通过大量仿真就可以确认和验证设计的正确性、一致性和完整性。

系统的研制过程一般如下:

(1)系统目标和系统总体需求的建立;

(2)详细的部件、组件设计和选择;

(3)自底向上的综合、试验和确认。

在开展上述研制过程的同时,必须遵循相应的法规和强制性标准,同时可借鉴一些行业内或国外的技术标准。目前国内在开展自动飞行控制系统研制时,主要遵循的标准分为企业标准、适航性法规标准、航空行业标准、国家军用标准、国际标准等。

本章主要介绍现代自动飞行控制系统的研制流程及要求。

2.2 通用研制流程及方法

自动飞行控制系统的研制流程应与全机和飞控系统的研制流程相匹配。可选择SAE ARP 4754A民用飞机与系统研发指导作为自动飞行控制系统的设计及研制流程,典型的研制周期时间线如图 2-1 所示。

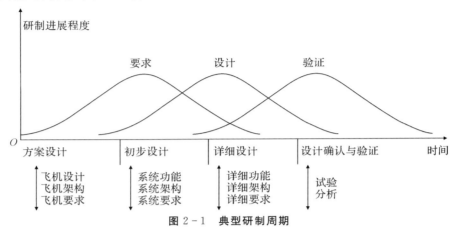

图 2-1　典型研制周期

　　SAE ARP 4754A 研制流程遵循"V"字形的开发过程,它是以自上而下的需求和确认、自下而上的需求验证为主线进行研制活动的,同时安全性评估(FHA,PSSA,SSA,CCA 等)贯穿于整个流程,其流程图如图 2-2 所示。

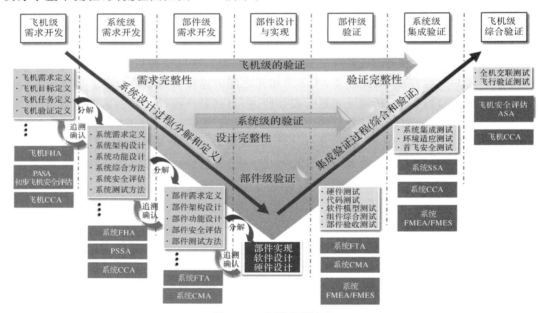

图 2-2　典型研制流程

　　PSSA 对所设计的系统架构进行系统性检查,建立系统的安全性要求,并确定所建议的系统架构能够满足 FHA 识别的安全性目标。SSA 是对所实现的系统进行系统性和全面的评价,以表明满足从 FHA 得到的安全性目标以及从 PSSA 得到的衍生安全性要求。CCA 应通过评价整个架构对共因事件的敏感度,支持系统架构的设计。

　　CCA 的共因事件通过完成下列分析来进行评价:

　　(1)特定风险分析(PRA);

（2）共模分析（CMA）；

（3）区域安全性分析（ZSA）。

SAE ARP 4754A 是一种过程控制方法，它通过研制保证等级（FDAL 和 IDAL）过程，可减小需求定义、系统架构搭建、系统设计以及物理实现过程中的差错对飞机安全的影响。

在自动飞行控制系统研制过程中，SAE ARP 4754A 和 SAE ARP 4761 也是互相影响，交织进行，共同推进研制进程。

民机自动飞行控制系统研制阶段划分如图 2-3 所示。

图 2-3　民机自动飞行控制系统研制阶段划分

（1）联合概念定义阶段（JCDP）。在联合概念定义阶段，与总师单位以项目联合团队的形式，进行联合概念设计工作。JCDP 的主要任务是定义系统级需求，包括分配飞机级功能、需求给自动飞行控制系统级需求和接口定义。针对飞机设计依据和设计要求，权衡细化，进行系统初步设计；形成系统初步总体技术方案，并进行研制任务分解。

JCDP 的主要输出如下：

1）系统初步总体技术方案；

2）顶层系统设计要求；

3）系统技术规范；

4）项目总进度计划；

5）项目成本分解和现金流计划；

6）项目风险管理计划；

7）构型管理计划。

（2）联合定义阶段（JDP）。在联合定义阶段，与总师单位以项目联合团队的形式，进行联合初步设计工作。JDP 的主要任务是与总师单位一起定义系统功能、系统物理架构、系统详细组成和详细技术规范需求，明确能够签订合同的详细要求（系统需求 STS、ICD 等）。

JDP 的主要输出如下：

1）系统技术规范（STS、SRS 等需求文件）；

2）系统接口控制文件（EICD、MICD）；

3）系统总体技术方案（技术状态冻结）；

4）完成关键技术项目攻关；

5）项目详细进度计划；

6）工艺总方案。

（3）详细设计阶段（DDP）。DDP 的主要任务是开展系统集成工作，定义设备级技术规范，做好供应商需求管理和需求变更工作，并开展逐层的需求验证工作。

当 DDP 结束时，所有的部件完成制造准备，所有的验证与确认活动（V&V）定义清晰。PDR 完成部件的需求分解与设计方案，考察衍生需求与方案的吻合；CDR 完成图纸及工艺方案,重点在于如何实现文档及图纸的要求。

DDP 的主要输出如下:

1)部件产品图样、模型和各种工艺文件;

2)详细设计报告和详细设计评审报告;

3)适航审定基础和符合性验证计划;

4)成品、系统件和设备规范。

(4)建造阶段(MP)。MP 完成各类部件的制造、软件的代码生成及相应的测试。

MP 的主要输出如下:

1)系统各部件物理实物;

2)软件代码及测试文档;

3)适航审定大纲;

4)各种试验大纲。

(5)验证阶段(VP)。VP 的主要任务是对系统各部件、系统的地面和空中进行验证工作。

VP 的主要输出如下:

1)DO-254 要求的 V&V 测试(板级测试、整机测试、HALT/HASS 测试);

2)DO-178C 要求的 V&V 测试(模型验证、原代码验证、目标码验证、软件综合测试、软/硬件综合测试);

3)部件级验收测试;

4)系统数学仿真试验;

5)系统级集成测试;

6)系统验收测试;

7)铁鸟试验;

8)机上地面试验;

9)首飞安全性试验;

10)试飞试验(包含研制试飞和适航试飞);

11)适航符合性试验;

12)鉴定试验(包括试验室试验、试飞试验等)。

现代军机自动飞行控制系统的研制流程及方法越来越趋向于民机的研制流程,在一定程度上可以共用,只是研制阶段划分有所区别,具体如图 2-4 所示。

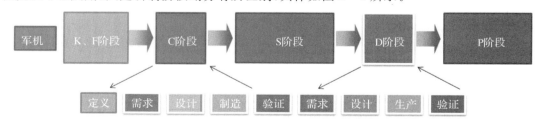

图 2-4　军机研制阶段划分

军机自动飞行控制系统的研制阶段分为方案论证阶段（K、F）、初样设计阶段（C）、正样设计阶段（S）、定型/鉴定阶段（D）、批生产阶段（P）。

除此之外，在系统研制全生命周期，民机由适航局方全程介入，军机由军代表全程监督。

在研发方法方面，传统的飞机及系统的研制设计活动都是基于工程人员的经验，采用文档传递设计参数和要求。基于文档的设计开发过程，难以保证系统设计的完整性、可追溯性，对设计结果的配置管理和变更管理提出了很大的挑战。

如今，基于模型的系统工程（MBSE）越来越被广大工程师认可，较传统的基于文档的设计有巨大的优势。不管是民机还是军机，其研制方法都可采用 MBSE 的产品研发方法，也是未来系统工程研发的发展趋势。

2.3　MBSE 与自动飞行控制系统研制

在传统的自动飞行控制系统的设计中，各传感器、控制板、电子计算机、伺服执行机构等产品之间的交联关系复杂，承制单位多，各部件之间往往是相互独立或松散耦合的。各部件、分系统之间并没有模型传递，建立不起紧密的联系。各部件都是依据各自的技术协议书分解的指标进行设计，缺乏统筹考虑，导致各部件均能满足各自的设计要求，但组成系统以后，却可能因为其他产品影响自身功能，导致系统级功能的欠缺。

目前，飞控系统的功能越来越复杂，自动化程度、集成化程度和安全性等级越来越高，在这种趋势下，任何一个部件功能丧失或性能下降都会直接导致系统级功能或安全性下降，那将是不可接受的。

2007 年，国际系统工程师学会（INCOSE）正式提出了基于模型的系统工程（MBSE）的详细定义。MBSE 本质上是一种系统工程方法，侧重于创建和利用领域模型作为工程师之间信息交换的方式，而不是传统的基于文档的方式，它是一种用来捕获系统架构、关系、需求和约束的系统工程方法，强调各子系统之间数据和控制流的交换。空中客车公司使用 MBSE 方法开展了 A350 客机项目的全生命周期研发工作。

MBSE 的流程元素主要包括需求分析、系统功能分析、架构设计、模型/需求库以及测试/验证数据库，流程元素之间的相互关系如图 2-5 所示。

在开展自动飞行控制系统的 MBSE 设计中，系统设计师首先应充分定义各利益攸关方的需求点，对来自各层级用户的需求以及各种内外部使用环境的约束条件进行汇总、归纳，经过条目化后变成系统顶层需求。针对需求开展对应的功能定义分析，建立起自动飞行控制系统的模型/需求库，创建黑盒测试用例。进行系统架构和余度设计，同时把系统功能性能分配到确定的系统架构中，得到白盒测试用例，识别自动飞行控制系统和其他机载系统之间的交互关系与软硬件接口，开展系统模型的验证，直至完成整个系统方案的设计。

在 MBSE 中，方法和框架都是通过视图的方式组织的，用视图描述来展现模型的具体特征的信息。MBSE 是一种形式化的方法，其建模可允许采用可视化图形来定义系统并结构化地描述系统。

依据 MBSE 流程，自动飞行控制系统总体设计首先从用户需求出发，进行系统需求分析、系统余度架构设计、多模态控制律设计、系统接口设计、部件初步设计、部件接口定义等工作,得到飞控系统样机模型来指导进一步的工作。系统建模可以采用国际系统工程师学会提出的标准建模语言 SysML。SysML 语言承担了除控制律设计(通常使用 Simulink 模型)以外绝大部分的建模任务。SysML 提供了丰富的可视化的模型表达能力,可有效地使设计人员描述系统的结构、功能、行为等关键特性,完成自动飞行控制系统总体设计中的不同任务。

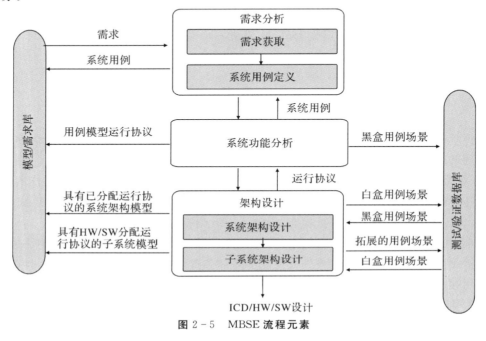

图 2-5　MBSE 流程元素

2.4　适航条款要求

　　CCAR 25/FAR 25/CS 25 中关于自动飞行控制系统的主责条款是"§25.1329 飞行导引系统",与其紧密关联的咨询通报包括"AC 25.1329-1C 飞行导引系统批准""AC 120-29A 批准 Ⅰ 类和 Ⅱ 类进近最低气象标准的准则"和"AC 120-28D Ⅲ 类起飞、着陆和滑跑的最低气象条件批准准则"等。

2.4.1　适航条款规定

　　《CCAR 25-R4 运输类飞机适航标准》中的 §25.1329 规定如下,FAR 25.1329、CS 25.1329 有类似的描述。

　　25.1329 飞行导引系统

　　(a)必须给每个飞行员提供具有快速切断自动驾驶仪和自动推力功能的操纵器件。自动驾驶仪快速切断操纵器件必须装在两个操纵盘(或其等效装置)上。自动推力快速切断操纵器件必须装在推力操纵杆上。当飞行员在操作操纵盘(或其等效装置)和推力操纵杆时,必须易于接近快速断开操纵器件。

(b)对飞行员人工断开自动驾驶仪或自动推力功能的系统,其失效影响必须按照第25.1309条的要求进行评估。

(c)飞行导引系统、模式、传感器的衔接或转换导致的飞机航迹瞬变,都不得大于本条(n)(1)中规定的微小瞬变。

(d)在正常条件下,飞行导引系统的任何自动控制功能的切断导致的飞机航迹瞬变,都不得大于微小瞬变。

(e)在罕见的正常和非正常条件下,飞行导引系统的任何自动控制功能的切断导致的瞬变都不得大于本条(n)(2)中规定的重大瞬变。

(f)如有必要,为了防止不适当使用或混淆,每一个指令基准控制器件的功能和运动方向,如航向选择或垂直速度,必须清楚地标示在每一控制器件上或其附近。

(g)在适于使用飞行导引系统的任何飞行条件下,飞行导引系统不会对飞机产生危险的载荷,也不会产生危险的飞行航迹偏离。这一要求适用于无故障运行和故障情况,前提是假设飞行员在一段合理的时间内开始采取纠正措施。

(h)当使用飞行导引系统时,必须提供措施以避免超出正常飞行包线速度范围可接受的裕度。如果飞机飞行速度偏移超出这个范围,必须提供措施防止飞行导引系统导引或控制导致不安全的速度。

(i)飞行导引系统的功能、操纵器件、指示和警告必须被设计成使飞行机组对于飞行导引系统的工作和特性产生的错误和混淆最小。必须提供措施指示当前的工作模式,包括任何预位模式、转换和复原。选择器转换开关的位置不能作为一种可接受的指示方式。操纵器件和指示必须合理和统一地进行分类组合和排列。在任何预期的照明条件下,指示都必须能够被每个飞行员看见。

(j)自动驾驶仪断开后,必须及时地给每一位飞行员提供与驾驶舱其他警告截然不同的警告(视觉和听觉的)。

(k)自动推力功能断开后,必须给每一位飞行员提供戒备指示。

(l)当飞行机组操纵飞行控制器件用力过度时,自动驾驶仪不会产生潜在的危险。

(m)在自动推力工作期间,飞行机组必须不用过大的力气就能移动推力杆。在飞行机组对推力杆施加超控力时,自动推力不得产生潜在的危险。

(n)对于本条,瞬变指对控制或飞行航迹的一种干扰,这种干扰对飞行机组输入的响应或环境条件不一致。

(1)微小瞬变不会严重减小安全裕度,且飞行机组的行为能力还很好。微小瞬变会导致轻微增加飞行机组的工作负担或对旅客和客舱机组带来某些身体的不适。

(2)重大瞬变会引起安全裕度严重减小、飞行机组工作负担增加、飞行机组不适,或旅客和客舱机组身体伤害,可能还包括非致命的受伤。为了保持或恢复到正常飞行包线内,严重瞬变不要求:

(i) 特殊的驾驶技巧、机敏或体力;

(ii)超过第 25.143(d)条要求的飞行员力量;

(iii)会对有保护或无保护的乘员产生进一步危害的飞机的加速度或姿态。

2.4.2 适航条款解读

CCAR 25.1329 涉及飞行导引系统(包括了提供自动驾驶仪、自动推力、飞行指引仪和其他相关功能的有关设备)的性能、安全性、故障保护、告警和基本通告等方面。飞行导引系统的性能和操作说明应当同飞行机组人员共同拟定,并写入飞行手册,且作为重要的文件和培训材料。各条款解读如下:

(1)25.1329(a)。本款明确了对自动驾驶仪和自动推力装置的安装位置和快速断开操作的要求。对于简单的相对独立的自动驾驶仪系统的批准可以用 TSO 的方式批准;对于复杂的并与飞机性能密切相关的自动驾驶仪系统的批准,往往需要和整个飞机的型号合格审定同时进行。

飞行导引系统通常被看作是主飞行操纵的一部分。为防止飞行导引系统故障时影响主飞行操纵,(a)款要求飞行导引系统必须是容易和迅速断开的。"快速断开"的目的是确保每个飞行员凭单手臂动作,就能迅速且容易地断开自动驾驶仪和自动推力功能的操纵器件(主要为驾驶盘或等效物),即要求在每个驾驶盘(或等效物)或者推力控制杆上安装一个快速断开装置。

飞行导引系统的操纵器件包括接通/关断电门、转弯按钮、俯仰手轮、航向选择器、高度选择器和其他各种按钮等。这些部件往往集中安装在飞行控制板上。为了便于每个飞行员操作,飞行控制板一般都被布置安装在中央操纵台或驾驶舱遮光板上。(a)款要求快速断开装置"易于接近",因此将快速断开装置安装在每个驾驶盘(或等效物)或者推力控制杆上,以便于飞行员一只手操纵驾驶杆,必要时断开自动驾驶仪;另外一只手还可以用来操纵油门杆。否则,在高工作负荷情况下,飞行员的手离开主操纵器件和油门杆可能会妨碍飞行任务。

(2)25.1329(b)。本款要求的是自动驾驶和自动推力快速断开功能的失效考虑。(b)款为119 号修正案新增,强制要求设计者和制造商必须考虑当飞行员需要人工操纵时,自动驾驶或自动油门的断开功能失效。协调工作组对这类失效提出具体概率要求,但考虑到飞机型号设计特征和安装各不相同,依据 25.1309 进行系统安全性分析是一种最好的选择,需对妨碍快速断开功能的因素进行安全性评估。为机组的不安全系统运行情况提供告警,并采取合适的纠正行动。整个飞行导引系统必须通过评估表明 25.1309 的符合性。如果安全性评估认为飞机能够在自动驾驶或自动油门接通情况下,人工操纵使飞机安全着陆,则必须通过试飞试验进行验证。

(3)25.1329(c)(d)(e)。在确定(c)(d)和(e)款的符合性时使用以下定义。微小和重大瞬变的定义是条款内容的一部分,为的是完整性和可理解性。

该条款定义了在正常条件、罕见的正常条件及不正常条件下,对飞行导引系统接通、转换和断开所引起的瞬变提出要求。瞬变会对飞机继续安全飞行和飞行机组的操作有不利的影响。其安全意图即正常(非故障)特性应该是非常温和的,而在罕见的正常和不正常(故障)条件的特性应该是安全的。

条款的目的是,当所有飞行导引系统(FGS)功能断开时,无论是手动的还是自动的,对飞机飞行航迹导致的干扰最小。在更不利的运行条件下,更大的瞬变让 FGS 本身来防止是不可能的。(e)款认识到了 FGS 在这些不利条件下将无法应对与(d)款所界定的相对良性、无故障的情况。

(c)(d)和(e)使用了术语"正常条件""罕见正常条件"和"非正常条件"。"罕见正常"是指在飞机的日常服役中通常不会遇到的具有挑战性的环境运行条件。提议的"正常"和"罕见正常"两词并不是指这些事件发生的具体概率。

"罕见的正常"是在飞机的正常运行范围内,包括所有可预见的运行条件。"罕见的正常"是为了区分所遇到的环境和运行条件的严重程度,而不是遇到这些条件的概率与"正常"条件概率不同。术语"非正常条件"指的是故障条件,包括 FGS 和其他飞机系统。请注意,有了这些定义,"罕见的正常条件"和"非正常条件"是两个不同的概念。正常条件的例子有轻到中度阵风、轻度湍流、中度湍流、结冰等;罕见的正常条件例子有大风、风切变、巨大阵风、严重湍流、非对称结冰等;非正常条件的例子有明显的燃油不平衡、发动机失效、丧失一套或一套以上的液压系统等。

(4)25.1329(f)。本款指出,姿态控制必须根据所涉及的运动感觉进行操作,包括控制和飞机操纵的运动效果。关于座舱控制器件,本款规定姿态控制器件必须在每个控制器件上或其附近清楚地标明运动方向。本款把要求从姿态控制扩大到所有指令基准控件。

本款对操作器件的方向标识提出要求。要求姿态控制器件的运动平面必须与飞机的运动效果相一致。例如,航向转弯控制器必须采用旋转式器件,向左旋转时使飞机左转弯,向右时右转弯。飞机运动的方向应清楚地标注在每个操纵器件的附近,如"向左""向右""升""降"等。

(5)25.1329(g)。本款提出在有/无故障的条件下,飞行导引系统对航迹的影响限制要求。要求在适于使用飞行导引系统的飞行条件下,包括最不利的工作条件,如轻质量、后重心时,即使飞行导引系统发生故障,只要飞行员在规定的时间内采取了必要的纠正动作,则飞机仍应是安全的,即不应对飞机造成危险的载荷或使飞行航迹产生危险的偏离。

合理的时间:从飞行导引系统发生故障,到飞行员发现故障并采取纠正动作这一过程需要一定的反应时间。1979 年后,美国和英国适航当局统一规定了各飞行阶段可接受的最小反应时间,见表 2 - 1。

表 2 - 1　最小反应时间

单位:s

飞行阶段	无音响警告	有音响警告
起飞、爬升、最终进场	2	1
着陆	—	1
其他阶段	4	3

危险的载荷:指的是 FGS 依据"系统结构交联"的符合情况,如超出结构限制,或超过最大稳定空速/马赫数(v_{FC}/Ma_{FC})的任何情况。

危险的航迹偏离:指故障发生后机组发现故障并采取纠正动作再加上改出时间,相应姿态(如滚转角度)在航路上超过 60°;305 m(1 000 ft)高度以下超过 30°。

(6)25.1329(h)。本款提出对速度保护的要求,包括高速和低速保护。这将要求,当飞行导引系统正在使用时,必须提供一种手段,以避免偏离超出正常飞行包线的速度范围以外的可接受的裕度。如果飞机遇到超出此范围的偏离,飞行导引系统不能提供导引或控制导致一个不安全的速度。"导致一个不安全的速度"一语的意思是,无论当时进行何种操作,飞行导引系统不应控制或提供导引,最终导致失速或速度超过最大使用速度。

(7)25.1329(i)。本款针对模式指示提出要求,以尽量减少飞行机组的错误和混淆,解决模式指示和操纵器件的逻辑分组,以便从每个飞行员的位置都能看到,并且使机组人员可以意识到工作模式和模式变化。

工作状态指示装置应确保不会造成错误选择和指示不明确,及时向飞行员正确指示其飞行的即时工作状态(如"航向保持""VOR""下滑"等),以提高飞行安全性能。

选择器转换开关:由于转换开关可能会发生错位、接触不良等不正常工作情况,所以本款要求选择器转换开关的位置不可以用来作为飞行导引系统工作状态的显示手段,必须另外设置"工作状态显示器"装置。

(8)25.1329(j)。本款提出对自动驾驶仪断开的警告要求。

无论出于何种原因,自动驾驶仪的脱离都需要机组立即干预接管,以承担对飞机的手动操纵。因此,要求声音警告不同于其他驾驶舱警告是为了提供明确的信息,即机组人员必须人工控制飞机。

在这种情况下,"及时"是指适合具体情况的时限,而并不规定具体时限。建议的要求,警告视觉上和声音不同于其他驾驶舱警告,是为了提供明确的提示,飞行机组必须人工控制飞机。

(9)25.1329(k)。本款提出对自动推力断开的警示要求。飞行员需要意识到自动推力系统已经断开,以便他们不再期望系统提供所需的速度控制。但是,通常情况下,自动推力断开无需机组人员立即更改推力控制。因此,这里使用"戒备"而不是"警告"。

(10)25.1329(l)。该款要求机组人员对自动驾驶仪的超控必须是安全的,并提出对超控自动驾驶仪影响的安全性评估要求。

要求当机组向飞行操纵装置施加超控力时,机组对自动驾驶仪的超控,不得造成潜在危险。如之前在第 25.1329(d)讨论中所述,当飞行员或副驾驶,在不使用手动断开自动驾驶的情况下,将输入作用于驾驶舱操纵装置时,就会发生超控。飞行员超控可能并不总是导致自动驾驶断开。如果自动驾驶仪在超控期间没有断开,则结果可能造成不平衡(例如,水平安定面/升降舵、气动面在空气动力学上彼此相反)。

如果在飞机处于此配置时,断开自动驾驶连接,或者飞行员突然释放施加在驾驶舱操纵装置上的力,则可能会导致重大的瞬变状态和/或失控。飞行机组超控自动驾驶仪后,发生了数起事故。但是,不建议在所有情况下都禁止机组超控。因为在某些异常(故障)情况下或在紧急规避操纵中,机组超控可能是机组重新控制飞机的最后手段。

(11)25.1329(m)。该款要求机组人员能够不施加过多的力去对自动推力操作进行超控,推力的变化不能导致潜在的危险。

有时候机组人员需要立即改变推力,而无需解除自动推力系统。在某些情况下,解除自动推力系统的正常控制失败,而超控自动推力系统的能力是手动控制推力的唯一手段。

(12)25.1329(n)。该款对瞬变进行定义和说明。

"微小瞬变"的定义与 AC 25.1309 - 1A 中给出的"微小失效状态"的定义相关,但 25.1329 中使用的"微小瞬变"一词不能与第 25.1309 节中使用的危害分类直接相关。这是因为瞬变可能与故障状态相关,也可能不相关。但是,微小瞬变后果的概念可与 25.1309 中导致微小危害的失效状态相关联。同样,"重大瞬变"的定义与 AC 25.1309 中定义的"重大失效状态"的定义(比重大瞬变更大的对应于危险或灾难性的失效状态)相关。这样,可以将飞行导引系统的瞬变响应与 25.1309 和 AC 25.1309 - 1A 提供的易于理解的危害分类相关联。

术语"微小瞬变"和"重大瞬变"不是绝对的。也就是说,对于每个要评估的项目,不存在明确的"正确/不正确"或"是/否"。这取决于要评估的特定机型。

2.4.3 相关咨询通报

2.4.3.1 AC 25.1329 - 1C 飞行导引系统批准

AC 25.1329 - 1C 描述了可接受方法来表明对 CCAR 25.1329"飞行导引系统(FGS)"要求的符合性。CCAR 25 部包含了适用于运输类飞机的适航标准,本咨询通告中的指导材料涉及的内容包括自动驾驶、飞行指引仪和自动推力控制以及任何与控制增稳和配平功能接口相关的功能。

AC 25.1329 - 1C 共有 10 个章节和 2 个附录。各章节和附录之间的关系如图 2 - 6 所示。

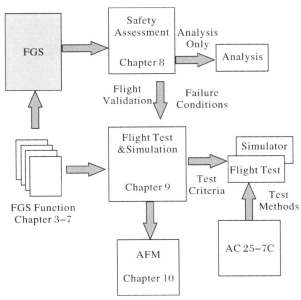

图 2 - 6 AC 25.1329 - 1C 各章节和附录之间的关系

2.4.3.2　AC 120 - 29A 批准Ⅰ类和Ⅱ类进近最低气象标准的准则

AC 120 - 29A 提供了获得并保持Ⅰ类和Ⅱ类运行最低气象条件批准的可接受非唯一的方法,包括了飞机相关系统的安装和批准。AC 120 - 29A 和运行相关,但由于 AC 120 - 29A 第 5 章中涉及对机载系统的要求,附录 2 和附录 3 分别提出针对在Ⅰ类/Ⅱ类运行最低气象标准下执行进近时关于飞机设备和装置批准的适航标准,这些要求和标准通常会由申请人在设计过程中考虑并实现,因此,也成为审定过程中需要关注的内容。

中国民用航空局飞行标准司参考 FAA AC 120 - 29A、FAA AC 120 - 28D、FAA AC 91 - 16,发布了 AC - 91 - FS - 2012 - 16。该咨询通告包含了运营人在境内外实施全天候运行中对机组资格和训练、飞机及设备、运行程序、签派放行、特殊程序等方面提出的相应要求,适用于实施非精密进近、Ⅰ类精密进近、Ⅱ类精密进近和Ⅲ类精密进近的运营人,并为局方对运营人的审批和持续监督检查提供指导。

2.4.3.3　AC 120 - 28D Ⅲ类起飞、着陆和滑跑的最低气象条件批准准则

AC 120 - 28D 为获得和维护Ⅲ类着陆、滑跑和低能见度起飞(包括相关的飞机系统的安装和批准)的最低气象条件的批准准则提供了一种可接受的方法。AC 120 - 28D 包括附加的Ⅲ类标准或经修订的Ⅲ类标准与平视显示器(HUD)、卫星导航系统、低能见度起飞导引系统、宽体故障安全运行和在某些发动机不工作时Ⅲ类运行情况的组合应用。

起飞和着陆的气象条件,是通过使用适当的运行规则、经批准的仪器操作程序和发布运行规范来批准的。由于运行规则是持续应用,且在适航评审后还会更新或是随着安全运营经验的积累而更新,所以额外的Ⅲ类置信度或限制可能适用于运营商或成为飞机的安全运行所必需的条件。适航评审活动是基于特定的运行和适航规章,而适航规章是为特定 TC 或 STC 建立的当时有效的审定基础。

2.5　民用飞机研制规范

为了满足民用飞机研制要求,飞机需要满足 CAAC、FAA、EASA 等适航部门的要求和条款。对于复杂或综合系统而言,由于系统的所有状态还不能确定,所以对其进行详细、大量的测试是不切实际的。在确保设计符合性的前提下,国际自动机工程师学会(SAE)发布了工业指南 ARP 4754A、ARP 4761 等。针对软件、复杂电子硬件、机载环境试验等分别出台了 DO - 254、DO - 178、DO - 160G 等考虑和办法。在 FAA、EASA、CAAC 等发布的 AC 25.1309、AMC 25.1309、CCAR 25.1309 条款中,均已明确将 ARP 4754A、ARP 4761、DO - 160G、DO - 254、DO - 178 等列为符合性认证的工作指南和考虑。在民用飞机研制中,只有严格按照 ARP 4754A 规定的方法和流程进行飞机和系统的研制,才能取得相关国家适航当局的认可。

SAE ARP 4754A *Guidelines for Development of Civil Aircraft and System* 提供了民用飞机与系统的研制指南,主要论述了实现飞机功能的系统和整机的研制周期过程与活动。其不仅是飞机及其系统工程研制和验证的指南,同时也是适航当局认可的用于表明飞

机及系统对适航标准符合性的符合性方法。ARP 4754A 论述了飞机功能的系统和整机的研制周期,不包括软件或电子硬件研制、安全性评估过程、运营中飞机安全性工作、飞机结构研制等方面的详细内容。其中关于软件研制的内容,由 RTCA DO-178B/C 详细描述。关于电子硬件方面的研制内容,由 RTCA DO-254 详细描述。关于安全性评估过程的方法,由 SAE ARP 4761 详细描述。图 2-7 描述了不同研制文件间的关系。

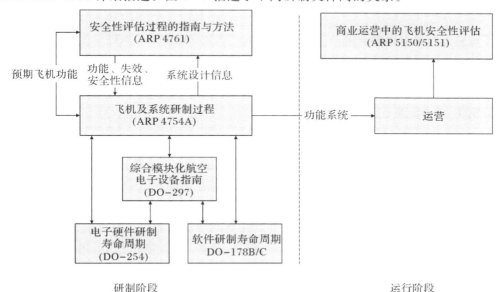

图 2-7 涉及研制和运营阶段的指南文件

SAE ARP 4761 *Guidelines and Methods for Conducting the Safety Assessment Process on Civil Airborne Systems and Equipment* 提供了民用飞机机载系统的设备和安全,在合格审定过程中进行安全性评估的指南和方法。同时,ARP 4761 也针对系统安全性的主要工作,给出了推荐的分析方法和实践。

SAE ARP 5366 *Autopilot*,*Flight Director*,*and Autothrust Systems* 提供了自动驾驶、飞行指引、自动油门系统的设计和安装标准。自动驾驶系统、飞行指引系统以及自动油门系统是高度相关的,通常被称为飞行导引系统。

RTCA DO-178 *Software Considerations in Airborne Systems and Equipment Certification*,最新版本为由航空无线电技术委员会(RTCA)于 2011 年发布的 DO-178C。目前 DO-178B、DO-178C 均在使用中。其中 DO-178C 对 DO-178B 进行了澄清和细化。DO-178是考量机载系统和设备认证软件的国际标准,是商用航空电子软件开发的首要标准。DO-178B/C 为机载系统和设备软件的开发提供推荐性意见,旨在使民用航空产品使用的软件能够满足适航性要求,并获得使用批准。

RTCA DO-254 *Design Assurance Guidance for Airborne Electronic Hardware*,由 RTCA 于 2000 年 4 月发布。DO-254 用于为航空或者发动机的机载系统和设备的复杂电子硬件设计提供质量保证原则。DO-254 对复杂电子硬件的研制生命周期、过程目标及活动、研制保证等级均进行了定义和描述。

RTCA DO - 160G *Environmental Conditions and Test Procedures for Airborne Equipment*,由 RTCA 于 2010 年 12 月发布,代替 2007 年 12 月发布的 DO-160F。DO-160G 规定了机载设备一系列最低标准环境试验条件(类别)和相应的试验程序,用试验室试验的方法确定机载设备在其机载使用过程中遇到的典型环境条件下的性能特性。

RTCA DO - 325 *Minimum Operation Performance Standards（MOPS）For Automatic Flight Guidance and Control Systems and Equipment*,由 RTCA 于 2010 年 12 月发布。DO-325 包含了自动飞行导引控制系统的最低运行性能标准及兼容接口。该标准指出了对系统和设备的设计人员、制造商、安装人员及用户有用的系统特征。DO-325 推荐了一种确保自动飞行导引控制系统或设备能够在运行过程中以预期功能运行的符合性方法。

2.5.1　SAE 系列

SAE ARP 4754A *Guidelines for Development of Civil Aircraft and System* 提供了民用飞机或复杂系统的开发指南。自动飞行控制系统作为一个高度综合复杂的机载系统,在设计过程中需以正向设计的思路进行系统设计,即遵循如图 2-8 所示的概念设计、研制过程、制造/运行过程的生命周期。在概念设计阶段,确定自动飞行控制系统总体功能、性能等。在产品研制阶段,对产品进行详细设计。在产品研制过程中生成批准的适航符合性资料、制造信息,设计满足所有的内部符合性资料、维护/运营等信息后,进入制造/运行的实施。

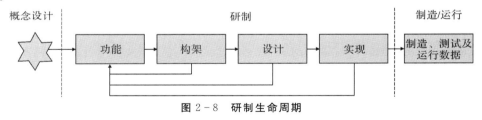

图 2-8　研制生命周期

在进行系统研制之前,需完成计划过程,以明确研制的系统满足相关需求的方式,同时为适航要求的符合性提供证据。该过程包括对研制、安全规划、需求管理、确认、实施验证、构型管理、过程保证的全要素计划。

如图 2-9 所示,在系统研制中,遵循自上而下方法,并以迭代和并行的方式进行。首先对系统的需求进行捕获、确认,对系统进行架构开发。将系统需求分配至子系统(如将自动飞行控制系统功能分配至软件、硬件等),通过产品的详细设计实现后,对产品进行实现的验证,最终完成产品的研制。

在产品研制的过程中,安全性评估技术的有效性和范围是关注点之一。ARP 4754A 将 DO-178B 和 DO-254 的工作作为实现软件和电子硬件研制保证严酷度的手段。建立一个系统级到子系统级的研制保证过程,可以确保系统在研制过程中的置信度。在系统级,安全性需求是通过分解飞机级安全性需求得出的系统级 FHA 而形成的,下一层级的安全性需求来自的是与系统级 FHA 分类相关的安全性目标得以实现的系统所有方面。

SAE ARP 4761 对系统的安全性评估过程进行了详细说明。主要内容如下:

(1)功能危害性评估(FHA),对系统功能进行检查,确定潜在的功能失效,并根据具体的失效状态对功能危险进行分类。FHA 工作在系统研制过程的早期开展,在整个研制周期中,FHA 随着新功能或失效状态的确定而实时更新。

(2)初步系统安全性评估(PSSA),确立系统的安全性要求,初步表明预期的系统架构能够满足已确立的安全性要求。在整个研制周期中,对 PSSA 持续进行更新,最终得出系统安全性评估。

(3)系统安全性评估(SSA),通过收集、分析及以文件的方式来验证系统是否满足PSSA 确定的安全性要求。

(4)共因分析(CCA),确立并验证系统与项目之间的物理及功能的分离、隔离及独立性要求,并验证该要求均得以满足。

SAE ARP 5366 提供了自动驾驶、飞行指引、自动油门系统的设计和安装标准。在该标准中,以启动逻辑、断开逻辑、飞行导引通告、模式运行的角度进行实际工作的实践,为集成飞行导引系统提供了一个最佳实践参考。

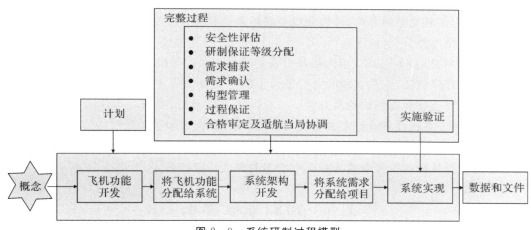

图 2 - 9　系统研制过程模型

2.5.2　DO 系列

《机载系统和设备合格审定中的软件考虑》(RTCA/DO - 178B)是由美国航空无线电技术委员会(RTCA)所提出的一个航空工业软件标准,用于建立一套航空机载系统和设备合格审定相关的软件要求,需要开发人员、验证人员和用户在对机载系统和设备进行设计、实现、验证时执行。RTCA DO - 178B 对机载软件开发的指导主要体现在三个方面:①机载软件生命周期中各个过程的目标;②达到各个目标的活动和工程实现考虑;③确认各个目标已实现的证据记录。

对于设计民用飞机自动飞行控制系统的软件,DO - 178B 定义了软件研制的完整生命周期——计划工程、开发过程以及综合过程,每个过程又分别包含相应的子过程,如图2 - 10所示。

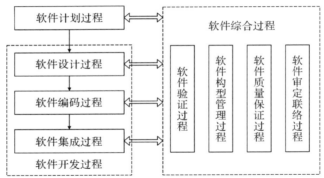

图 2－10　软件生命周期过程之间的基本关系

《机载电子硬件设计保证指南》（RTCA/DO－254）是机载电子硬件的审查基础。DO－254/E－80 提供了一个结构化的设计方法来满足硬件的适当功能和安全性需求，以确保这些器件具有一个适当的研制保证等级。其中：附录 A 基于所实现的硬件设计保证等级，提供了必须的硬件设计生命周期数据的指南；附录 B 包含了用于实现 A 级和 B 级功能的硬件的设计保证技术指南；附录 C 包含本标准使用的术语表；附录 D 列出了本标准使用的缩略语，给出了其完整的名称。《机载设备环境条件和试验方法》（RTCA/DO－160）由美国航空无线电技术委员会（RTCA）制定，于 2010 年发布，作为民用飞机环境试验标准之一，目前最新版为 G 版，DO－160G 中为机载设备定义了一系列最低标准环境试验条件（类别）和相应的试验程序方法，这些试验的目的是为了确定机载设备在使用过程中会遇到的典型环境条件下的性能特性提供试验室方法。对于民用飞机来说，根据环境试验标准选取合适的试验等级，对于系统设备设计至关重要，同时试验等级也代表了机载设备所在飞机各舱室中的环境条件。具体的环境试验要求（如振动试验要求），只能根据机载设备载机的类型和在机上的位置等从标准中选取或按标准中给定的方法计算得出。

2.6　国家标准要求

随着微电子应用技术和控制理论以及主动控制技术的发展和应用，自动飞行控制系统的性能对飞机的性能、操纵品质以及执行任务的影响越来越大。自动飞行控制系统的国家标准要求主要以国军标为主。

2.6.1　自动驾驶

运输类飞机自动驾驶功能的主要性能应参照《有人驾驶飞机飞行控制系统通用规范》（GJB 2191—1994）、《有人驾驶飞机自动驾驶仪通用规范》（GJB 1690A—2022）和《有人驾驶飞机自动飞行控制系统与增稳系统、控制增强系统通用规范》（GJB 3819—1999）的规定执行。

2.6.1.1　高度选择与保持

按照 GJB 2191—1994 第 3.1.2.5 节的要求，当飞机的垂直速度小于 10 m/s，接通自动飞行控制系统的高度保持功能，应以接通时的指示气压高度为基准高度，并将飞机控制在该高度上。所产生的法向过载增量应不大于 0.2g。当飞机垂直速度绝对值大于 10 m/s,接通高度保持功能时,自动驾驶仪不应使飞机产生任何不安全的机动。

当垂直速度绝对值等于或小于 10 m/s 时,该模态接通或受扰动以后,应在 30 s 内达到规定的精度。高度保持功能应满足如下性能要求。

高度保持模态接通并稳定以后,飞机的飞行高度在 9 000 m 以下恒定气压高度的保持准确度应在 ±9 m(滚转角 0°~1°)、±20 m(滚转角 1°~30°)以内。

飞行高度在 9 000~12 000 m,恒定气压高度的保持准确度应在 ±0.1%(滚转角 0°~1°)、±20 m(滚转角 1°~30°)以内。

满足这些精度要求的任何周期振荡,至少应有 20 s 的周期。

2.6.1.2 姿态保持(俯仰和倾斜)

在 GJB 2191—1994 第 3.1.3.7 节规定强度的紊流中,姿态均方根偏差,俯仰应不大于 5°,倾斜应不大于 10°。

按照 GJB 1690A—2022 第 3.2.4 节的要求,定常飞行时在座舱处测得的剩余振荡应使法向过载 a_n、侧向过载 a_y,以及俯仰角 θ、偏航角 Ψ 和滚转角 φ 的振幅符合下列值:

$$a_{n峰-峰} \leqslant 0.05g, a_{y峰-峰} \leqslant 0.02g, |\theta| \leqslant 0.25°, |\varphi| \leqslant 0.5°, |\Psi| \leqslant 0.25°$$

按照 GJB 2191—1994 第 3.1.2.1 节的要求,在平稳大气中,相对基准的静态精度,对于俯仰姿态(机翼水平)应保持在 ±0.5°,对于滚转姿态应保持在 ±1°的范围内。当受到 5°的姿态扰动时,应在 5 s 内达到并保持以上所要求的精度。

2.6.1.3 航向/航迹选择

按照 GJB 2191—1994 第 3.1.2.3 节的要求,飞机应以最小的角度自动地转弯到飞行员所选择的或预先选定的航向/航迹上,并在航向/航迹保持所规定的容差内保持该航向/航迹。航向/航迹选择器应具有 360°的控制能力。

飞机相对于选定的航向/航迹,在襟翼收起时,不应产生比所选航向/航迹大 1.5°的超调;在襟翼放下时,超调应不大于 2.5°。飞机进入和改出转弯应是平滑、快速的,其滚转速率应不大于 10°/s,滚转加速度应不大于 5°/s²。

2.6.1.4 航向/航迹保持

按照 GJB 2191—1994 第 3.1.2.2 节的要求,在平稳大气中,航向/航迹应保持在相对于基准 ±0.5°的精度范围内。在 GJB 2191—1994 第 3.1.3.7 节规定强调的湍流中,航向/航迹的均方根偏差应不大于等于 5°。

2.6.1.5 侧向加速度和侧滑的限制

除应用直接侧力控制或有意诱发侧滑的飞行阶段(如直线侧滑着陆)以外,接通任何横向-航向自动飞行控制系统功能时,应具有下述性能。

(1)稳定倾斜转弯中的协调。在接通自动飞行控制系统的正常机动中,当稳定滚转角直到机动滚转角的极限时,侧滑角偏离配平值的增量应不大于 2°。

(2)滚转时的侧向加速度限制。对于飞机滚转速率能力为 30°/s 的飞行状态,重心处机体轴侧向加速度应不大于 ±0.1g;对于飞机滚转速率能力为 30°/s~90°/s 的飞行状态,重心处机体轴侧向加速度应不大于±0.2g;对于飞机滚转速率能力超过90°/s的飞行状态,重心处机体轴侧向加速度应不大于±0.5g。对于基本上是等高飞行的飞机,以自动飞行控制系统模态作从一侧向另一侧平稳地滚转一直到最大滚转速率时,也应满足这些限制。

(3)水平直线飞行中的协调。飞机作水平直线飞行时应保持如下的精度:侧滑角偏离配平值的增量为±1°,或重心处侧向加速度为±0.02g,取其中的低值。

2.6.2 自动导航

运输类飞机自动导航功能的主要性能应参照《有人驾驶飞机飞行控制系统通用规范》(GJB 2191—1994)的规定执行。

2.6.2.1 伏尔截获和跟踪

在无风情况下,距离发射台93 km或93 km以外,飞机以一直到45°的切入角进行截获时,超调不应超过所要求的伏尔径向波束中心4°/3(20 µA);在进行截获以后,飞机应保持在离伏尔径向波束中心的均方根值为4°/3(20 µA)的范围以内。均方根跟踪误差应是距离发射台18.5~93 km之间,在5 min内的数值,或者在同一距离范围之间,在飞机额定飞行时间内所求得的平均值,取其中时间较短所得的值。

2.6.2.2 塔康截获和跟踪

在无风情况下,距离发射台185 km或185 km以外,飞机以一直到45°的切入角进行截获时,超调不应超过所要求的塔康径向波束中心0.5°;在进行截获以后,飞机应保持在离塔康径向波束中心的均方根值为0.5°的范围以内。均方根跟踪误差应是距离发射台18.5~185 km之间,在10 min内侧得的数值,或者在同一距离范围之间,在飞机额定飞行时间内所求得的平均值,取其中时间较短所得的值。对于距离发射台18.5~185 km之间的连续跟踪,所显示的阻尼比不应小于0.3。

2.6.2.3 飞越发射台

当伏尔/塔康模态自动导航遇到飞机进入伏尔混淆区边缘时,应使飞机保持在当前航向或现有地面跟踪角±1°范围内。在无风条件下,飞机飞越混淆区的过程中,预定航线的航向或与其等效的参数调整,应使自动飞行控制系统控制飞机在穿出混淆区时去截获合适的反向径向波束。在飞越发射台的工作过程中,伏尔/塔康截获的机动限制可予以恢复。

2.6.3 自动进近/着陆

2.6.3.1 自动进近

按照GJB 2191—1994第3.1.2.9节的规定,自动飞行控制系统的进场模态应响应横向引导的航向信标信号和垂直方向引导的下滑信标信号。自动飞行控制系统应自动控制飞机到30 m的最低决断高度。系统应及时提供预警信号,如果具备目视跑道着陆的条件,则允许飞行员完成着陆;否则在出现"极罕见"的单故障或组合故障以后,应能提示飞行员,并能让飞行员完全地执行复飞。系统应在逆风46.0 km/h、顺风18.5 km/h和侧风28.0 km/h的各种组合条件下满足如下要求:

(1)航向信标。自动飞行控制系统应保持不变的航向,直到飞机处于波束中心的±150 μA 范围内,在这一位置上,使飞机机动到截获航向信标波束。为了提供平稳的截获并随后对航向信标波速进行跟踪,对航向或滚转速率和姿态指令应当加以限制。在无风情况下,离开跑道入口 13 km 处切入角为 45°,并在离开跑道入口 29 km 处线性增加到 60°进行截获时,初始超调不应超过 75 μA,并且系统所呈现的阻尼比应不小于 0.1。对于切入角小于 45°的情况,自动飞行控制系统应始终控制飞机向航向信标波束中心线机动。在截获过程中不应出现偏离跑道入口的运动。只要满足下列条件,就认为系统处于跟踪模态:航向信标波束误差不大于 1°(75 μA),航向信标波束速率不大于 0.025°/s(2 μA/s)。在波束跟踪过程中,系统所显示的阻尼比应不小于 0.2。从远距信标到高出跑道 90 m 的进场航迹上,自动飞行控制系统应保持飞机的 2σ 位置在离航向信标波束中心 0.47°(35 μA)的范围内。高出跑道 30～90 m 决断高度的进场航迹上,自动飞行控制系统应保持飞机的 2σ 位置在 0.33°(25 μA)的范围内。在跟踪模态中的性能不应存在持续振荡。这些准则应该以 Ⅱ 级航向信标地面设备为基础。

(2)下滑信标。俯仰自动飞行控制系统应能使飞机机动到截获下滑信标波束。无论飞机在选择该模态时的位置高于或低于下滑信标波束,或者有无垂直速度都不能成为下滑信标模态接通的先决条件。在无风情况下以正常进场形态从波束上面或下面进行截获时,第一次超调不应超过偏离下滑波束中心 0.16°(35 μA)的径向误差。继第一次超调之后,系统所呈现的阻尼比应不小于 0.2,并且在跟踪模态中出现的瞬态误差不应超过偏离下滑信标波束中心 0.16°(35 μA)的径向误差。当应用 Ⅱ 级仪表着陆系统地面设备条件时,在下滑信标发射台基准以上 30～210 m 高度之间,俯仰自动飞行控制系统应保持飞机下滑信标天线位置的 2σ 偏差在波束中心的 0.16°(35 μA)范围内或波束中心的 3.7 m 范围以内,取两者之中的较大者。

2.6.3.2　自动着陆

国际民航组织(ICAO)将自动着陆等级分为 3 级:CAT Ⅰ、CAT Ⅱ 和 CAT Ⅲ,其中对 CAT Ⅲ 自动着陆又分为 CAT Ⅲa、CAT Ⅲb 和 CAT Ⅲc。不同着陆等级对应不同的决断高度(DA)或决断高(DH),详见表 2 - 2。

表 2 - 2　自动着陆等级与决断高度

等级	决断高度(DA)/决断高(DH)
CAT Ⅰ	不低于 60 m
CAT Ⅱ	低于 60 m,不低于 30 m
CAT Ⅲa	低于 30 m 或无决断高
CAT Ⅲb	低于 15 m 或无决断高
CAT Ⅲc	无决断高

注:决断高度 DA 指气压高度,决断高 DH 指无线电高度。

自动着陆是指低于表 2 - 2 所述不同着陆等级对应决断高度的飞行阶段,按照

GJB 2191—1994 第 3.1.2.10 节的规定,自动着陆系统应设计成能适应Ⅲ级气象条件工作,并满足下列着陆精度和使用要求:

(1)主起落架触地点的纵向散布按 2σ 概率值计,平均触地点在下滑波束与跑道交点以外不应超过 460 m。460 m 的散布不必对称地分布在名义触地点周围。除出现"极罕见"的故障外,着陆时飞机下沉速度不应超过起落架的结构强度极限。

(2)主起落架触地时的飞机中心线横向散布按 2σ 概率值计,不应超过跑道中心线每一侧 8 m。滑跑引导系统应使飞机平行跟踪跑道中心线,或跑道中心线收敛。

(3)考虑逆风 46 km/h、顺风 19 km/h、侧风 28 km/h 的合理组合,并考虑到飞机本身着陆质量、重心、襟翼位置、进场速度的变化以及地面着陆设备性能变化等,自动着陆系统也应满足以上(1)(2)条要求。

(4)自动着陆系统的工作异常不应使飞机明显地偏离其进场航道,其中包括高度损失,也不应使飞行控制系统产生使驾驶员(借助于操纵运动或咨询显示)不易察觉的任何动作。在断开系统时,自动着陆系统不应引起不易被驾驶员控制的任何失去配平的情况。

(5)应提供不断告知驾驶员自动着陆系统工作状况的手段。对系统工作异常的指示应是明显突出的和不会误解的。应提供在正常拉平的最低接通高度处已经开始拉平的明确指示。

2.6.4　飞行指引

国军标和行业标准目前都未对飞行指引提出具体指标要求,飞行指引的考核目前主要依赖飞行员的主观判断。判断标准是看指引杆能否及时跟踪上自动驾驶状态下的飞机俯仰和滚转姿态。

2.6.5　自动油门

自动油门的功能是实现对飞机指示空速、马赫数、发动机额定转速(N_1 或 N_2)或压缩比(EPR)等参数的控制,因此,自动油门的指标要求可从空速保持精度、马赫数保持精度以及推力保持精度这三个方面进行描述。

(1)空速保持。

1)周期性剩余振荡周期:不小于 20 s。

2)指示空速稳态误差:不超过 ±9 km/h 或 2%,取大者。

3)指示空速的预选和微调范围应不小于 10 km/h。

(2)马赫数保持。

1)周期性剩余振荡周期:不小于 20 s。

2)马赫数稳态误差:不超过 ±0.02。

3)马赫数预选和微调范围应不小于 0.05。

(3)推力保持:对喷气式航空发动机转速 N_1 或 N_2 的稳态误差应不超过 ±0.5%。

2.7　其他设计需求

除了国家军用标准、适航性法规条款、国外行业标准之外,诸如中华人民共和国航空行业标准、承制单位自己的企业标准等也是重要的参考依据和考核方法。

2014 年,中华人民共和国工业和信息化部发布了《民用飞机自动驾驶仪通用规范》(HB 8439—2014)。该规范是一份中华人民共和国航空行业标准,规定了民用飞机自动驾驶仪/自动飞行控制系统的要求、验证和交货准备工作,适用于民用飞机自动飞行控制系统的设计、制造、验收和交付。该标准的内容涵盖了自动飞行控制系统术语和定义、设计要求(尺寸、质量、颜色、外观、功能、性能、设计与结构、通用质量特性等)、验证(检验分类、检验条件、检验方法等)、交货准备等内容,对开展民用飞机以及相关军用运输类飞机自动飞行控制系统的研制都具有重要的指导价值。

自动飞行控制系统的设计,除遵循国家级标准、行业级标准以外,还应遵循承制单位自身的质量体系、适航体系、软件体系等文件标准的要求,以各单位的具体规范为准。

2.8　本章参考文献

[1] 齐广峰,夏路. MBSE 在飞控系统设计中的应用探讨[J]. 数字通信世界,2019(9):255.

[2] 尧伟文. 基于 MBSE 的舰载无人机飞控系统架构研究[D]. 南京:南京航空航天大学,2017.

[3] 李振水,王维安. 飞行导引系统合格审定指南[M]. 北京:航空工业出版社,2018.

第3章　自动飞行控制系统设计

3.1　概　　述

　　自动飞行控制系统是电传飞行控制系统的外回路,到目前已经历了三代发展。在以增稳控制为主的人工操纵飞行控制系统出现时,便出现了以自动驾驶仪为雏形的自动飞行控制系统,自动驾驶仪接收飞行员装订的自动飞行指令和飞机惯导、大气机数据信号的反馈,通过自动飞行控制律解算输出横向、纵向和航向操纵指令,然后将指令输出给驱动电机控制机械操纵机构实现自动驾驶,原理如图3-1所示。

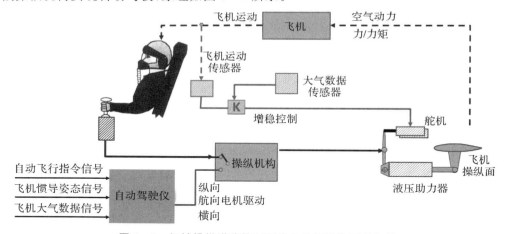

图3-1　机械操纵增稳控制下的自动驾驶仪原理架构

　　由于自动飞行控制系统是以减轻飞行员驾驶负担为主要目的的,所以自动飞行控制系统便以独立的系统存在,通常由自动飞行控制计算机、自动飞行控制板、操纵杆回传控制作动器和油门控制作动器等组成。

　　随着飞机系统集成度提高和信息化融合的提升,飞行器管理系统开始在新一代飞机中采用。自动飞行控制系统融合在飞行器管理系统中,取消了自动飞行控制计算机,自动飞行控制系统软件以独立功能板卡或者独立软件分区的形式驻留在飞行器管理计算机之中,自动飞行控制系统的指令输入和作动器控制指令的余度管理和BIT由飞行器管理系统完成。

　　自动飞行控制系统虽然经历了三代架构的发展变化,但是现代自动飞行控制系统应具备自动驾驶、飞行指引、自动油门等控制功能是不变的。在机场具备完善的微波和仪表着陆系统的情况下,自动飞行控制系统在飞行管理系统和电传飞行控制系统的支持下可以完成飞机的起飞、爬升、巡航、进近和着陆的全包线无人干预自主飞行。

本章将从场景分析和需求捕获、系统架构、控制逻辑、余度管理、BIT 设计、显示告警、控制律设计和软硬件等方面对自动飞行控制系统设计进行论述。

3.2　应用场景分析与需求捕获

3.2.1　功能需求场景分析

运输类飞机主要以运输人员和货物为目的,具有留空时间长、机载系统可靠性要求更高的特点。需要自动飞行控制系统功能完备,能够较长时间代替人工操纵,减轻飞行员的负担,提高飞机的舒适性。

为了更好地让自动飞行控制系统服务于飞机飞行,可以按照各个飞行阶段对运输类飞机自动飞行的使用场景进行分析,从中得出自动飞行控制系统的功能需求。

飞机的飞行阶段一般划分见表 3-1。

表 3-1　飞机飞行阶段

飞行阶段	代　号	说　明
地面	G	滑行:除起飞和着陆过程中滑跑以外的地面低速滑行
		停放:在机库停放的过程,飞机静止
		维修保障:例行检查、机务准备等,飞机静止,部分系统工作
滑跑起飞	T	在地面,滑跑起飞到安全高度
加速爬升	F1	从安全高度到加速爬升最终段,期间收起落装置、收增升装置
爬升	F2	到达初始巡航高度
巡航	F3	巡航飞行
下降	F4	从巡航末端高度到进近高度
进近	F5	从进近高度到着陆安全高度,期间有放起落装置、放增升装置、着陆航线、待机等
滑跑着陆	L2	对正跑道下滑、接地并在跑道上完成着陆滑跑
复飞	GA	从飞行员采取复飞动作到飞机完成加速爬升,期间有飞机拉起、设置发动机起飞功率(如果需要)、收起落装置及增升装置(如果需要)等
中止起飞	RTO	在起飞时,从飞行员采取中止起飞动作到飞机停止
应急撤离	E	空中撤离飞机或飞机迫降到地面、水上后撤离飞机

基于运输类飞机各个飞行阶段的飞行特征,自动飞行控制系统的功能需求分析见表 3-2。

表 3 - 2 基于飞行阶段的功能需求分析

飞行阶段	任务描述	功能需求分析		
		纵向	侧向	自动油门
地面 G	地面自动飞行控制系统检测功能	自动飞行控制系统自检测功能		
滑跑起飞 T	飞行员地面按压"TO/GA"按钮,在PFD上给予飞行员操纵提示符,指引飞行员操纵飞机从地面起飞到安全高度,自动油门工作在合适的推力位(起飞位)	起飞指引	起飞指引	推力控制
加速爬升 F1 爬升 F2	在非导航的方式下,飞行员在自动飞行控制板上进行高度选择,飞机进行爬升	高度层改变 垂直速度选择和保持	航向/航迹选择 航向/航迹保持	推力控制 速度控制
	在导航的方式下,飞机根据导航指令爬升,以及改变航向/航迹	垂直导航	水平导航	推力控制 速度控制
巡航 F3	在非导航的方式下,飞机纵向保持高度,侧向进行无侧滑的转弯飞行	高度保持	航向/航迹选择 航向/航迹保持	速度控制
	在导航的方式,纵向保持飞管给定高度,侧向控制飞机转向导航给定的航向/航迹	垂直导航	水平导航	推力控制 速度控制
下降 F4	在非导航的方式下,飞行员在自动飞行控制板上进行高度选择,飞机降低高度	高度层改变 垂直速度选择和保持	航向/航迹选择 航向/航迹保持	推力控制 速度控制
	在导航的方式下,飞机根据导航指令下降,以及改变航向/航迹	垂直导航	水平导航	推力控制 速度控制
进近 F5	着陆时,截获并保持航向道、下滑道实现精密进近;如果未截获下滑道,只截获航向道,也可实现非精密进近	使用高度保持、垂直速度(目标是0)截获/保持下滑道,如果没有截获下滑道,可以采用垂直速度或航迹倾角进行非精密进近	控制飞机截获/保持航向道	速度控制
滑跑着陆 L2	拉平到接地滑跑,纵向控制接地垂直速度和俯仰角,侧向控制对正跑道	拉平	跑道对准	速度控制 或慢车
复飞 GA	飞行员按压"TO/GA"按钮,自动油门工作在目标推力;纵向指引保持装订速度;侧向指引保持装订航向/航迹	纵向指引	侧向指引	推力控制

随着飞机保有量的不断增加,单位空域内所能容纳的飞机数量也在增加。为了保证飞行安全,使得各飞机之间都有足够的安全距离,发展了缩小垂直间隔(RVSM)飞行,飞机在8 900~12 500 m(包含这两个高度层)之间的垂直间隔标准由 600 m 缩小到 300 m。自动飞行控制系统大部分时间主要使用高度保持模态,因此对高度保持模态的控制可靠性要求更高,有关高度偏离的预警设计也需要考虑在内。

飞机在一些山峦起伏的机场着陆依赖所需导航性能(RNP)技术。RNP 是在导航设施信号覆盖范围内或在飞机自身导航能力范围内沿任意航线飞行、满足所规定的导航性能并能监视其导航性能的一种导航方式。与传统导航技术相比,飞行员不必依赖地面导航设施即能沿着精准定位的航迹飞行,使飞机在能见度低的条件下安全飞行、进近,大大提高飞行的精确度和安全水平。例如,我国丽江、林芝、拉萨等西部高原机场地形复杂、气候多变,采用 RNP 运行能够极大地提高飞行安全、减轻驾驶负担。自动飞行控制系统在做直线、弧线等航段轨迹自动控制时,需要考虑不同的控制精度要求。

3.2.2　性能需求场景分析

运输类飞机自动飞行控制系统的主要性能应参照《有人驾驶飞机飞行控制系统通用规范》(GJB 2191—1994)、《有人驾驶飞机自动驾驶仪通用规范》(GJB 1690—1993)和《有人驾驶飞机自动飞行控制系统与增稳系统、控制增强系统通用规范》(GJB 3819—1999)的规定执行。

对每一种自动飞行控制系统功能,应制定功能接通与断开、选择逻辑以及功能安全准则和限制,并规定于飞行控制系统的型号规范中。当采用自动飞行控制系统功能时,应具备所规定的性能(具体指标详见第 4 章)。除非另有规定,这些要求适用于平稳大气,但不包括传感器误差。除另有规定外,对于非结构的自动飞行控制系统的模态响应,其阻尼比应不小于0.3。规定的阻尼要求仅适用于扰动响应特性比允许的剩余振荡大一个数量级的情况。对系统的性能品质要求主要是各工作模态下系统的控制与保持精度及其动态品质。稳定性要求给出系统的增益和相位稳定裕度。除了一些特殊要求外,系统的性能品质和稳定性要求可以参照通用规范(如 GJB 185—1986 和 GJB 2191—1994)进行确定。

飞机的自动飞行控制系统一般具有俯仰、航向和横滚三个控制通道(与被控对象相关,有的系统仅有俯仰和横滚控制通道)。纵向自动飞行控制系统可以稳定与控制飞机的俯仰角、高度、速度等;侧向自动飞行控制系统可以稳定与控制飞机的航向角、滚转角、偏航距等。根据所控制的状态量,可以完成姿态保持、航向保持、高度保持、速度保持等功能。

在设计自动飞行控制系统时,应当根据设计需求和 GJB 185—1986、GJB 2191—1994等飞行品质规范确定自动飞行控制系统应具有的性能指标。

自动飞行控制系统的主要性能指标和要求包括:

(1)姿态和航向保持精度范围和瞬态响应;

(2)高度保持精度;

(3)空速和马赫数保持精度;

(4)自动飞行控制系统的稳定性要求;

(5)自动飞行控制系统的剩余振荡要求;

（6）自动飞行控制系统的使用范围。

3.2.3 安全性需求场景分析

自动飞行控制系统发展中的重要课题之一是安全性与可靠性问题。虽然运输类飞机自动飞行控制系统的研制保证等级通常会定义为 FDAL B（重要，失效概率小于等于 10^{-7}），但并不意味着人们会放松对自动飞行控制系统安全性的要求。由于处于计算机的自动控制之下，计算机的非指令或无法断开都有可能导致灾难性的后果。

最初，当自动飞行控制系统还处在增稳控制阶段时，是通过限制增稳系统的权限为主来提高其安全性的。现代飞机则是在三个控制轴上限制自动飞行控制系统的权限，一般为 30%～50%，并多选用余度方案来提高自动飞行控制系统的可靠性。

从自动飞行控制系统的逻辑优先级设计可以看出，不同飞行阶段对于安全性的要求是不同的。例如，自动进近的优先级就明显高于其他模态。起飞控制的安全性要求亦是如此。

国外先进民机已经在尝试做自动起飞控制功能。自动起飞时，将飞行控制和推力控制结合起来，通过与飞行管理系统交联，实现自动起飞功能。目前，国内运输类飞机基本具备起飞指引功能，若要向自动起飞功能扩展，则需要继续提升自动飞行控制系统的可靠性和安全性。

自动进近对安全性和可靠性要求较高，这是因为进近着陆时飞机的高度越来越低，动能和势能都接近低能量的边界，容易发生事故。据统计，飞机上发生人身伤亡事故一半以上就出现在这个阶段。目前，国内运输类飞机基本具备 CAT Ⅱ 自动着陆能力，但要达到 CAT Ⅲa 乃至延伸至 CAT Ⅲc，对于自动飞行控制系统安全性要求极高，同时提供信号的相应航电设备安全性也需提高，还需要将地面综合控制考虑到自动飞行控制系统中，国内仅北京大兴机场和上海浦东机场具备 CAT Ⅲ 自动着陆运行条件。

RNP 导航对自动飞行控制系统的安全性要求主要体现在水平方向控制精度。RNP 航路导航，根据导航规范确定导航传感器，依据飞管中加载的 RNP 程序飞行，并确保 95% 的飞行时间内横向误差能够控制在相应的导航规范内（RNP1 规范要求系统总误差控制在 ±1 n mile 内，RNP2 规范要求系统总误差控制在 ±2 n mile 内），以保证航路间的安全距离。RNP AR 是一种高性能的进近程序，提供水平引导和垂直引导，精度在 0.1～0.3 n mile 之间，一般用于地形复杂、空域受限的机场。无论是 RNP 航路导航或是 RNP AR 进近，对于自动飞行控制系统的控制精度均要求极高，即 RNP 导航是一种对系统安全性要求极高的活动。

ICAO Doc.9574《在 FL290 和 FL410（含）之间实施 1 000 ft 最小垂直间隔手册》中，包括了一个关于 RVSM 运行给定空域可接受的安全水平，分析航空器总的高度保持的总垂直误差（TVE），得出总的安全目标水平是每飞行小时可能发生事件的次数为 5×10^{-9}。

为了满足自动飞行控制系统的安全性需求，在系统设计时应遵循相关法规、适航标准、咨询通报等里面的设计原则。除了 2.4 节描述的有关自动飞行控制系统的断开、超控和瞬态等影响安全的因素外，此处再简要将其他与自动飞行控制系统安全性相关的《CCAR25-R4 运输类飞机适航标准》进行部分罗列，见表 3-3。工程人员在进行有关自动飞行控制系统安全性设计时所参考的适航条款应不限于表 3-3 所示内容，具体应根据型号特点与局方沟通来进行选取。

表 3 - 3　自动飞行控制系统与飞机安全相关的适航性要求

序号	章节		内容
1	25.603	材料	其损坏可能对安全性有不利影响的零件所用材料的适用性和耐久性必须满足下列要求： （1）建立在经验或试验的基础上； （2）符合经批准的标准（如工业或军用标准，或技术标准规定），保证这些材料具有设计资料中采用的强度和其他性能； （3）考虑服役中预期的环境条件，如温度和湿度的影响
2	25.607	紧固件	（1）下列任一情况下，每个可卸的螺栓、螺钉、螺母、销钉或其他可卸紧固件，必须具有两套独立的锁定装置： 1）它的丢失可能妨碍在飞机的设计限制内用正常的驾驶技巧和体力继续飞行和着陆； 2）它的丢失可能使俯仰、航向或滚转操纵能力或响应下降至低于本适航性要求 B 分部的要求。 （2）本条（1）规定的紧固件及其锁定装置，不得受到与具体安装相关的环境条件的不利影响。 （3）使用过程中经受转动的任何螺栓都不得采用自锁螺母，除非在自锁装置外还采用非摩擦锁定装置
3	25.899	电搭接和防静电保护	（1）电搭接和防静电保护的设计，必须使得造成如下危害的静电积聚最小： 1）人员电击受伤； 2）点燃可燃蒸气； 3）干扰安装的电子电气设备。 （2）通过如下方法，以证明符合本条（1）的要求： 1）将部件对机身可靠搭接； 2）采取其他可接受的方法消除静电，使其不再危及飞机、人员或其他安装的电子电气系统的正常运行
4	25.1355(c)	配电系统	如果本适航性要求由两个独立的电源向某些特定的设备或系统供电，则这些设备或系统的一个电源一旦失效后，另一电源（包括其单独的馈电线）必须能自动或手动接通，以维持设备或系统的工作
5	25.1431	电子设备	（1）在表明无线电和电子设备及其安装符合第 25.1309（a）和（b）条的要求时，必须考虑临界环境条件。 （2）无线电和电子设备供电必须按照第 25.1355（c）条的要求。 （3）无线电和电子设备、控制装置和导线，必须安装成在任一部件或系统工作时，对本适航性要求所要求的任何其他无线电和电子部件或系统的同时工作不会有不利影响。 （4）电子设备必须被设计和安装成电源供电瞬变或其他原因产生的瞬变不会导致重要负载不工作
6	25.1501	使用限制和资料	（1）必须制定第 25.1503 条至第 25.1533 条所规定的每项使用限制以及为安全运行所必需的其他限制和资料。 （2）必须按第 25.1541 条至第 25.1587 条的规定，使这些使用限制和为安全运行所必需的其他资料可供机组人员使用

依据 AC 25.1329-1C 飞行导引系统批准,在进行自动飞行控制系统安全性需求分析时,如果要给予资源共享或系统隔离方案信任,应该有正当理由,并应有证明文件。当考虑系统功能失效,但不能表明系统隔离方案能提供必要的隔离时,应该考虑可能的组合失效模式。这种失效类型的例子有:当多轴的控制算法是在单个处理元件上运行时,多轴工作可能均失效。

3.3　系统架构设计

3.3.1　系统工作原理

现代自动飞行控制系统由自动飞行控制板、自动飞行控制计算模块(独立计算机或者以独立功能板卡模块、独立分时分区软件集成于飞行器管理计算机)、飞行员操纵装置回传控制器和自动油门组成,其系统架构及交联关系如图 3-2 所示。

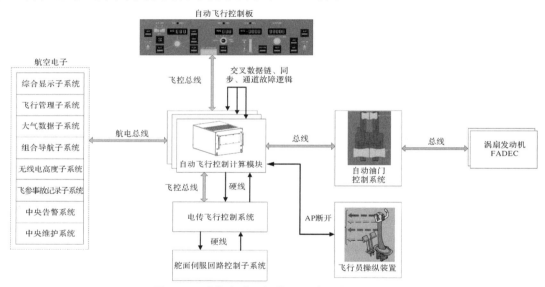

图 3-2　现代自动飞行控制系统组成原理架构

自动飞行控制计算模块、回传控制器、自动油门和航电系统的飞行管理、大气机、组合惯导、无线电高度表依据可靠性和安全性要求采用多余度设计,自动飞行控制板由于驾驶舱空间限制通常采用单机多通道设计实现多余度。自动飞行控制系统余度交联采用通道——对应方式,计算机通道间通过交叉链路总线传输,最终实现每个余度的自动飞行控制计算机都能控制所有余度的回传控制器、自动油门,接收所有余度的自动飞行控制板、飞行管理的指令和大气机、组合惯导、无线电高度表的飞机航姿信息。

自动飞行控制板通常采用总线形式向自动飞行控制计算机发送控制模态切换指令及飞行参数装订指令,主要包括自动驾驶接通/断开、自动油门接通/断开、飞行指引接通/断开、高度保持接通、垂直速度接通、航迹倾角接通、高度层接通、航向/航迹保持接通、航向/航迹选择接通、垂直导航接通/断开、水平导航接通/断开、目标高度装订、垂直速度/航迹倾角装订、目标表速/马赫数装订。自动飞行控制板同时接收自动飞行控制计算机的控制模态状态及参数反馈并通过导光板、指示灯和液晶屏显示。考虑到指令信息和状态反馈信息的数量、分辨率及刷新率等,通常选用 RS422 或 ARNIC429 总线。

自动飞行控制系统通常采用总线接收飞行管理系统的飞行引导指令数据,主要包括目标高度、偏航距、偏航角、目标速度、目标航向/航迹、目标垂直速度/航迹倾角、引导方式、目标俯仰角、垂直高度偏差等。

自动飞行控制系统通常采用总线发送油门控制指令到全权限数字发动机控制(FA-DEC),主要指令为油门杆速率指令、起飞油门杆指令、起飞发动机低压转子转速、配平发动机低压转子给定转速、最大爬升发动机低压转子给定转速等。

自动飞行控制系统通常采用总线接收大气机、组合导航及无线电高度表的飞机航行姿态数据。大气机发送自动飞行控制的内容为气压高度、指示空速、真空速、地速、马赫数、垂直速度、迎角和侧滑角等。组合惯导发送自动飞行控制的内容为经纬度、航向角、俯仰角、滚转角、航向角速率、俯仰角速率、滚转角速率、轴向加速度、侧向加速度和法向加速度等。无线电高度表发送自动飞行控制的内容为低空无线电高度、低空飞机爬升下沉速度。

飞行员通过自动飞行控制板设定纵向、横航向工作模态及装订目标速度、目标高度、目标垂直速度/航迹倾角、目标航向/航迹等参数使飞机飞行进入自动驾驶控制方式后,自动飞行控制系统实时接收大气机、组合惯导、无线电高度表等传感器解算的飞机实际速度、高度、垂直速度/航迹倾角、航向/航迹等航姿参数,多余度的目标及实时航姿参数经过系统软件的表决监控后输入自动飞行控制律软件,自动飞行控制律软件解算出三轴(航向、纵向、横向)偏转指令发送至主飞行控制系统和发动机控制指令至自动油门。主飞行系统将其转换为方向舵、副翼、升降舵等主舵面偏转指令,自动油门将其转换为发动机推力控制指令,最终通过主舵面偏转产生的铰链力矩和发动机推力控制飞机完成自动驾驶功能。

飞行指引解算的不是三轴偏转指令,而是解算出飞机目标飞行姿态并显示在主飞行信息界面。

自动油门接收自动飞行控制系统的发动机控制指令,通过 FADEC 控制器控制发动机推力,同时通过自动油门执行机构控制油门杆转动实现回传控制功能。最终实现推力自动控制。

飞行员通过飞行管理系统规划飞行航路点,飞行管理系统综合飞机的气动操纵特性和发动机的工作特性计算出最经济或者最快速到达的四维(时间、经纬度、高度)飞行航迹,飞行管理系统通过目标四维飞行航迹和实际四维飞行航迹的比对解算出水平导航、垂直导航及自动油门指令,以偏航距、偏航角、目标高度、目标垂直速度/航迹倾角、目标速度及发动机推力的形式发送给自动飞行控制系统,最终实现自动导航功能。

3.3.2 系统架构及组成

3.3.2.1 系统余度架构设计

自动飞行控制系统的架构设计除了要满足自动飞行所需的功能以外,还要考虑飞机总体分配给自动飞行控制系统的任务可靠性、安全性和基本可靠性的指标要求。同时,大型运输类飞机的自动飞行控制系统通常还需满足至少一次故障-工作能力。

大型运输类飞机的自动飞行控制系统任务可靠性和安全性往往高于中小型飞机,又低于大型运输类飞机的电传飞行控制系统。大型运输类飞机通常采用 4 余度架构的电传飞行控制系统。因此,大型运输类飞机的自动飞行控制系统通常采用 2 余度或者 3 余度架构。

为了进一步将故障隔离到本通道,2 余度架构需要每个计算模块通道都配备自监控对以实现通道内的自监控,2 余度计算模块之间采用主备工作方式,计算模块通道间与通道内的监控支路和控制支路之间可以采用软硬件相似设计或者非相似设计;自动飞行控制板相应地通常采用电气 2 或 4 余度开关旋钮和 2 或 4 余度独立总线传输指令设计;自动油门控制系统和回传控制作动器通常采用 2 余度控制回路或者 2 余度信号单控制回路方式;大气惯导无线电高度表等飞行姿态信号依据机上余度配置情况接入自动飞行控制系统;上游飞行管理系统由于安全性要求较低,通常采用 2 余度配置,下游电传飞行控制系统依据自动飞行控制系统的自监控结果选择采用 2 余度信号的其中之一作为指令输入。自动飞行控制系统架构确定之后,参考《民用飞机与系统设计指南》(SAE ARP4754A)和《民用机载系统和设备安全性评估过程的指南和方法》(SAE ARP4761)对自动飞行控制系统的架构设计进行安全性分析、评估和验证,系统安全性评估流程方法如图3-3所示。

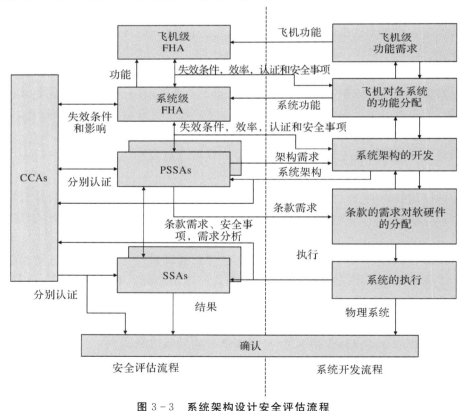

图 3-3 系统架构设计安全评估流程

在满足安全性要求的前提下应降低自动飞行控制系统的设计复杂度,相似设计可以满足安全性要求就没必要采用非相似设计,3 余度可以满足安全性要求就没必要采用 4 余度,适度降低复杂度可以降低系统成本,提高系统基本可靠性,降低维护成本,提高飞机的出勤率。

如果采用 3 余度架构设计,3 余度架构可以实现通道间的表决监控,因此是否采用计算模块通道内的自监控对设计取决于系统的安全性指标要求。自动飞行控制系统的指令输入、飞行姿态信号反馈和控制输出的余度配置的设计分析方法与 2 余度的方式类似,在此不过多赘述。

自动飞行控制系统在确定了计算模块、输入指令、输出控制及飞行姿态反馈的余度配置数量之后,应确定系统内的互联关系。互联关系应保证每一个计算模块都能收到所有通道的输入,所有通道的计算模块输出保持一致,同时交联线束尽可能少,以减少不必要的质量。一种比较实用的 3 余度软件增强的系统内互联方式如图 3-4 所示。在多余度计算模块之间采用交叉互联总线的方式,可避免每一个计算模块直连所有的输入输出通道,以减少线缆质量和降低系统的复杂度。

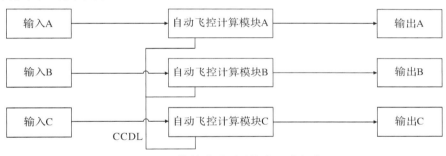

图 3-4 软件增强型系统内互联方式

多余度系统通道间的协调工作方式分为同步工作和异步工作方式,同步工作方式又分为时钟同步、松散同步和周期任务同步。

自动飞行控制系统属于实时控制系统,为了实现通道间的比较监控表决和通道故障后较小控制重构的瞬态,通道间采用同步工作方式更为合适。

时钟同步为通道间在每个时钟周期进行的紧密同步,可以保障故障发现及时,但是需要专门的硬件支持。松散同步是在每隔几个时钟进行一次同步,通道间有一定的异步度,不需要专门的时钟同步硬件支持,但是容错算法设计较为复杂,容易出现虚警和误切。周期任务同步是在每个周期任务开始前进行同步,通道间同步执行采样、处理、表决和控制计算等周期任务。周期任务同步允许采用较小的监控门限,减少虚警和误切。周期任务同步在工程应用中较为常见。

3.3.2.2 系统监控/表决面架构设计

在自动飞行控制系统中通常采用多余度配置,通道间采用并联工作方式,通道内采用串联工作方式。通过在自动飞行控制系统中设置监控/表决面,便于对自动飞行控制系统进行分段检测故障,可以及早发现隔离故障,避免故障向串联的下一段传递,保证下游能获得正确的、一致的输出。

在确定完系统的余度架构以后,合理设置监控/表决面可以提高自动飞行控制系统的安全性和任务可靠性,图3-5为自动飞行控制系统在计算模块的输入输出及计算模块内设置了监控/表决面。自动飞行控制计算模块输入信号通过自监控确定信号的可用性,然后计算模块之间通过交叉数据链进行通道间余度数据共享,并利用多余度连续量和离散量表决监控算法检测故障,并保证自动飞行控制律接收到一致正确的输入信号。自动飞行控制计算模块通过内部设置的软硬件表决监控逻辑检测通道间和通道内的故障,并保证输出指令的一致和正确性。余度管理的详细策略设计见3.5节。

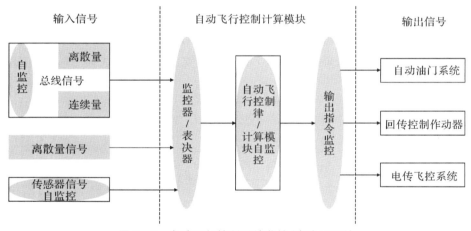

图3-5 自动飞行控制系统监控/表决面设计

3.3.2.3 自动飞行控制计算模块的功能性能及工作原理

自动飞行控制系统的计算模块通常以三种形式存在,即单独的自动飞行控制计算机(包含控制软件)形式、CPU板卡(包含控制软件)形式嵌入于飞行器管理计算机中、分时分区独立控制软件的形式。自动飞行控制计算模块是自动飞行控制系统的核心部件,它接收自动飞行控制板指令,与电传飞行控制计算机、电传油门台、FADEC、航电系统(飞行管理系统、远程数据集中器、无线电通信导航系统、显示处理单元等)交联,实现自动驾驶、自动油门及飞行指引等功能。自动飞行控制计算机应具备的详细功能如下:

(1)自动飞行控制系统调度、管理、同步、故障隔离与系统控制重构;

(2)输入/输出余度信号(模拟量、离散量、总线)的交叉传送、表决、监控;

(3)自动飞行控制律计算;

(4)交联传感器的激磁供电;

(5)系统工作状态和故障的综合与申报;

(6)系统自检测(IFBIT、PBIT、PUBIT、MBIT);

（7）与电传油门台、FADEC、主飞控计算机、航空电子系统交联信号的调制解调；

（8）飞行员操纵装置回传驱动控制功能；

（9）发送系统警戒与告警信号；

（10）依据自动飞行控制计算机的安装位置和飞机特点需满足自然环境、机械环境、电磁兼容、供电兼容及适航等要求。

自动飞行控制计算模块在自动飞行控制系统中通常采用多余度配置以保证系统的安全性和可靠性要求，单个计算模块内部通常采用相似或者非相似设计的自监控对，对于常见的双余度自动飞行控制计算机就形成了 2×2 计算机子系统架构，飞行员控制指令、飞行航姿、飞行管理引导指令及外部反馈信号在表决监控后同步传输至控制 CPU 板和监控 CPU 板，两个 CPU 板同步运行系统控制软件和自动飞行控制律软件，对输出结果进行表决，当超过监控门限时，报本通道计算机故障并屏蔽控制指令输出。双余度计算机采用主备控制模式，主通道计算机自监控故障时自动切换热备份的计算机控制。考虑到自动飞行控制系统安全关键的特性和自动飞行控制系统软件计算能力需求，核心的 CPU 板通常采用成熟稳定的 Power PC755＋PC107 桥的架构。由于自动飞行控制计算模块与外部有大量的模拟量、离散量和总线信号的交联，为减轻 CPU 板的工作负载，计算模块一般会采用专用的 I/O 板来处理外部交联信号。I/O 板最常见的实现方式为 DSP＋FPGA 架构，搭配专用总线链路层、物理层芯片实现总线信号的调制解调，通过信号隔离、运算放大器及电压比较器电路的处理将外部的离散量（常见为 28 V 地/开、28 V/开）转换为 FPGA 可识别的 0/5 V 或 0/3.3 V 信号，模拟信号通过采样、运算、多路选择、AD 转换形成并行总线信号传输至 FPGA，最终总线、离散量、模拟量信号经 FPGA 读取并存入 DRAM 中，通过 DSP 的实时计算形成周期数据，打包成背板总线（ARINC659、PXI）信号传输至 CPU 板。

3.3.2.4　自动飞行控制板的功能性能及工作原理

自动飞行控制板是自动飞行控制系统的显示和控制机构，为自动飞行控制系统提供系统状态、模态选择、可选择模态参数的预置、模态接入及其转换等操作及指示功能，开关组件、按钮/旋钮组件的设置应使飞行员能方便地对自动飞行控制系统进行操作。

自动飞行控制板应完成自动飞行控制系统工作方式（自动驾驶、飞行指引、自动油门等）的接通/断开、工作模态的预位/接通、飞行参数的人工装订和显示等功能。图 3-6 为 B787 飞机的自动飞行控制板的面板图，其具备的详细功能如下：

（1）自动驾驶接通/断开、飞行指引接通/断开、自动油门接通/断开；

（2）指示空速/马赫数的切换和显示、航向/航迹的切换和显示、垂直速度/航迹倾角切换和显示；

（3）目标指示空速/马赫数的设定和显示、目标航迹/航向的设定和显示、目标垂直速度/航迹倾角的设定和显示、目标高度的设定和显示；

（4）俯仰角保持、高度保持、垂直速度、航向/航迹保持、航向/航迹选择、水平导航、垂直导航、自动油门等模态的接通、断开、切换和显示；

（5）发送控制指令至多余度自动飞行控制计算机，接收自动飞行控制计算机表决后的模态和飞行参数并显示；

（6）依据自动飞行控制板的安装位置和飞机特点需满足自然环境、机械环境、电磁兼容、供电兼容及适航等要求。

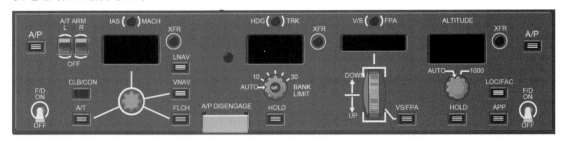

图 3-6　B787 飞机的自动飞行控制板面板

自动飞行控制板的显示功能是通过导光板刻字、按键指示灯和液晶显示器实现的，显示信号来源于自动飞行控制计算机表决后的状态或自动飞行控制板的参数设定。状态选择与切换由多余度的双波段或者多波段开关实现，由离散量处理电路进行信号采集，飞行参数的装订采用多余度光电编码器旋钮实现，并最终转化为 ARINC429 或者 RS422 总线信号传输至自动飞行控制计算模块。自动飞行控制板既有采用具备双通道自监控和数据前处理的 DSP＋FPGA 的高复杂度设计，也有采用只对原始开关信号和光电编码器信号进行解析后直接转换为多余度总线信号发送至自动飞行控制计算机，由计算机进行数据计算处理的简单设计方式。前者复杂度高、研制时间长、经济成本高，但具备完善的数据处理和自监控功能，功能更改难度低。后者复杂度低、研制时间短、经济成本低，适航认证项目少，功能更改难度高，不具备自监控能力。

3.3.2.5　自动油门的功能性能及工作原理

现代飞机发动机采用电传油门台输出油门杆角度电信号给全权限数字式发动机控制器（FADEC）实现推力控制，老式发动机采用油门杆带动机械钢索拉动发动机燃调阀控制摇臂的方式实现发动机的推力控制。

对于全权限数字控制的航空发动机，自动油门伺服控制器、自动油门执行机构被集成在电传油门台内，与 FADEC、自动飞行控制计算机形成闭环的自动油门控制回路。自动飞行控制计算机接收由自动飞行控制板和飞行管理系统转发的飞行员控制指令，并综合飞行航姿传感器（大气机、组合导航、无线电高度表）和 FADEC 的油门、转速等信号反馈，经自动飞行控制律计算后输出自动油门的控制指令至电传油门台，电传油门台内置有驱动电机，可以接收自动油门控制指令驱动油门杆，FADEC 通过激励和解调安装在电传油门台内的油门杆角度传感器控制航空发动机的推力，从而实现自动油门控制系统的速度控制和推力控制功能。全权限数字控制的航空发动机自动油门控制架构组成如图 3-7 所示。

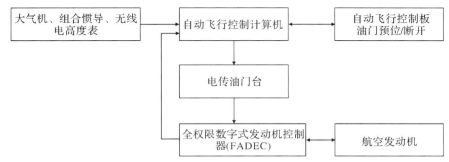

图 3-7　全权限数字控制发动机自动油门的架构

对于机械钢索拉动控制方式的航空发动机,自动油门执行机构、自动油门伺服控制单元是相对独立的 LRU,与自动飞行控制计算机组成自动油门控制回路。自动飞行控制计算机接收自动飞行控制板的飞行员控制指令,并综合飞行航姿传感器(大气机、组合导航、无线电高度表)的反馈信号,进行控制律计算后输出给自动油门伺服控制单元油门杆速率指令,自动油门伺服控制单元根据油门杆速率指令驱动自动油门执行机构推动油门杆,在正推力范围内控制发动机燃调阀门角度,从而调整发动机转速,实现飞机速度控制和推力控制功能。

自动油门的控制功能是由多个独立机载设备配合实现的,自动油门的顶层控制指令来自自动飞行控制计算机,发动机无论采用 FADEC 控制方式还是机械控制方式,自动油门的工作原理基本相同,都是首先驱动油门杆,然后由油门杆控制发动机推力。这种自动油门工作方式常称为被动式自动油门系统,其优点在于自动油门系统的接通与断开都不会引起发动机推力控制的瞬态。

自动油门伺服控制单元和自动油门执行机构需满足以下功能要求:

(1)自动油门伺服控制单元具备接通、预位、断开三种工作模式,由自动飞行控制板控制,预位模式时启动自动油门伺服控制单元,并给自动油门执行机构供电;

(2)自动油门伺服控制单元具备自动油门执行机构的伺服控制和功率驱动功能;

(3)自动油门执行机构的驱动力和带宽需满足系统需求;

(4)自动油门伺服控制单元和自动油门执行机构需根据安装位置和飞机特点满足自然环境、机械环境、电磁兼容、供电兼容及适航等要求。

3.3.3　系统功能与工作方式

自动驾驶、飞行指引、自动油门的工作方式主要为接通、断开。此外,自动驾驶还具备纵向断开、侧向断开和同步操纵等工作方式。

自动驾驶的使用阶段通常包括起飞、爬升、巡航、进近、着陆阶段。自动驾驶纵向的工作方式通常包括以下方式:

(1)高度保持;

(2)垂直速度/航迹倾角;

(3)俯仰角保持;

(4)高度层改变;

（5）垂直导航。

自动驾驶侧向工作方式通常包括以下方式：

（1）滚转角保持；

（2）航向/航迹保持；

（3）航向/航迹选择；

（4）水平导航。

自动驾驶的接通通常需要满足如下条件：

（1）无线电高度大于设置的门限值；

（2）飞机俯仰角在要求范围内；

（3）飞机滚转角在要求范围内；

（4）电传飞行控制系统处于正常工作模式；

（5）轮载显示飞机处于空中状态。

自动驾驶的断开通常分为飞行员人工控制断开和超出使用包线自动断开。人工控制断开使用自动飞行控制板或驾驶盘/驾驶杆上的快捷开关实现。超出使用包线自动断开一般通过监控功能实现。通常，超出使用包线自动断开的条件比自动驾驶接通条件宽松。

飞行指引的工作模式和自动驾驶基本相同，相对而言通常会多出一个起飞/复飞指引工作方式。

自动油门的工作方式通常包括速度控制和推力控制两种工作方式。速度控制即自动油门以飞行员装订的速度为目标进行发动机控制；推力控制即自动油门以提前约定的油门杆角度为目标进行发动机推力控制。自动油门可以和自动驾驶一起工作，也可以独立工作。自动油门通常在高度层改变、起飞/复飞指引时使用推力控制，其他方式都是速度控制方式。自动油门的断开通常采用自动飞行控制板的自动油门预位拨杆或油门杆上的自动油门切断按钮实现。当自动油门内部出现监控故障时会自动退出自动油门控制。

3.3.4 系统交联关系

自动飞行控制系统的体系结构形式依赖于计算控制核心的存在形式。如果单独存在多余度的自动飞行控制计算机作为计算控制核心，那么自动飞行控制系统的架构如图 3-2 所示；如果自动飞行控制系统的计算控制核心以 CPU 板卡（包括系统控制软件）或独立的分时分区软件的形式存在于飞行器管理计算机之中，那么图 3-2 架构中计算控制核心由多余度飞行器管理计算机完成。

自动飞行控制系统的内部交联关系主要为自动飞行控制板、自动飞行控制计算机（或者飞行器管理计算机）、自动油门伺服控制单元和自动油门执行机构之间的交联。自动飞行控制板通过总线向自动飞行控制计算机发送工作模式控制和飞行参数装订指令，接收自动飞行控制计算机的确认指令实现按键指示灯点亮。多余度计算机之间通过交叉链路总线互相传输余度信号，经表决、监控和计算后输出三轴控制指令及油门控制指令。自动飞行控制计算机通过总线向自动油门伺服控制单元发送执行机构电机使能、离合器使能、电机转速等控制指令，并接收执行机构电机转速、状态和离合器状态反馈。

自动飞行控制系统与外部系统的交联主要为:通过总线接收大气机、组合惯导和无线电高度表等航姿信号反馈,接收飞行管理系统的水平导航、垂直导航等导航制导指令,接收主飞行控制系统的工作状态反馈;通过接收安装于驾驶杆或驾驶盘的开关离散量快速实现自动驾驶的断开,通过油门杆上的自动油门断开开关信号实现断开自动油门控制;通过总线向告警系统发送告警指令;通过总线向航电显示系统发送自动飞行控制工作模态信息;通过总线向主飞行控制系统发送三轴控制指令;向自动油门发送油门执行机构运动指令;对飞行员操纵的回传控制装置 RVDT 传感器进行激磁供电和信号调制解调。

交联总线接口形式通常为低带宽、高可靠性的差分 ARINC429 或者 RS422 总线,也有使用高带宽的 1553B、AFDX、FC－AE、1394B 等总线,表 3－4 为 ARINC429 用户协议的定义格式。自动飞行控制系统为实时控制系统,因此选用的交联总线必须具备延时可确定性。总线信号信息传输量较大,当故障会对系统的安全性造成较大危害时,通常需要进行多余度配置。主通道总线工作时,备份通道处于上电热备份状态,主通道故障备份通道可以实现瞬时切换,主备通道总线需进行隔离布置。离散量开关信号通常为地/开、28 V/开等信号。5线制的 RVDT 传感器信号通常采用成熟的 AD598 芯片进行激磁供电和调制解调,转换为直流模拟量信号进行 AD 采集转换。

表 3－4　ARINC429 **总线用户协议**(32 位字长)

数据位	意　义
08～01 位	LABEL 号(08 位为高位,01 位为低位)
10～09 位	信号源标识:00 为无效;01 为数据源 1;10 为数据源 2;11 为无效
28～11 位	数据位(见各信号单独定义),负数用补码表示
第 29 位	符号位(仅数值信号定义):0 为正,1 为负
31～30 位	信号状态矩阵:00 为故障;01 为未定义;10 为功能测试;11 为正常
第 32 位	奇/偶校验位

自动飞行控制系统的人机交互控制形式并不是固定的,而是由飞机的总体布局特点、自动飞行控制系统实现架构形式、适航要求及飞行员的试验试飞评估综合优化设计得到的。

自动飞行控制系统的工作模态、系统状态及飞行参数显示通过自动飞行控制板、航电综合显示器及中央告警系统显示。在接通纵向、横航向及自动油门模态后,自动飞行控制板控制按键上的指示灯会点亮以确认系统控制模态的接通,相应的字符也会显示在航电综合显示器上。系统工作过程中出现的任何告警信息都会通过中央告警系统以文字、语音或灯光闪烁进行提示。所有这些相关设计都会与飞行员使用息息相关,除了需要适配全机驾驶舱显示和多功能液晶显示器的显示要求外,还需满足适航要求,并兼顾飞行员的试飞评估意见。

3.4　控制逻辑设计

逻辑设计是自动飞行控制系统设计内容的重要组成部分,反映了自动飞行控制系统工作过程的一种规律性思维活动,其设计水平的高低严重依赖于飞机设计师的设计理念。飞机设计师理念先进且合理,则所设计的自动飞行逻辑就更人性化,更易于被飞行员所认可,对于飞行任务的完成也更高效。

3.4.1 逻辑设计对象

逻辑设计的对象不是孤立的自动驾驶、飞行指引、自动油门工作方式和模态,而是如何将这些工作方式和模态进行有机的组织、关联,使得所呈现出的操作约束能够在满足飞机安全性要求的前提下,符合飞行员的使用习惯并完成飞行任务。

依据标准、规范及相关型号研制经验,运输类飞机自动飞行控制系统的主要工作方式和模态见表3-5。

表 3-5 自动飞行控制系统工作方式和模态

序 号	工作方式	工作模态		
1	自动驾驶	纵向模态		俯仰姿态保持
2			高度选择和保持	高度层改变
3				垂直速度/航迹倾角选择和保持
4		侧向模态		滚转姿态保持
5				航向/航迹选择
6				航向/航迹保持
7	自动导航	水平导航		
8		垂直导航		
9	自动油门	推力控制		
10		速度控制		
11	进近/进场/着陆	下滑道		
12		航向道		
13	飞行指引	纵向模态		俯仰姿态保持
14			高度选择和保持	高度层改变
15				垂直速度/航迹倾角选择和保持
16		侧向模态		滚转姿态保持
17				航向/航迹选择
18				航向/航迹保持
19		水平导航		
20		垂直导航		
21		下滑道		
22		航向道		
23		起飞指引		
24		复飞指引		

3.4.2　逻辑设计内容

逻辑设计内容既包括工作方式的进入与退出,也包括各模态的进入与退出。本节仅描述工作方式的逻辑设计,关于模态的逻辑设计详见第 4 章。

3.4.2.1　自动驾驶的进入和退出逻辑

同时满足以下条件自动驾驶接通:

(1)自动飞行控制系统良好且所需的惯导、大气等设备数据无故障;

(2)没有"自动驾驶断开"人工请求信号;

(3)电传飞行控制系统允许自动驾驶接通;

(4)滚转角满足设置的限制值范围;

(5)俯仰角满足设置的限制值范围;

(6)无线电高度大于设置的门限值;

(7)控制面板上有"自动驾驶"按钮请求。

满足以下任一条件自动驾驶断开:

(1)有"自动驾驶断开"开关人工请求信号;

(2)电传飞行控制系统不允许自动驾驶接通;

(3)自动驾驶方式下默认模态数据无效;

(4)自动驾驶方式下达到现时参数监控门限值;

(5)自动飞行控制系统中的计算机或控制面板故障。

3.4.2.2　飞行指引的进入和退出逻辑

自动飞行控制系统及交联系统正常且数据有效,控制面板上至少有一个"飞行指引"开关(若有两个)处于接通位置,飞行指引接通。

满足以下任一条件飞行指引断开:

(1)控制面板上两个"飞行指引"开关都处于断开位置;

(2)控制面板上两个"飞行指引"开关故障;

(3)飞行指引默认工作模态数据失效;

(4)自动飞行控制系统中的计算机或控制面板故障。

3.4.2.3　自动油门的进入和退出逻辑

同时满足以下条件接通自动油门方式:

(1)自动飞行控制系统良好且交联系统良好;

(2)控制面板上的自动油门预位开关置于预位;

(3)无线电高度大于设置的门限值;

(4)油门杆角度在合理范围内;

(5)控制面板上有"自动油门"按钮请求。

满足以下任一条件退出自动油门:

(1)自动油门相关设备故障、控制面板的"自动油门预位"开关或线路故障、计算机故障;

（2）控制面板上"自动油门预位"开关置于断开位置；

（3）有"自动油门断开"请求；

（4）自动油门方式下达到现时参数监控门限值。

3.4.3　逻辑设计方法

逻辑设计方法的理论基础就是逻辑函数，逻辑函数就是逻辑运算与、或、非的逻辑组合。逻辑设计方法主要采用逻辑语言符号，对多个输入条件进行"与、或、非"的操作。

逻辑设计法是利用逻辑代数这一数学工具来进行控制逻辑的设计，即根据模态的功能需求，将需要的模态请求信息、数据的有效性等信号看成逻辑变量，并根据控制要求将它们之间的逻辑关系用逻辑关系式来表达，然后再运用逻辑函数基本公式和运算规律进行简化，使之成为需要的最简"与""或""非"关系式。根据最简式来进行控制逻辑的建模或编码，经过充分的测试，不断发现问题以完善控制逻辑，最终获得满足功能要求的控制逻辑模型或控制逻辑编码。

在设计过程中，对逻辑需求进行梳理分类，依据模块化设计理念，采取从上至下的设计方法，先确定控制逻辑的整体构架，再确定各种耦合关系的影响，逐步细化各模态的转换逻辑；基于有限状态机，对控制律逻辑进行图形化建模，可形象直观地展示逻辑转换关系，同时进行充分的测试，验证控制逻辑设计的正确性。

3.5　余度管理策略设计

余度设计是当其他技术（采用更好的部件、简化和降额）不能解决提高可靠性的问题，或者当产品改进方法所需费用比重复配置所需费用更多时可采用的方法。余度系统，是利用一套以上的设备执行同一指令、完成同一任务而布局的系统。不应将余度系统理解为仅仅是多重硬件和软件资源的简单重复，或多重系统为实现同一目的而单纯的并行工作。

余度技术，是通过为系统增加多重资源（硬件与软件的重复配置），实现对多重资源的合理管理，从而提高系统安全性与任务可靠性的一种手段。可见，余度设计的两个要素是合理的余度布局配置和完善的余度管理方案选定。

（1）余度配置。自动飞行控制系统硬件基本余度等级的选定，取决于飞机对自动飞行控制系统设计需求中对飞机飞行安全可靠性与任务可靠性的定量要求。同时，也同自动飞行控制系统部组件（即单套系统）的可靠性水平有关。

以自动飞行控制系统故障引起的最大飞机失事概率不低于 1×10^{-9} 次/平均飞行小时为例，进行余度配置。

定义：n 为独立工作通道数；t 为任务时间；任务可靠度计算公式为 $R=1-(1-e^{-\lambda t})^n$。

作以下假设：t 假定为 1 h；将平均飞行小时的任务失效率等同于平均飞行小时自动飞行控制系统控制飞机的最大飞机失事概率，即 $R=1-(1-e^{-\lambda t})^n=1-1\times10^{-9}$，可以计算出不同独立工作通道数所对应的理论失效率，见表 3-6。

表 3-6　余度通道分析表

独立工作通道数(n)	1	2	3
理论计算失效率(λ)	1×10^{-9}	3.16×10^{-5}	1×10^{-3}
与经验失效率相比($\lambda_{经验值} = 1.3 \times 10^{-4}$)	远低于	低一个数量级	高一个数量级
工程实现	不可实现	不可实现	可实现

自动飞行控制系统独立工作通道数 $n \geqslant 3$,才能满足任务安全性指标要求。独立工作通道数 $n=3$ 时,实际硬件单通道经验失效率比理论值低一个数量级,在满足安全性要求的情况下,硬件结构无过多冗余,为最佳配置。

另外,在进行余度架构时还应考虑系统功能需求,例如在进行 CAT Ⅱ 进近时要求双主控模式,则系统余度至少为双余度。

在余度架构配置时,还应注意余度形式的选择,现行的余度形式有相似余度和非相似余度两种形式。

1)相似余度。采用完全相同的硬件(或软件)所组成的多重余度系统,构成相似余度。相似余度的缺点在于无法抗拒共性故障的雪崩式损害。

2)非相似余度。由非相似余度设计思想建立的余度系统体制,其中,非相似硬件要求构成系统的各个余度通道是由不同的工作原理、不同的路线、不同的元器件而设计的硬件。对于非相似软件而言,则要求以不同的程序语言,使用不同的开发工具,并由不同的设计人员完成的软件。

非相似余度的优点是可以大大减少各余度通道之间遭受共同故障而同时丧失功能的概率,从而增加系统的生存能力和提高可靠性。

(2)余度管理。余度管理,是对多余度系统(或多余度功能)运行机制的筹划和对出现问题的处理。余度管理策略包括系统余度通道工作方式的确定,以及信号的表决、监控和重构等策略。其中,系统余度通道的工作方式分为下列两种类型:

1)主动并联运行。这种系统有多重系统同时并列工作,由表决器选择输出正确信号。表决器具有信号选择功能,如取中值、均值、次大、次小等,可用软件实现。这种系统又称为表决系统。例如,4×1 余度就是此种类型,最大可实现二次故障工作、三次故障安全。

2)备用转换运行。这种系统中一个或部分分系统工作,其余分系统处于备用状态。当工作的分系统有故障时,通过监控装置检测出故障并转换至备用的完好的分系统,使系统继续正常工作。这种分系统又分为热备份系统与冷备份系统两种。前一种系统与工作系统处于同步随动状态,但输出不起作用。后一种系统处于中立位置,仅在转换时才启动工作。例如,2×2 余度就是此种类型,一般情况下以主备(热备份)运行,特殊功能模态时采用主运行方式,最大可实现一次故障工作、二次故障安全。

各种余度信号(如模拟量、离散量),均应进行表决,以求在所建立的信号链上传递唯一的工作信号。信号表决是指采用指定的表决准则(或算法),从多个同名的可用余度信号中选择(或处理)出供系统使用的工作信号。

正确合理地选择多余度系统监控面的位置与数目,是余度管理设计的重要内容之一。实际应用中,常常设置如下的监控面:

1)传感器输出信号的自检测(由传感器硬件实现)与余度信号的比较监控(由计算机软件实现);

2)开关量、离散信号的比较监控(由计算机软件实现);

3)计算机自监控(由计算机软件/硬件实现);

4)输出指令监控(由计算机软件实现或硬件实现);

5)伺服作动系统自监控与比较监控(由硬件和软件实现);

6)特殊信号的监控。

在多余度系统的余度管理体制确定之后,应当规定信号表决与信号监控这两个功能之间的相互依存关系,以及确定两个功能在时间上实施的先后顺序。

重构是在故障被检测并被确定之后,对系统(或功能)所进行的再组织。余度系统的重构,包括监控器/表决器重构与控制律重构。

1)监控器/表决器重构。将故障出现前的监控/表决算法、准则及阈值等进行重新编排与设置,以求适应新输入条件下的监控与表决。例如:对三余度系统在无故障时,取中值作为各余度共用输出信号;一次故障后取均值或小值供系统各余度使用。

2)控制律重构。根据预定的方案,在故障出现后,改变控制律的构型和/或参数,以求获得对因故障出现而降级的控制品质的补偿。

3.6   测试性及 BIT 设计

测试性是指产品能及时并准确地确定其状态(可工作、不可工作或性能下降),并隔离其内部故障的能力。自动飞行控制系统属于高度综合化复杂系统,为了迅速检测和定位故障,并能对机上关键故障实施重构、隔离或启动应急处置等在线处理措施,同时缩短维修时间,提高战备完好性,减少全寿命周期费用,自动飞行控制系统测试性大多采用机内检测(Built-In Test,BIT)设计技术进行故障检测和隔离。

自动飞行控制系统机内检测(BIT)按其工作的阶段划分为上电自检测(PUBIT)、飞行前自检测(PBIT)、飞行中自检测(IFBIT)、维护自检测(MBIT),每一个模式有不同的启动方式,每一个模式测试不同的设备和资源。

自动飞行控制系统机内检测(BIT)的设计方法主要包括以下几种。

(1)激励测试:通过激励测试电路将激励信号注入被检测电路,通过其响应判断功能是否正常。

(2)软件功能测试:从系统实现过程中建立故障模式,以相同的功能检测系统是否发生对应的故障。

(3)回绕监控测试:使用匹配的输入和输出接口电路进行检测,以输入和输出信息是否一致判断接口是否正常工作。

(4)边界监控测试:通过设定数据的有效范围,判定数据接收或计算的正确性。

(5)余度互比测试:通过在设计中添加功能相同的电路或者单元来实现,比较其工作过程数据是否一致,可通过时间偏差判断是否发生故障。

3.6.1　上电自检测(PUBIT)

PUBIT 是机载设备在上电启动过程中进行的一种旨在检测飞控计算机的基本硬件完好程度的机内自检测模态。

PUBIT 是自动飞行控制系统中机载设备在加电或复位后自动进行的,主要是对机载设备的基本硬件环境进行的测试,是软件程序自动完成的,不需要任何外部硬件设备支持。由于 PUBIT 检测的是硬件资源及基本使用条件,所以一旦发现 PUBIT 故障应转入安全状态,上报并记录故障信息。PUBIT 的执行时间一般不大于 10 s。PUBIT 一般适用于带 CPU 的机载设备,如自动飞行控制计算机、自动飞行控制板等。

PUBIT 一般采用软件功能测试及激励测试的方法进行设计,PUBIT 应在自动飞行控制系统进入工作状态前完成并退出。PUBIT 应包括以下内容:

(1)CPU 资源自检:CPU 自检、RAM 自检、FLASH 自检、NVRAM 自检、定时器自检、中断自检、看门狗自检等。

(2)内部接口资源:数据交叉传输(CCDL)自检、通道故障逻辑自检、通道间同步自检。

(3)监控电路自检:电源监控电路自检、回绕监控电路自检。

3.6.2　飞行前自检测(PBIT)

PBIT 是自动飞行控制系统在地面工作状态下,接收维护测试板或中央维护系统(CMS)自测信号后对自动飞行控制系统的资源及相关部件进行自检测。它是在系统接通状态下进行的一系列自动测试,用来检测自动飞行控制系统的功能是否正常。为保证在空中不能进入 PBIT 自检,PBIT 的进入必须满足 BIT 联锁条件(机轮承载、空速、自动驾驶仪接通、系统自测信号)。

PBIT 完成的测试包括计算机自测、模式控制板测试、自动油门激励测试等。测试同时还应向驾驶显控操纵台按任务周期发送状态信息;测试完成后记录结果并向电子飞行仪表系统(EFIS)发送测试结果,供地勤人员及飞行员查看信息,了解系统的状态。系统整体 PBIT 完成时间不大于 60 s。

(1)PBIT 运行的条件:在地面工作状态下,接收到自检测开关信号。

(2)PBIT 运行方法:PBIT 运行时按 PBIT 测试内容进行,将检测结果记录并上报。若要再次进行自检测,需将"自测"开关断开,重新接通系统再接通自检测开关。

(3)PBIT 终止的条件:当接收维护测试板或中央维护系统自测信号无效时,终止 PBIT 运行,进入地面准备状态;当升空时,终止 PBIT 运行,进入空中准备状态;当自动飞行控制计算机自检故障时,终止 PBIT 运行,进入故障状态。

3.6.3　飞行中自检测(IFBIT)

IFBIT 是自动飞行控制系统在"工作"状态下,作为后台任务在不影响飞行任务及飞行安全时由飞控计算机对外部信号源采集及自身资源的检测,是系统余度管理的功能之一。IFBIT 应能够检测故障并储存故障信息。

IFBIT 的内容如下。

(1)CPU 模块:CPU、FLASH、RAM、ROM 等。

(2)I/O 模块:HB6096 总线、数据交叉传输自检、通道周期同步自检、离散量输出处理电路等。

(3)AIN 模块:检测模拟输入电路的正确性。

(4)信号余度监控、超限监控、信号输入输出表决监控、输出回绕监控。

(5)在线监控的故障记录(故障记录的内容应包括名称和当时状态,格式自定)。

3.6.4　维护自检测(MBIT)

MBIT 运行在系统维护期间,对系统测试并将故障定位到内场可更换单元(SRU)以便进行系统调试和维护。

MBIT 是机载设备在接上测试插头后,连接地面开发、维护设备时对机载设备自身的资源及自动飞行控制系统部件进行的检测。MBIT 是一个人机交互过程,用来协助人员对系统的故障进行检测,它仅在地面对系统进行维护时使用。当地面状态及维护测试使能信号有效时 MBIT 有效,只是将当前的状态、数据和故障通过串口发送至维护测试设备;利用计算机远程终端(CRT)与键盘的显示与输入形式,通过微机接口与串口同飞控计算机进行信息交流,进行广泛的人机对话。MBIT 完成计算机测试、外部接口测试、故障信息的显示、故障信息的清除、FLASH 编程、返回操作系统等功能。

MBIT 的内容如下。

(1)CPU 模块:CPU、FLASH、RAM、定时器、中断控制器等。

(2)I/O 模块:总线输出回绕测试、交叉通道数据链、通道故障逻辑、模拟量输入激励测试、离散量激励测试、离散量输出回绕测试。

(3)电源模块:对一次电源及二次电源测试。

(4)查看自动飞行控制计算机故障记录信息。

(5)清除存储的故障信息。

3.7　显示与告警设计

3.7.1　显示设计

自动飞行控制系统的显示由自动飞行控制板面板和主飞行显示(PFD)组成。

(1)自动飞行控制板面板上的显示内容包含预选高度、预选航向/航迹、预选垂直速度/航迹倾角、预选表速/马赫数等信号,控制板上各窗口显示的内容为飞行员人工选择的预选值,不显示 FMS 提供的预选值。自动飞行控制板面板如图 3-8 所示。

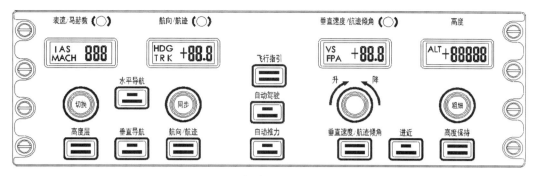

图 3-8　自动飞行控制板面板

(2)自动飞行控制系统在 PFD 画面显示系统的状态和信息包括自动飞行控制系统预位和接通的模态信息、预选值信息(包含垂直速度、高度、表速/马赫数)以及飞行指引指令杆信息等,如图 3-9 所示。其中,在 FMA 上显示自动飞行控制系统的工作方式、模态,以及 AFCU 的速度、高度、航向等装订值。

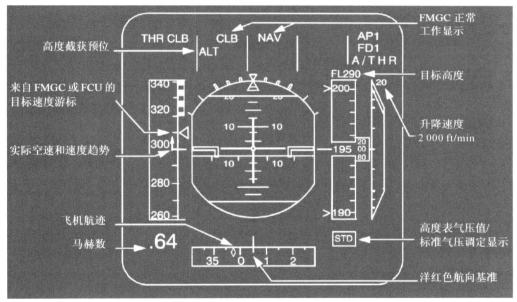

图 3-9　典型飞机 PFD 显示画面

3.7.2　告警设计

3.7.2.1　告警等级分类

按照 GJB 1006—1990、CCAR-25-R4 的有关规定,并参考相关飞机 EICAS 系统的设计,将座舱告警信息划分为危险级、警告级、注意级、咨询级、提示级五个等级。任何告警信息必须具有一个确定的等级。除非另有规定,同一优先等级的告警信息优先权相同。

(1)危险级(Danger):按照 GJB 1006—1990,对于情况十分危急、严重危及飞行安全的极个别状况,可设定为危险级告警。危险级告警需要飞行员立即采取果断措施。

(2)警告级(Warning):飞机处于危险构型或者危险飞行状态,或者机上系统出现危及飞行安全的故障。警告级告警需要飞行员立即知道并立即采取措施。

(3)注意级(Caution):飞机构型异常或者系统出现故障,不会直接引起飞行安全,但不及时处理将可能发展成更严重的状况或故障。注意级告警需要飞行员立即知道但可不立即采取措施,一旦时间和条件允许就应尽快处置。

(4)咨询级(Advisory):系统出现导致余度降低或者性能下降的故障。咨询级告警需要飞行员进行监控。

(5)提示级(Memo):系统(设备)的安全或正常工作状态信息,该状态可由系统自动进入或飞行员人工选择进入,系统为人工操作过程提供的临时操作反馈不应包含在内。

3.7.2.2　告警设计原理

当系统发生故障时,在以下情况下应设置告警信息:

(1)安全性(适航)要求。在相关条款中有明确要求的且适用时。

(2)相关标准要求。在系统相关标准、规范中有明确要求的且适用时。

(3)保证飞行安全性。系统故障导致不能保证飞行安全,或者需要飞行员参与以保证飞行安全,或者飞机安全性保障能力下降较明显需要通知飞行员时。

(4)任务保障。系统故障导致不能保证任务执行,或者需要飞行员进行必要的任务计划变更,或者飞机任务保障能力下降较明显需要通知飞行员时。

(5)提高情境意识。可提高飞行员对飞机及系统状况的感知,以利于目前或后续飞行安全保障或任务执行。

所有驾驶舱告警信息都应该有异常处置程序,并包含在快速检查单中。

对于故障类告警信息,危险级和警告级应该有内容是需要被飞行员记忆的,要求飞行员能快速正确处置。注意级可视情设置相关记忆内容,咨询级一般不设置记忆内容。

对于非故障类告警信息,一般不需设置记忆内容,告警本身应包含处置指引信息,或者飞行员依靠自身技能和本能即可正确处置。

异常处置程序可不局限于对相应系统座舱控制器的操作,要求改变飞行状态(如降低飞行高度)、监控系统状态或参数等任务也可作为异常处置程序。

3.8　基　准　选　择

基准选择包括高度基准选择和真磁基准选择。高度基准选择用于自动飞行控制系统纵向目标高度控制,而真磁基准选择用于其横侧向目标航向/航迹控制。

高度基准包括标准气压高度(Query Normal Elevation,QNE)、场面气压高度(Query Field Elevation,QFE)、修正海平面气压高度(Query Normal Height,QNH)。起降阶段主要使用 QFE 和 QNH 高度基准,其中民航飞机因起降机场不同使用 QNH 较多,军用运输机习惯使用 QFE 高度基准;巡航阶段使用 QNE 高度基准。一般 QFE/QNH 与 QNE 的切换高度约为 10 000 ft,在 10 000 ft 以上切换为 QNE,在 10 000 ft 以下切换为 QFE 或 QNH。

真磁基准包括真航向/航迹基准和磁航向/航迹基准。若选择真航向/航迹基准,则 0°

方向为地理北极;若选择磁航向/航迹基准,则 0°方向为磁北极。真磁基准之间的差别称为磁差,不同地点磁差不同,即使同一地点磁差也会随着时间变化。2021 年,我国发布了首个基于卫星观测数据和模型构建技术建立的全球地磁场模型 CGGM 2020.0,可为我国飞机导航控制中真磁基准选择提供数据支持。飞机导航设备根据地球磁场模型,以当前飞机经纬度为输入,实时对真磁航向/航迹信息进行转换计算,以供自动飞行控制系统使用。

3.9　控制律算法设计

运输类飞机飞行的最终目的是将人或货物从一个地方运送到另外一个地方,其本质是航迹运动,关心飞机在三维空间中所处位置及运动方向,即高度、速度、航迹(航向)。自动飞行控制系统的主要功能就是三维空间的航迹运动控制,其中,自动飞行控制律负责外回路轨迹到姿态角速率的控制解算,电传飞行控制律负责飞机内回路姿态角速率到舵面偏度的控制解算。图 3 - 10 为飞机控制回路。

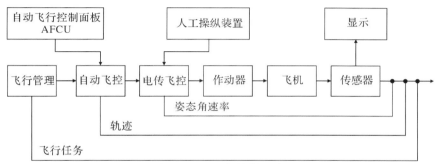

图 3 - 10　飞机控制回路

三维空间运动分为轨迹线运动和矢量方向运动,对应自动飞行控制律的轨迹控制和方向控制。其中:具有轨迹控制特征的自动飞行控制工作模式有高度保持、垂直导航、下滑道、航向道、水平导航等;具有矢量方向控制特征的模态有垂直速度、航迹倾角、航向选择与保持、航迹选择与保持。在自动飞行控制律算法设计上,轨迹控制和方向控制具有完全不同的控制结构。

轨迹控制需要保证飞机当前时刻和下一时刻都在轨迹线上,这不仅要求当前的轨迹偏差为零,而且要求飞机的运动矢量方向与轨迹线上该点的切线方向相同。数学表达为

$$\left.\begin{array}{l}\Delta Z=0\\\Delta \dot{Z}=0\end{array}\right\} \tag{3-1}$$

式中:ΔZ 表示轨迹偏差;$\Delta \dot{Z}$ 表示轨迹偏差 ΔZ 对时间的导数。

由式(3-1)可知,自动飞行控制律的轨迹控制算法可设计为以 ΔZ 和 $\Delta \dot{Z}$ 为变量的 PID 调参求和,即控制方程为

$$\delta_{e,a}=\left(k_1+k_2 s+k_3 \frac{1}{s}\right)\Delta Z+\left(k_4+k_5 s+k_6 \frac{1}{s}\right)\Delta \dot{Z} \tag{3-2}$$

式(3-2)是通用的精密轨迹控制方程,对于一般的无高精度要求的飞机轨迹控制,仅需保留式(3-2)中的增益系数 k_1 和 k_4,则式(3-2)可简化为

$$\delta_{e,a} = k_1 \Delta Z + k_4 \Delta \dot{Z} \tag{3-3}$$

这也是工程上使用较多的轨迹控制方程。将式(3-3)所表达的控制含义用高度保持模态控制律来表达,就是飞机若要保持目标高度,则需要同时控制高度偏差为零和垂直速度为零。若控制律中仅考虑控制高度偏差而未考虑控制垂直速度,则对于垂直速度不为零的情况下,即使当前时刻的高度偏差为零,下一时刻的高度偏差必然不为零,导致升降舵频繁调整。从另一个角度理解,轨迹控制算法中除了偏差控制项外,还必须增加阻尼控制项。

方向控制仅需保证飞机的矢量方向(机体矢量或轨迹矢量)始终与目标值相同,因此控制律算法相比轨迹控制较为简单,控制变量也只有一个。以典型的航向航迹保持控制为例:航向保持是控制飞机机头方向始终沿着目标方向,控制变量只有航向角偏差;航迹保持是控制飞机地速方向(即轨迹方向)始终沿着目标方向,控制变量只有航迹角偏差。

轨迹控制和方向控制在自动飞行控制律中每时每刻都需要关注并控制,还有一类如高度层改变模态,只关注三维空间的初始与结束位置和中间的飞机表速,并不关心飞机从初始位置到结束位置中间的运动轨迹和矢量运动方向。高度层改变模态控制律算法一般采用能量角原理,将发动机推力固定在某一状态,通过调节升降舵偏度保持目标空速,以达到飞机爬升和下降的目的。需要注意的是,此时飞机垂直剖面的爬升/下降率是不受控的。若要在高度层改变模态下实现控制爬升率等方向的目的,则既需要调节升降舵保持目标表速,又要调节发动机推力来控制飞机垂直速度,从而控制飞机垂直剖面的爬升/下降率。

通过自动油门保持飞机目标速度(表速和马赫数)是自动飞行控制律的一项重要设计内容。飞机和发动机都是高度复杂的非线性系统,各性能参数存在较强的非线性耦合特点,因此自动油门控制飞机速度通常都是采用 PID 算法才能达到精确控制的目的,而且为了减少推力系统的惯性效应及飞机速度长周期响应特性的影响,需要针对性地在指令输出端设计滞环和死区,以减少油门杆的频繁移动。目标表速和马赫数有两个来源,一个来源是自动飞行控制板上的设置,另一个来源是飞行管理系统的优化计算,两者选其一。根据飞行力学原理中油门阶跃输入的稳态响应分析结果可知,单纯改变发动机推力稳态值只能在过渡过程中改变速度,而最终的稳态速度和迎角均不变,只会产生俯仰角增量的稳态值,使得飞机爬升或下降。因此,如果调节发动机推力的目标是为了改变飞行速度,则还需要自动飞行控制系统的纵向模态(如俯仰角保持或高度保持)之间彼此配合,在保持飞机当前俯仰角或高度的情况下,通过改变油门角度使飞机增速或减速。图 3-11 为速度方式控制原理结构图。

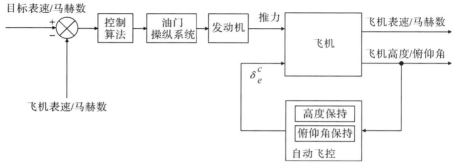

图 3-11　速度方式控制原理结构图

上述所描述的控制律算法是以自动驾驶工作方式为主,而飞行指引的控制律算法也是自动飞行控制律设计中的重要内容。飞行指引算法与自动驾驶控制算法的输入相同,算法结构也类似,区别是飞行指引控制算法输出非角速率指令,而是俯仰角和滚转角等姿态角指令,并送给座舱显示系统为飞行员操纵飞机俯仰与滚转运动提供飞行指示。

3.10　系统硬件设计

3.10.1　自动飞行控制计算机

自动飞行控制计算机(AFCC)作为自动飞行控制系统的核心部件,与传感器、航电系统、动力系统等机上系统的设备交联,负责完成系统的控制律运算、数据处理、系统管理功能。

AFCC 自身的可靠性对自动飞行控制系统的可靠性有着重要的影响,对于运输类飞机,一般采用 2×2 相似余度架构的工作形式,单台 AFCC 内部带监控支路,单架飞机配备两台 AFCC。

这种架构提高了 AFCC 的故障检测率,具有结构简单、成本低、体积小和质量轻的特点,具有一次故障工作、两次故障安全的能力,在运输机上得到广泛应用,如美国 C-5、B777 等。

两台 AFCC 有主主、主备和单机三种工作方式,AFCC 之间采用数据交叉链路实现数据共享,并具有回绕检测的功能。为了消除累积时间误差,保证两台 AFCC 在同一时刻采样、计算和输出,两台 AFCC 通过双握手算法进行同步工作。

AFCC 机箱结构应考虑产品整体的强度和刚度,防止电磁泄漏,减轻质量,设计时应符合 HB7390 的要求,宽度根据内部功能模块数量确定为多点 MCU,模块插槽应留有充足余量。

AFCC 设计时应充分考虑模块化、标准化、通用化的要求。单台 AFCC 产品内部划分为若干个 SRU 模块,实现核心计算处理、接口数据处理、供电转换等功能,有时根据系统的功能特点,需具有伺服控制功能。内部功能模块通过高速、安全、可靠的背板总线实现数据通信互联,典型的背板总线有 LBE、ISA、ARINC659 等。典型 AFCC 内部结构如图 3-12 所示。

图 3-12　典型 AFCC 内部结构

核心处理模块以中央处理单元（CPU）为核心,支持运行多种嵌入式实时操作系统（RTOS）,运行应用软件,实现自动飞行控制系统的输入数据表决、控制律计算、余度管理、故障管理、控制指令输出等功能。

根据软件的规模,核心处理模块在选用处理器及外围存储器时,应充分考虑计算、存储余量。目前,航空航天领域主流的处理器主要有 Intel 或 AMD 的 80×86 系列、Freescale 或 ATMEL 公司的 PowerPC 系列处理器等。

总线接口模块完成 AFCC 与主飞行控制系统、航电系统和动力系统的总线通信功能,应具备 GJB289A 通信的 RT 功能和多路 HB6096 输入输出功能。

模拟量接口模块对外部位移传感器进行激磁,将位移反馈电压解调为直流模拟量,解析出角度或位移,通过内部总线将数据提供给总线处理模块。

离散量接口模块完成 AFCC 的离散量输入输出,包括电平转换、短路、过流、过压保护功能。

电源模块将机上汇流条的 $+28$ V 电源转换为各功能模块所需的各种二次电源,并对相应电源的有效性进行检测,将检测结果送到核心处理模块,为 AFCC 故障逻辑提供判据。

AFCC 外部接口设计应采用标准连接器,考虑防雷击和滤波处理,防止干扰影响 AFCC 的正常工作。

3.10.2　自动飞行控制板

自动飞行控制板安装在飞机驾驶舱中,是飞行员和自动飞行控制系统之间的主要人机交互接口。飞行员可以通过自动飞行控制板选择自动飞行控制系统的工作方式、工作模式、装订飞行参数,指示自动飞行控制系统当前接通的工作方式、工作模式,显示装订的飞行参数。

由于运输类飞机对自动飞行控制系统的高可靠、高安全、长航时的使用需求,自动飞行控制系统的余度架构越来越复杂,任务可靠性要求也越来越高。自动飞行控制板作为自动飞行控制系统的重要组成设备,其余度和可靠性要求也越来越高。相比战斗机,运输类飞机自动飞行控制系统对自动飞行控制板的功能需求更复杂,要求多种功能模态选择及状态显示、多种飞行参数装订及显示,可大大减轻飞行员的负担。为满足运输类自动飞行控制系统对自动飞行控制板的需求,自动飞行控制板一般采用双通道全数字式设计架构,双通道采用主备工作方式,具备一次故障工作能力,可提高系统的可用性。数字化设计采用总线接口取代传统的离散量接口,使接口简单化,提高了信号传输可靠性且减轻了质量。

运输类飞机的自动飞行控制板的设计除满足通用的可靠性、维修性、测试性、安全性和综合保障性要求外,还引入了适航性要求的设计约束。控制面板上的每个控制器件的设计和安装必须保障操作方便并防止混淆及误操作,它们的布局设计应该便于每个飞行员的操作,每个控制器件的操纵动作的直感必须与此种操作对飞机或被操作部分的效果直感一致,参见 25.1329(c、e)、25.777(b)、25.779(a),控制面板上指示灯的颜色要求应符合 25.1322 的规定。

3.11　系统软件设计常用工具

3.11.1　Matlab/Simulink/Stateflow 仿真工具

Matlab 支持基于模型的设计、仿真、自动代码生成以及嵌入式系统的连续测试和验证，主要包括主程序、Simulink 和工具箱三部分。

Simulink 可以用连续采样时间、离散采样时间或两种混合的采样时间构建数据流模型。Stateflow 基于有限状态机的理论，可以用来对复杂的事件驱动系统进行建模和仿真。Stateflow 与 Matlab/Simulink 紧密集成，可以将 Stateflow 创建的复杂控制逻辑有效地结合到 Simulink 模型中。Matlab 以往在工业界主要用于系统仿真，为了满足机载软件的高安全性要求，提供了相应的设计、测试、验证和确认的工具。基于 Matlab 的典型开发框架如图 3 - 13 所示。

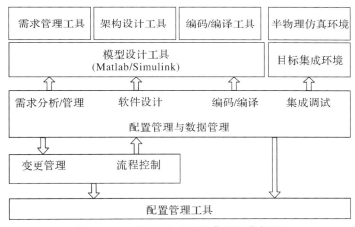

图 3 - 13　基于 Matlab 的典型开发框架

自动代码生成过程会生成代码与模型的信息文件与追溯性关系，信息文件记录了模型与代码版本、编译配置信息。可以通过制定模型设计标准，约束 Matlab/Simulink 的使用，为开发组提供统一的模型设计指南与约束，确保模型与 C 代码风格统一，具有一定的可读性与维护性。

Matlab/Simulink 可通过 Model Reference 引用机制，实现模型的协同开发。上层模型通过 Reference 模块引用下层模型，建立调用关系。每一次打开上层模型时，系统都会根据搜索路径自动定位下层模型。其优势在于顶层模型与下层模型彼此独立，在下层模型接口不变的情况下，不同层模型的开发工作互不干扰。

Matlab/Simulink 提供 Model Advisor 工具包对模型进行静态检查，按条款进行自动化检查，生成检查报告与设计报告。工具包中的条款可按不同要求进行增加和裁剪。

3.11.2 SCADE 设计工具

SCADE 满足关键应用领域的高安全要求,简单易用,在欧洲航空航天、高铁、能源等高安全领域成熟应用多年后,近年来在国内航空航天、高铁等高安全领域被广泛采用。SCADE 具有以下特点:

(1)SCADE 专注于安全关键的系统和软件研制,是主流基于模型验证(MBDV)工具中唯一的、真正的、形式化语言,以严格的数学理论保证设计完整性和无二义性。

(2)SCADE 采用"基于模型"开发方式,可以混合数据流与状态机同时建模。

(3)SCADE 可自动生成高质量的、与平台无关的、易于移植的,且满足 DO-178C 标准 A 级认证的 C 代码,代码与模型严格一致。

(4)SCADE 专注于与平台无关的应用层设计和验证,提供满足 DO-178C 标准 A 级认证的仿真和测试手段。

SCADE 是应用层软件开发工具,不适用于硬件层、操作系统层、驱动层、IO 调度层的开发。其生成的代码集成工作需要由用户自己完成,集成工作包括手工编码 main 函数,以及与 I/O、驱动、操作系统的交互工作,如图 3-14 所示。

图 3-14　SCADE 应用层与其他层关系

SCADE 模型是由数据流图和状态机图混合实现的,这与控制律算法设计时通常使用 Simulink 和 Stateflow 实现方法类似,因此 SCADE 在控制律软件和控制逻辑软件的设计中使用比较普遍。

3.12　本章参考文献

[1] 鲁道夫.飞行控制[M].金长江,译.北京:国防工业出版社,1999.

[2] 杨云,张平.能量角概念在飞机飞行控制系统中的应用[J].电光与控制,2015,22(2): 73-76.

[3] 张汝麟,宋科璞.现代飞机飞行控制系统工程[M].上海:上海交通大学出版社,2015.

第4章 自动驾驶

4.1 概　　述

现代飞机自动驾驶技术越来越成熟,可靠性也比较高。不同运输类飞机由于飞机的运行任务和用途不同,自动驾驶的功能和模态也可能不同,比如大型军用运输机侧重于执行任务所需的自动驾驶功能,民用运输机侧重于自动驾驶的高度自动化和乘坐舒适性。此外,与AFCS 相关的科学技术与设计手段改变已经使自动驾驶的复杂程度、自动化水平和综合程度大幅增加。这些变化已经重新定义了系统之间的功能和接口分配。具有多种模态并能自动切换的自动驾驶功能已经替代了相对简单、专用的自动驾驶仪。

本章主要介绍以电传主飞行控制为内回路的自动驾驶功能模态设计。

4.1.1 功能

现代运输机自动驾驶的内回路为电传飞行控制,故自动驾驶指令不直接控制飞机舵面,而是将目标偏差信号转化成相应通道的 AP 控制指令(法向过载或角速率),代替操纵杆的位移指令。在一定程度上,电传飞行控制已经取代了传统自动驾驶仪的某些功能,比如某些飞机的电传飞行控制自带俯仰保持、倾斜保持功能,飞行员操纵飞机后松杆,飞机会保持松杆时的俯仰角和滚转角飞行。

因此,自动驾驶的控制目标已演变为主要控制高度、垂直速度、航迹、空速、马赫数、航向、航迹倾角、航迹方位角等。

从飞机的角度来说,自动驾驶主要的功能如下:

(1)飞机姿态的控制与保持;

(2)飞机纵向轨迹的控制与保持;

(3)飞机侧向轨迹的控制与保持;

(4)飞机速度的控制与保持;

(5)速断功能(利用驾驶杆上的速断开关快速切断自动驾驶对飞机的控制);

(6)超控断开(飞行员可以通过强力操纵驾驶杆、盘或脚蹬来断开自动驾驶对飞机的控制);

(7)具有控制律自动调参功能;

(8)具有地面自检测、空中自监控、故障自动断开并报警功能;

(9)利用模态选择板可接通和断开自动驾驶;

(10)利用模态选择板可选择相应的控制模态;

(11)包线保护功能;

(12)系统维护功能;

(13)信息显示功能。

从自动飞行控制系统的角度来说,按照飞机三轴控制来划分,自动驾驶的功能模态可分为纵向模态、侧向模态、多轴模态以及一些特殊功能模态。

自动驾驶主要的纵向模态如下:

(1)俯仰角保持;

(2)垂直速度;

(3)航迹倾角;

(4)高度保持;

(5)高度层改变。

自动驾驶主要的侧向模态如下:

(1)滚转保持;

(2)航向保持

(3)航向选择;

(4)航迹保持;

(5)航迹选择。

自动驾驶主要的多轴模态如下:

(1)进近;

(2)起飞;

(3)复飞。

自动驾驶主要的特殊功能模态如下:

(1)空投模态;

(2)加油模态;

(3)紊流模态。

4.1.2 组成

自动驾驶利用自动飞行控制计算机(或应用软件集成在其他硬件平台,如主飞行控制计算机等),接收惯性/卫星组合导航系统提供的姿态、航向、加速度等信号,大气数据系统的空速、高度、垂直速度信号,机上自动飞行控制相关开关信号及自动飞行控制板(AFCP)指令等输入信号,按相应的控制律解算后输出控制指令,并将控制指令传递给电传飞行控制系统,由电传飞行控制系统直接控制操纵面按指令偏转,完成自动驾驶。

现代基于电传飞行控制飞机的自动飞行控制系统,在物理硬件上大部分只保留自动飞行控制板,自动驾驶应用软件可与其他系统共享硬件平台,不再单独配置自动飞行控制计算机。

4.2　纵 向 模 态

自动驾驶的纵向模态是实现飞机纵向自动驾驶的功能模态,通过控制升降舵的偏转,飞机改变俯仰姿态来进行纵向运动控制。运输类飞机自动驾驶的纵向基本模态包括俯仰角保持、垂直速度、航迹倾角、高度保持、高度层改变。此外,自动驾驶纵向模态还包括空投模态和紊流模态。前者是在空投时,实现对飞机姿态、高度和速度的纵向自动控制;后者是保证飞机在遇到紊流时,可以自动控制飞机俯仰角,保证安全穿过紊流区。下面将按照模态对纵向基础模态的功能、进入/退出逻辑、控制律算法及相关曲线图进行描述。

4.2.1　俯仰角保持

4.2.1.1　功能设计

俯仰角保持是很多飞机自动驾驶纵向的基础模态,可使飞机自动保持俯仰姿态角。军用运输机更喜欢用该模态作为纵向自动驾驶的基础模态,可以在紊流模态和空投模态时实现对飞机纵向的自动控制。一般该模态的功能是保持接通时刻的俯仰角。

根据 GJB 1690—1993 的要求:"在平稳大气中,姿态保持相对于基准的静态精度,对于俯仰姿态(机翼水平)应保持在 $\pm 0.5°$。"

GJB 1690—1993 中对俯仰姿态功能有这样的要求:"当飞行员操纵飞机进行机动飞行时,如果自动驾驶仪保持飞机的姿态在姿态保持模态范围内,那么自动驾驶仪应保持去掉操纵力时飞机所处的姿态。在使用操纵旋钮控制飞机过程中,旋钮置于中立位置时,飞机应返回到水平位置。"

GJB 1690—1993 中对俯仰瞬态相应有这样的描述:"短周期俯仰响应必须是平滑和快速的。对于 GJB 185—1986 所规定的歼强类飞机受到 $5°$ 的俯仰扰动时,在该模态接通 3 s 内,应达到并保持所要求的精度,而对于轻小类和轰运类飞机则应在 5 s 内达到并保持所要求的精度。"

4.2.1.2　逻辑设计

俯仰角保持模态进入逻辑如下:

(1)该模态所需要的所有数据有效;

(2)飞机的俯仰姿态角在正常使用范围内;

(3)其他纵向模态失效。

其中俯仰姿态角在正常使用范围内应根据飞机自身性能来确定。

俯仰角保持模态退出逻辑如下:

(1)该模态所需的任何一个数据无效;

(2)接通纵向其他模态;

(3)飞机俯仰姿态或倾斜姿态超出设置的限制范围。

4.2.1.3　控制律设计

俯仰角保持模态控制律框图如图 4-1 所示。

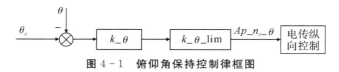

图 4-1 俯仰角保持控制律框图

其中，θ_c 是俯仰角指令，θ 是俯仰角反馈，k_θ 是增益，k_θ_lim 是对所计算数值的限幅，$Ap\_n_z\_\theta$ 是俯仰姿态保持的自动驾驶纵向指令。

控制算法为

$$n_{zc} = (\theta_c - \theta)k\_\theta \tag{4-1}$$

仿真曲线如图 4-2 所示。

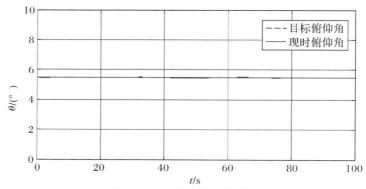

图 4-2 俯仰角保持仿真图

4.2.2　垂直速度

4.2.2.1　功能设计

垂直速度模态是对飞机的垂直速度进行控制，使飞机保持某一垂直速度上升或下降，同时飞行员控制或者自动油门控制油门保证飞行速度不变或者按照指令增加或减小。使用该模态爬升时，不应使飞机飞行速度降到使用包线最小飞行速度附近；使用该模态下降时，不应使飞机飞行速度增加到使用包线最大速度附近。这也是适航条例对该模态最基本的要求。

目前，现役的民用客机（波音和空客）自动飞行纵向的基本模态几乎都是垂直速度模态，因为可明确地改变纵向飞行航迹的基本控制单元就是控制垂直速度。一些军用运输机在自动飞行控制纵向基本模态的选择上会考虑俯仰姿态保持模态，是因为军用运输机会有湍流模态或者空投模态，在这些模态时，纵向须保持俯仰姿态，而俯仰姿态是比垂直速度更接近控制内环的模态。

目前，国军标未对该模态进行描述，在实践过程中以及参考国外飞机的该模态的飞行情况，对运输机垂直速度模态的一般精度要求是 ±0.5 m/s。

根据适航条款 AC 25.1329 条的咨询通告，垂直速度模态的功能是使飞机纵向保持自动飞行控制板上的垂直速度，且不会导致飞机超速和失速。

4.2.2.2　逻辑设计

垂直速度模态进入逻辑如下：

（1）该模态所需要的所有数据有效；

（2）垂直速度/航迹倾角切换按钮在垂直速度；

（3）按压了垂直速度按钮；

（4）输入的垂直速度在合理的范围内。

其中垂直速度所要求的合理范围应根据飞机自身性能确定，具体的垂直速度输入值应根据任务需求选择。

垂直速度模态退出逻辑如下：

（1）该模态所需的任何一个数据无效；

（2）接通纵向其他模态；

（3）飞机俯仰姿态或倾斜姿态超出设置的限制范围；

（4）垂直速度/航迹倾角切换按钮在航迹倾角；

（5）飞行速度接近自动驾驶的飞行包线。

4.2.2.3　控制律设计

垂直速度模态控制律框图如图 4-3 所示。

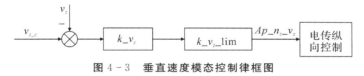

图 4-3　垂直速度模态控制律框图

控制算法为

$$n_{zc} = (v_{z\_c} - v_z)k\_v_z \tag{4-2}$$

式中：v_{z_c} 是目标垂直速度；v_z 是垂直速度反馈；k_v_z 是增益；$Ap\_n_z\_v_z$ 是垂直速度模态自动驾驶纵向指令。

当目标垂直速度为 8 m/s 时，仿真曲线如图 4-4 所示。

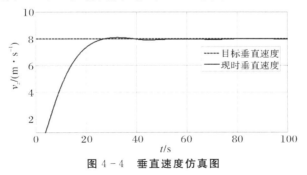

图 4-4　垂直速度仿真图

4.2.3　航迹倾角

4.2.3.1　功能设计

航迹倾角（Flight Path Angle），是飞机纵向飞行航迹与地面的夹角。自动飞行航迹倾角模态是使飞机的航迹倾角保持自动飞行控制板设置的数值，同时飞行员控制或者自动油门控制油门以保证飞行速度不变或者按照指令增加或减小。当使用该模态爬升时,不应使飞机飞行速度降到使用包线最小飞行速度附近;当使用该模态下降时,不应使飞机飞行速度增加到使用包线最大速度附近。这也是适航条例对该模态最基本的要求。

目前,现役的民用客机(波音和空客)自动飞行纵向的基本模态几乎都是垂直速度模态,但如果飞行员将自动飞行控制板上的模态从垂直速度切换到航迹倾角,则航迹倾角模态成为纵向自动飞行的基本模态。

目前,国军标未对该模态进行描述,在实践过程中以及参考国外飞机的该模态的飞行情况,对运输机航迹倾角模态的精度要求是±0.5°。

根据适航条款 AC 25.1329 条的咨询通告,航迹倾角模态的功能是使飞机纵向保持自动飞行控制板上的航迹倾角,且不会导致飞机超速和失速。

4.2.3.2　逻辑设计

航迹倾角模态进入逻辑如下:
(1)该模态所需要的所有数据有效;
(2)垂直速度/航迹倾角切换按钮在航迹倾角;
(3)按压了垂直速度/航迹倾角按钮;
(4)输入的航迹倾角在合理的范围内。

其中航迹倾角所要求的合理范围应根据飞机自身性能确定,具体的航迹倾角输入值应根据任务需求选择。

航迹倾角模态退出逻辑如下:
(1)该模态所需的任何一个数据无效;
(2)接通纵向其他模态;
(3)飞机俯仰姿态或倾斜姿态超出设置的限制范围;
(4)飞行速度接近自动驾驶的飞行包线;
(5)垂直速度/航迹倾角切换按钮在垂直速度。

4.2.3.3　控制律设计

航迹倾角模态控制律框图如图 4-5 所示。

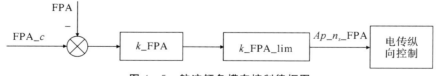

图 4-5　航迹倾角模态控制律框图

控制算法为

$$n_x = (\text{FPA\_}c - \text{FPA})k\_\text{FPA} \tag{4-3}$$

式中:FPA_c 是目标航迹倾角;FPA 是航迹倾角反馈;k_FPA 是增益;Ap_n_z_FPA 是航迹倾角模态的纵向自动驾驶指令。

仿真曲线如图 4-6 所示。

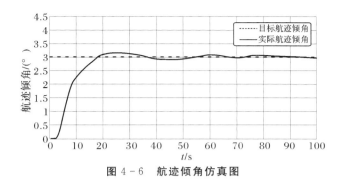

图 4 - 6 航迹倾角仿真图

4.2.4 高度保持

4.2.4.1 功能设计

高度保持模态主要用于飞机巡航飞行阶段和进近着陆的初始阶段,是纵向模态中最重要的工作模态之一,现代所有飞机自动驾驶都配备高度保持模态。

高度保持模态的目的是使飞机始终保持在给定的目标高度上,该目标高度可以是通过自动飞行控制板上选择的高度,也可以是飞行员按压高度保持按钮后预估改平后的高度。此时,若自动油门接通,则自动油门处于速度控制模式。

当飞机爬升或下降时,飞行员手动启动了高度保持,考虑到不产生大的法向过载(乘客感受比较舒适),应该立即启动俯仰改平,以阻止爬升或下降,并保持在达到水平飞行时的高度。

高度保持模态的基本原理是 AP 发送纵向控制指令给主飞控系统,通过主飞控系统控制飞机升降舵的偏转来改变飞机姿态,从而保持飞机目标高度。

在 GJB 3819 或 HB 8439 中规定了高度保持模态的性能指标要求:在平稳大气中,当爬升或下降速度小于等于 10 m/s 时,接通高度保持后,飞机应在 30 s 内达到表 4 - 1 的要求,在表中精度范围内的任何周期性剩余振荡的周期应不小于 20 s。

表 4 - 1 高度保持模态性能指标要求

高度/m	滚转角绝对值		
	$0°\sim1°$	$1°\sim30°$	$30°\sim60°$
$0\sim9\,000$	±9 m	±20 m 或 0.3%,取其大	±30 m 或 0.4%,取其大
>9 000	±0.1%		

4.2.4.2 逻辑设计

高度保持模态进入方式有以下两种:

(1)人工进入。当处于其他纵向模态时,飞行员直接按压高度保持按钮,进入高度保持模态。

(2)自动进入。当飞机以航迹倾角、垂直速度、高度层改变等纵向模态爬升或下降,飞行高度接近自动飞行控制板或模态选择板上选择的目标高度时,自动进入高度截获,经过一段时间后,最终进入高度保持模态。

4.2.4.3 控制律设计

典型的高度保持模态控制律算法如下：

$$n_{zc} = \left[\left(\frac{K_{\Delta H}}{1+Ts}\Delta \dot{H} + \frac{K_{\Delta Hs}\Delta \dot{H}}{s} \right) - \gamma \right]K_\gamma + K_{\dot\gamma}\dot\gamma \qquad (4-4)$$

$$\Delta \dot{H} = \dot{H}_c - \dot{H}, \dot{H}_c = K_c \Delta H, \Delta H = H_c - H \qquad (4-5)$$

式中：n_{zc} 为 AP 纵向输出指令，作为电传俯仰控制的输入指令；γ 为飞行航迹倾角，可通过俯仰角和迎角计算得到；$\dot\gamma$ 为飞行航迹倾角微分信号，γ 和 $\dot\gamma$ 共同构成高度保持控制律的内回路；$\dot{H}$ 为垂直速度，起阻尼作用；H 为当前气压高度；H_c 为目标高度；$K_{\Delta H}$ 为比例系数；$K_{\Delta Hs}$ 为积分系数。

在式(4-4)高度保持模态控制律中，实际上是以垂直速度控制为核心的外回路和以航迹倾角控制为核心的内回路，外回路把高度差信号转化为垂直速度差，采用比例加积分的控制律构型计算得到目标航迹倾角，然后经内回路的飞行航迹倾角负反馈控制，输出法向过载指令。当然也可采用传统俯仰角控制作为内回路，但以飞行航迹倾角控制作为 AP 纵向控制律的内回路的优点很明显，它有利于航迹控制，可避免过大超调，控制品质良好。其仿真曲线如图 4-7 所示。

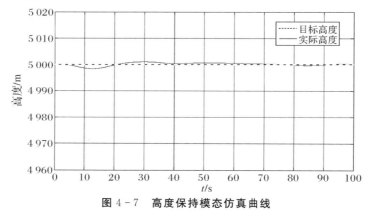

图 4-7 高度保持模态仿真曲线

在实际工程中，为达到最佳控制品质，高度保持控制律还需进行如下处理：

(1)根据不同的飞行状态对控制律系数进行必要变增益调参，变增益调参时，一般根据高度、空速或马赫数进行自动调参；

(2)对输入信号进行限幅和滤波处理，如对气压高度信号进行低通滤波处理，对垂直速度信号进行互补滤波处理等；

(3)对输出指令进行限幅和限速处理。

4.2.5 高度层改变

4.2.5.1 功能设计

高度层改变模态主要用于飞机大范围高度层改变时快速爬升或下降至规定的高度层，它是飞机能量控制的具体体现。一般大型运输机自动驾驶都配备高度层改变模态，其控制目标是空速或马赫数。在高度层改变模态下,若自动油门接通,则自动油门需保持在爬升推力或下降推力值,自动驾驶通过升降舵控制和保持选择的空速或马赫数。此时在保持相同的空速或马赫数的条件下,由于飞机飞行状态(飞机质量、推力、气压高度、速度)的不同,垂直速度、飞行航迹倾角将有很大的差异。

高度层改变模态的性能指标要求可参考 GJB 2191 中关于速度保持的性能指标要求,具体如下:

(1)马赫数保持。在直线稳态飞行中,包括爬升和下降,在马赫数保持模态接通后,自动飞行控制系统应保持的马赫数,其误差相对于基准马赫数应不大于 $\pm 0.01Ma$ 或马赫数的 $\pm 2\%$,取其中的较大值。

(2)空速保持。在直线稳态飞行中,包括爬升和下降,在空速保持模态接通后,自动飞行控制系统应保持的基准空速,指示空速相对于基准空速的偏离应保持在 ± 9 km/h 或基准空速的 $\pm 2\%$ 以内,取其中的较大值。

4.2.5.2 逻辑设计

在大部分其他垂直模态下,都可选择进入高度层改变,需提前设置好目标高度、目标速度(空速或马赫数),目标高度和目标速度需相匹配,而目标速度的设置又与飞行包线相关。除此之外,发动机油门设置也要和飞机爬升或下降所需的能量相匹配,否则将产生不希望的飞行轨迹。

例如,当目标高度高于当前飞行高度时,进入高度层改变模态后,飞机将按照目标速度向着目标高度爬升,此时若飞行员人工推力设置推力偏小而选择的目标速度很大,则飞机就不会按照选择的速度爬升,进而达不到理想的爬升效果。

在高度层改变模态下,爬升阶段自动油门设置为发动机爬升推力值,下降阶段自动油门设置为发动机慢车推力值。

4.2.5.3 控制律设计

典型的高度层改变模态控制律算法如下:

$$n_{zc} = \left[\left(\frac{K_{\Delta \dot{v}}}{1+Ts} \Delta \dot{v} + \frac{K_{\Delta \dot{v}s} \Delta \dot{v}}{s} \right) - \gamma \right] K_{\gamma} + K_{\dot{\gamma}} \dot{\gamma} \tag{4-6}$$

$$\Delta \dot{v} = \dot{v} - \dot{v}_c, \quad \dot{v}_c = -K_c \Delta v, \quad \Delta v = v - v_c \tag{4-7}$$

式中:γ 为飞行航迹倾角;$\dot{\gamma}$ 为飞行航迹倾角的微分信号;$\dot{v}$ 为前向加速度;v_c 为目标速度;v 为当前飞行速度;$K_{\Delta \dot{v}}$ 为比例系数;$K_{\Delta \dot{v}s}$ 为积分系数。与高度保持模态控制律相同,内回路采用飞行航迹倾角控制,外回路采用以速度偏差信号为主的比例+积分的控制律构型。例如,在 5 000 m 接通高度层改变模态,飞机以目标速度为 340 km/h 的表速下降,其仿真曲线如图 4-8 所示。

在实际工程中,为达到最佳控制品质,高度层改变控制律还需进行如下处理:

(1)根据不同的飞行状态对控制律系数进行必要变增益调参,变增益调参时,一般根据高度进行自动调参;

(2)对输入信号进行限幅和滤波处理,如对空速或马赫数信号进行低通滤波处理等;

（3）对输出指令进行限幅和限速处理。

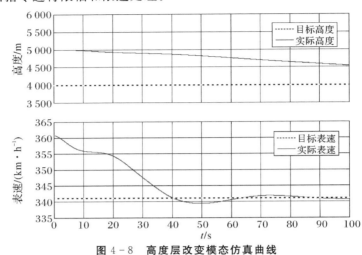

图 4 - 8　高度层改变模态仿真曲线

4.2.6　空投模态

大型运输机空投在民用和军用领域都具有重要的应用价值。在民用方面，空投可将大量物资快速输送到灾区，如 5·12 汶川大地震，多架飞机的空投行动在灾后救援中发挥了重要作用。在军事方面，由于空投系统的高精度、有效性和机动性，在现代战争中得到了广泛的应用，是向在敌后作战的空降兵和其他人员输送装备、物资的主要手段。

4.2.6.1　功能设计

空投对于大型军用运输机的作战能力较为重要。空投是从飞机上释放人员和/或货物，然后将他们转移到预定的地方。从理论上讲，它是一个复杂的军事和民事应用系统。空投的过程中，货物出舱的过程使飞机重心向后移动。出舱瞬间，飞机重心向前跳变，使得迎角、俯仰姿态和法向过载明显变化，可能会导致纵向失稳、失速和失控。

在中空和低空给定质量货物的伞降空投，特别是超低空空投时，高度的保持与控制以及姿态的变化直接影响到了飞机的安全。图 4 - 9 为超低空空投过程示意图。较低的飞行高度有利于减少货物着陆时的冲击力，但是可能会导致飞机起落架触地并且不利于飞机空投结束后的拉起，威胁飞机的安全；飞机俯仰角的增大，有利于货物出舱，但是同时会使得飞机的迎角增大，增加了飞机失速的危险性；通常为了减少货物着陆时的冲击力，一般要求空投时的飞行速度较小，而货物出舱时会导致飞机的速度进一步减少，导致飞机失速的可能。

因此，要求超低空空投时应满足以下控制目标：保持俯仰角稳定；保持飞行高度稳定，不能出现严重掉高；保持飞行速度稳定，避免出现失速。

根据经验，空投设计的高度不应出现明显掉高，速度不会发生较大偏离。具体指标可参考高度保持不超过 ±9 m，空速保持不超过 ±9 km/h。俯仰角会有瞬态变化，其变化大小与空投质量有关。

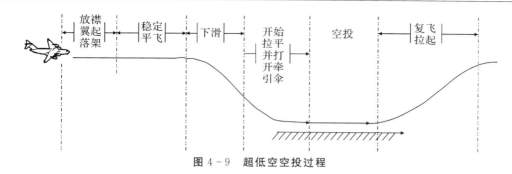

图 4 - 9 超低空空投过程

4.2.6.2 逻辑设计

当飞机需要进行空投时,飞行员切换到空投模态,飞机的自动飞行控制系统将会进入空投模态。其中纵向控制目标是高度控制和俯仰角保持,采用高度保持和俯仰角保持功能相结合的控制律,保证飞机在空投的过程中,俯仰角不发生大的波动,同时进行高度保持,保证飞机不会出现掉高的情况。目标俯仰角和目标高度为切换到空投模态时截获的目标值。

从理论上分析可知,飞机速度稳定的情况下,在空投的过程中,无法同时保证高度和俯仰角稳定。这是因为在俯仰角和迎角稳定的情况下,货物从飞机投下的瞬间,飞机的总重减少了,法向过载将会增大,飞机高度必然会升高。因此,纵向控制律的设计应保证飞机姿态稳定,同时保证飞机不会出现掉高情况,对于飞机升高的情况不做特别限制。

当切换到空投模态时,侧向采用航迹保持功能,目的是保持飞机的航迹角不变,保证空投落地的精度。

当切换到空投模态时,自动油门接通的是空速保持的功能,保持切换时刻时的空速,目的是防止飞机在进行空投的过程中出现失速的情况。

在货物出舱后,飞机退出空投模态,进入爬升过程,自动油门进入推力模式,油门杆推至爬升位置,纵向控制律操纵飞机爬高。

4.2.6.3 控制律设计

根据上面的分析可知,空投模态纵向控制是俯仰角保持与高度保持的综合。其控制律结构如图 4 - 10 所示。

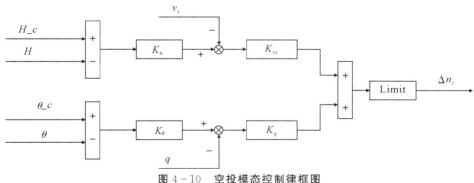

图 4 - 10 空投模态控制律框图

在俯仰角保持支路中,目标俯仰角是切换到空投模态时刻记录的当前俯仰角值,现时俯仰角是由飞机陀螺仪测出的飞机实时俯仰角,两者做差经增益转换为目标俯仰角速率,然后引入飞机现时俯仰角速率做反馈,计算俯仰角支路的法向过载指令。在高度保持支路中,目标高度是切换到空投模态时刻记录的当前高度,现时高度在高空采用气压高度,低空使用无线电高度,两者做差经增益转换为目标垂直速度,然后引入飞机的现时垂直速度做反馈,计算高度保持支路的法向过载指令。在这两个支路设计中,引入的现时俯仰角速率和现时垂直速度对于控制系统起阻尼作用。

将俯仰角保持支路法向过载指令和高度保持支路法向过载指令相加,经过限幅器,即可得到法向过载控制指令,送往电传控制律,控制飞机的升降舵偏转,从而保持和控制飞机的俯仰姿态和高度。其中限幅器的下限应取值为0,可保证输出的指令不会使飞机低头。

空投模态侧向控制是航迹角保持功能,其控制律结构如图 4-11 所示。

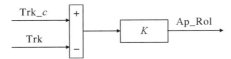

图 4-11 空投模态航迹保持控制律框图

其中,目标航迹角是切换到空投模态时刻记录的现时航迹角值,飞机实时航迹角来自于惯导系统,两者差值经控制器后,输出滚转指令,必要时刻须对指令进行限幅处理。

在切换到空投模态时刻,自动油门将会进入空速保持模态,自动油门控制律控制飞机的空速保持目标空速,防止失速。

空投模态纵向仿真图如图 4-12 所示。

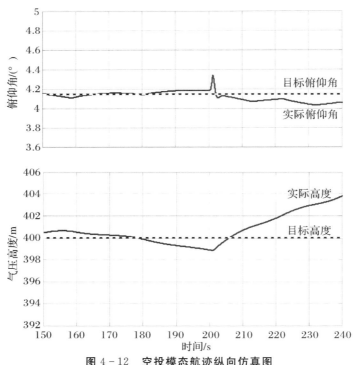

图 4-12 空投模态航迹纵向仿真图

如图 4-12 所示,飞机在 150 s 切换到空投模态,记录的目标俯仰角为 4.16°,目标高度为 400 m,货物在 200 s 开始投放。在投放过程中,飞机俯仰呈抬头姿态,最大俯仰角增量为

0.2°,高度波动在±2 m。货物出舱后,俯仰角总体稳定在 4.1°左右;虽然高度出现缓慢上升,但没有出现掉高现象。

4.2.7　紊流模态

4.2.7.1　功能设计

飞机在空中飞行时,如果在中、低强度紊流区中飞行,飞行员可以手动握杆,保持预定的姿态穿过紊流区。但是,在面对高强度紊流区时,飞机根据任务要求可能不会选择雷雨绕飞,而会强行穿过高强度紊流区,紊流会导致飞机的剧烈颠簸,使得飞行员无法准确地操纵驾驶杆;同时剧烈的颠簸可能会使飞行员无法准确地观察显示屏,导致飞行员无法根据飞机的实时状态进行相应的正确操作,甚至强行操作会引起 PIO,从而给飞行安全带来威胁。因此,飞机在进入紊流区时,期望自动飞行控制系统的紊流模态能够保持飞机的姿态,尽可能地减少飞机的剧烈颠簸。在这种需求下,紊流模态的控制律设计为俯仰姿态保持、滚转改平、油门锁定的混合功能,用于在紊流气场中稳定姿态、减缓结构载荷。

GJB 1690—1993 要求在机翼水平的情况下俯仰角保持精度为±0.5°,但是在紊流的情况下,飞机颠簸严重,这样的指标很难达到,可根据具体飞机进行适应性指标放宽。

4.2.7.2　逻辑设计

当飞机进入紊流区域时,飞行员按压紊流模态按钮,可以进入紊流模态控制律。紊流的扰动会导致飞机的俯仰姿态发生剧烈抖动,其中纵向是俯仰角保持,保持预先给定的目标俯仰角。目标俯仰角是按压紊流模态按钮时刻截获的目标俯仰角。控制律控制飞机按照目标俯仰角飞过紊流区。同时,飞机在紊流区有剧烈颠簸,如果飞机带有滚转角,紊流将会给飞机带来侧向的负载,对飞机的结构载荷和航向的稳定都会带来不利的影响,因此侧向控制律是滚转改平。同时飞机受到紊流的影响,空速在不断地进行小幅度不规律变化。如果使用空速保持功能,将会导致自动油门频繁调节,油门杆会频繁晃动。因此,在紊流模态下,自动油门将油门位置锁定在一个合适的大油门位置,直至退出紊流模态。

在飞机飞出紊流区域后,飞行员可以根据需求选择其他模态,只需按压选择其他模态的按钮,自动飞行控制系统即可退出紊流模态接入其他模态控制律。而纵向和侧向是区分进行的。同时自动油门会根据对应的模态进行适应匹配。

4.2.7.3　控制律设计

在纵向通道俯仰角保持控制律中,俯仰角度差值为主控信号。Pitch_c 是目标俯仰角,是由按压紊流模态按钮时刻截获的目标俯仰角;Pitch 是飞机的实时俯仰角;Lim_P1 是对目标俯仰角的限幅;k_{pitch} 为增益系数,将俯仰角度差值转换为法向过载增量;Lim_P2 为输出限幅,一般大小为±0.15g;Δn_z 是法向过载增量指令,进入电传飞行控制律,控制升降舵的偏转,从而控制飞机的俯仰运动。控制律结构如图 4 - 13 所示。

侧向通道滚转改平保持控制律中,目标滚转角为 0°,Bank 是飞机的实时滚转角,滚转角度差值为主控信号,滚转角速率 p 为阻尼信号,K_p 与 K_Bank 为增益系数,控制律结构如图 4 - 14 所示。

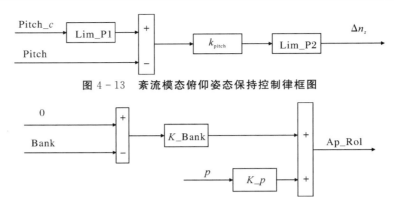

图 4 - 13　紊流模态俯仰姿态保持控制律框图

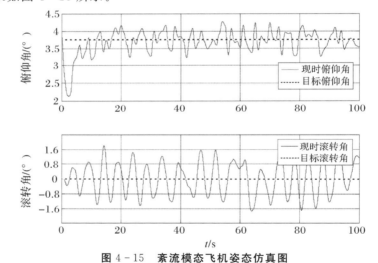

图 4 - 14　紊流模态滚转改平控制律框图

在按压紊流模态按钮时刻，自动油门将会进入推力控制，自动油门控制律截获按压紊流模态按钮时刻的油门杆角度，将油门杆角度固定在按压时刻油门杆角度＋$\Delta\varphi_{增量}$，其中$\Delta\varphi_{增量}$是油门杆角度增量，一般取 $3°\sim5°$。直至紊流模态退出，自动油门才根据纵向模态进行适应性匹配。

构建仿真环境，模拟飞行员在紊流区按下紊流模态按钮，飞机进入紊流模态，飞机姿态响应仿真结果如图 4 - 15 所示。

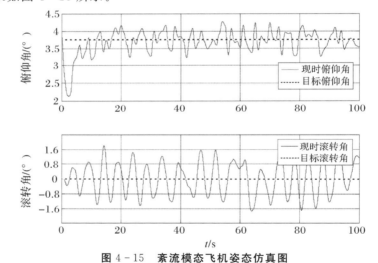

图 4 - 15　紊流模态飞机姿态仿真图

如图 4 - 15 所示，飞机进入紊流模态后，以模态接通初始时刻俯仰角 3.77° 为俯仰目标值，以滚转角 0°（机翼水平）为横滚通道控制目标值。飞机在紊流模态下，虽然俯仰角和滚转角都有波动，其中俯仰角始终能保持在目标值 3.77° 附近，最大偏差不超过 ±1°，滚转角能够控制在目标值 0° 附近，最大偏差不超过 ±1.6°，但都尚在颠簸可接受范围内。

4.2.8　高度捕获

4.2.8.1　功能设计

高度捕获模态是一种过渡模态，用于飞机爬升或下降到接近目标高度的过程阶段，它可平稳地捕获选择的高度,避免产生超调,有助于提高乘坐舒适性。

当某个垂直模态控制飞机爬升或下降到接近目标高度时,高度捕获模态会自动降低飞机的垂直速度,使其能平滑、柔和、无超调地切入目标高度。它通过升降舵控制飞机垂直速度,减小垂直速度到直到接近目标高度时,进入高度保持模态。

若高度捕获工作期间,自动油门为接通状态,则应保持设定的目标速度。

4.2.8.2　逻辑设计

高度捕获模态是自动接通/退出模态,在大部分纵向模态下,一旦飞机距离目标高度的差值小于一定值(该值主要与垂直速度相关),就会自动进入。当飞机距离目标高度的差值小于规定值时,就会自动退出并切入高度保持模态。

一般情况下,高度捕获模态应在其他纵向模态进入后自动预位(进近下滑模态除外),以保证对所选择高度的捕获。

在进近着陆时,不能自动进入高度捕获模态。进近模式预位或激活后,高度捕获模态不能自动预位。

在高度捕获期间,禁止转换到其他可选择纵向模态(除了高度保持、复飞和进近模态),除非目标高度已改变。若改变目标高度,应该不能导致捕获模态的丧失,完成气压高度的过渡应该平稳,并向飞行方式显示区(Flight Mode Annunciator,FMA)给予合适的通告。若满足进近下滑捕获条件,则应该转换到进近下滑模态。

4.2.8.3　控制律设计

典型的高度捕获模态控制律算法如下:

$$n_{zc} = \left[\left(\frac{K'_{\Delta H}}{1+Ts} \Delta H + \frac{K'_{\Delta Hs} \Delta \dot{H}}{s} \right) - \gamma \right] K_{\gamma} + K_{\dot{\gamma}} \dot{\gamma} \qquad (4-8)$$

$$\Delta \dot{H} = \dot{H} - \dot{H}_c \qquad (4-9)$$

式中:γ 为飞行航迹倾角;$\dot{\gamma}$ 为飞行航迹倾角的微分信号;$\dot{H}$ 为垂直速度;$K'_{\Delta H}$ 为比例系数;$K'_{\Delta Hs}$ 为积分系数;$\dot{H}_c$ 为截获时刻的垂直速度,该值随高度差减小而减小。

例如,飞机从 400 m 向上爬升,当接近 900 m 的目标高度时,提前进入高度捕获,最终切入高度保持,高度捕获模态的仿真曲线如图 4 - 16 所示。

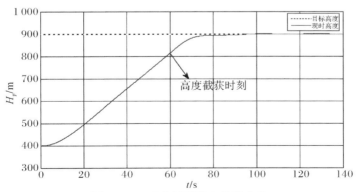

图 4 - 16　高度捕获模态仿真曲线

4.3　横航向模态

自动飞行控制系统的横航向模态(也称为侧向模态)包括滚转角保持、航向/航迹保持、航向/航迹选择、加油等模态。虽然称之为横航向模态,但实际上方向舵基本不参与控制,主要通过控制副翼使得飞机建立坡度来达到滚转姿态保持、航向/航迹保持或预定航线的飞行。

4.3.1　滚转角保持

滚转角保持模态作为运输机自动驾驶功能的侧向默认模态,在飞机接通自动驾驶时,侧向工作模态自动接通为滚转角保持模态。当有其他侧向模态接通时,自动飞行控制系统将退出滚转角保持模态。该模态主要实现的功能是飞机在接通自动驾驶功能时,自动飞行控制系统将保持飞机接通模态时刻的滚转角。如果接通自动驾驶时刻飞机的滚转角小于等于5°,则飞机将改平而不进入滚转角保持,以防止飞机小坡度条件下进入滚转角保持而飞行员没有觉察。

4.3.1.1　功能设计

根据 GJB 3819—1999 中规定,姿态保持相对于基准应保持在±0.5°的静态误差范围以内。在飞行员完成机动操纵时,如果飞机姿态处于姿态保持模态的范围之内,则自动飞行控制系统保持飞机姿态应是驾驶杆力消除时的飞机姿态。GJB 1690—1993 中对于横滚瞬态响应的规定是轰运类飞机应在 5 s 内达到并保持所要求精度。

参照 GJB 3819—1999 及 GJB 1690-33 的相关规定,对滚转角保持模态的功能进行如下设计。设计滚转角保持模态时,接通自动驾驶时侧向默认接入滚转角保持模态,自动飞行控制系统控制飞机保持飞机接通自动驾驶时刻的滚转角。

4.3.1.2　逻辑设计

根据滚转角保持模态功能设计需求,在自动飞行控制系统中,对应设计关于滚转角保持模态接通逻辑、滚转角保持模态退出逻辑,具体逻辑设计内容如下。

(1)满足如下所有条件,滚转角保持接通:

1)接通自动驾驶;

2)滚转角大于5°;

3)所需飞行数据有效。

(2)满足如下任一条件,滚转角保持退出:

1)断开自动驾驶;

2)所需飞行数据有无效数据;

3)接通其他的侧向飞行模态。

4.3.1.3　控制律设计

根据功能需求,对应滚转角保持控制算法设计如下:如图 4-17 所示,在接通时刻,保存接通时刻的滚转角 BANK 值,将其作为滚转角保持模态的输出信号 BANK_C 输入横向通道中。横向通道将计算的副翼指令 Ap_ROLL 发送给电传飞行控制系统,仿真结果如图 4-18 所示。滚转角保持模态可用于飞机定常盘旋。

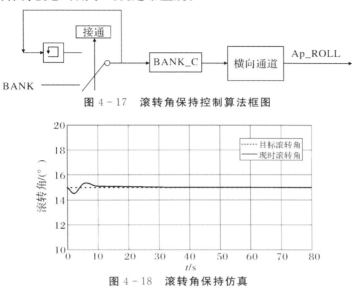

图 4-17　滚转角保持控制算法框图

图 4-18　滚转角保持仿真

4.3.2　航向/航迹保持

航向/航迹保持模态在 B777 飞机设计中是将其作为默认模态之一的。当接通航向/航迹保持模态时,自动飞行控制系统将控制飞机按照接通时刻的航向角/航迹角为基准飞行。

4.3.2.1　功能设计

根据 GJB 3819—1999 及 GJB 1690—1993 中规定,在接通自动驾驶的航向保持模态以后,自动飞行控制系统保持相对基准的航向静态精度应为±0.5°。接通航向保持模态时,飞机应先改平然后保持目标航向,目标航向应为飞机滚转改平机翼呈水平时的航向。

自动飞行控制系统接通自动驾驶工作方式,当飞机滚转角小于 5°时,侧向默认模态为航向/航迹保持模态。通过切换"航向/航迹"来接通航向保持(或航迹保持)模态。接通航向保持(或航迹保持)模态时,以飞机改平时的航向角(或航迹角)作为控制目标,自动飞行控制系统根据当前测量飞机的航向角(或航迹角)与控制目标期望值作比较进行控制。

4.3.2.2　逻辑设计

在自动飞行控制系统中,航向/航迹保持对应的逻辑设计包括航向保持模态接通逻辑、航向保持模态退出逻辑、航迹保持模态接通逻辑、航迹保持模态退出逻辑。

(1)满足如下所有条件,航向保持接通:

1)接通自动驾驶工作方式;

2)自动飞行控制板上有"航向/航迹保持"请求;

3)"航向/航迹"选择按钮切换至航向模式;

4)所需飞行数据有效。

（2）满足如下任一条件，航向保持退出：

1）断开自动驾驶；

2）"航向/航迹"选择按钮切换至航迹模式；

3）接通其他侧向模态；

4）所需飞行数据有无效数据。

（3）满足如下所有条件，航迹保持接通：

1）接通自动驾驶工作方式；

2）自动飞行控制板上有"航向/航迹保持"请求；

3）"航向/航迹"选择按钮切换至航迹模式；

4）所需飞行数据有效。

（4）满足如下任一条件，航迹保持退出：

1）断开自动驾驶；

2）"航向/航迹"选择按钮切换至航向模式；

3）接通其他侧向模态；

4）所需飞行数据有无效数据。

4.3.2.3　控制律设计

飞机在做水平机动时，通过改变飞机滚转角产生水平方向上的升力分量，作为飞机所处当前平面内的向心力，飞机通过向心运动来改变飞机的飞行轨迹。根据功能需求，对应航向/航迹保持控制算法设计如图 4-19 和图 4-20 所示。

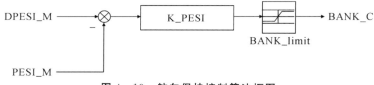

图 4-19　航向保持控制算法框图

图 4-19 中，DPESI_M 为通过自动飞行控制板输入至自动飞行控制系统的目标磁航向，PESI_M 为当前飞机飞行状态的磁航向。二者做差经比例环节运算后输出期望的控制倾斜信号 BANK_C 输入至侧向通道。其中 BANK_limit 为输出的滚转角限幅，一般取值为 $\pm 30°$。横向通道将输入的 BANK_C 信号解算出副翼指令发送给电传飞行控制系统。航向保持控制模式通过改变飞机的滚转角来保持飞机的飞行航向。

图 4-20　航迹保持控制算法框图

图 4-20 为航迹保持控制算法原理图，对比图 4-19 的航向保持控制算法，可以发现航向航迹的控制原理相同，区别是控制目标不同，分别是航向角和航迹角，因此仅给出了航向

保持仿真,其结果如图 4 - 21 所示。

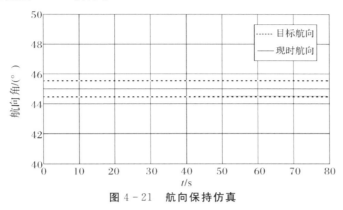

图 4 - 21　航向保持仿真

4.3.3　航向/航迹选择

4.3.3.1　功能设计

航向是指飞机机头的方向,一般以顺时针方向为正方向。根据基准线的不同,航向可以分为真航向、磁航向和罗盘航向,如图 4 - 22 所示。其中磁子午线的基准线为地球磁场的北极方向,罗盘子午线是飞机上钢铁物质和电气设备形成的飞机磁场与地球磁场构成的合成磁场方向。

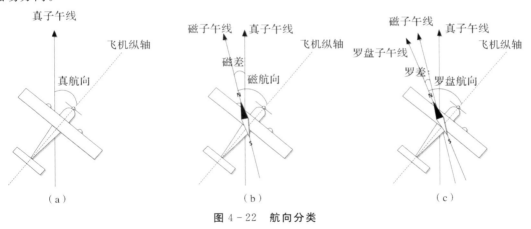

图 4 - 22　航向分类

(a)真航向;(b)磁航向;(c)罗盘航向

航迹为飞机地速方向,在无侧风时,航向、航迹是相同的;在有侧风时,会导致当前航向与航迹有偏差(见图 4 - 23)。因此,当保持航向时,需要忽略侧风的影响;而当保持航迹时,需要将航向和侧风因素综合计算。

一般来说,在需要进行航向/航迹选择时,自动飞行控制板上有航向/航迹切换按钮和装订旋钮,飞行员可通过按钮选择航向/航迹方式,通过旋钮可以在 $0° \sim 359°$ 范围内人工装订航向/航迹角。另外,为了保证安全性和舒适性,飞行员可在自动驾驶仪上选择改变航向时的最大滚转角,这个角度一般不超过 $30°$。滚转角限制一般分 $10°$、$15°$、$20°$、$25°$、$30°$、自动六个挡位,当选择"自动"挡位时,滚转角限制依据真空速-滚转角限制曲线计算得出(见图4-24)。随后飞机会自动地协调转弯到飞行员所装订的或预先装订的任何航向/航迹上,并保持在该航向/航迹上飞行。

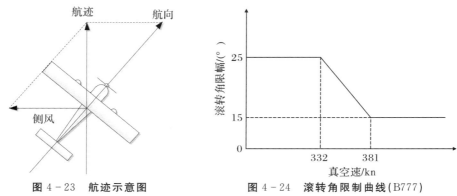

图 4-23　航迹示意图　　　图 4-24　滚转角限制曲线(B777)

4.3.3.2　逻辑设计

在自动飞行控制系统中,与航向/航迹保持逻辑相似,航向/航迹选择对应的逻辑设计包括航向选择模态接通逻辑、航向选择模态退出逻辑、航迹选择模态接通逻辑、航迹选择模态退出逻辑。因航向/航迹的逻辑基本相同,该部分在描述逻辑设计时做了简化。

满足如下所有条件,航向/航迹选择模态接通:

(1)自动驾驶接通;

(2)有"航向选择"按钮请求;

(3)"航向/航迹选择"按钮选择为航向/航迹选择方式;

(4)所需数据有效。

满足如下任一条件,航向/航迹选择模态退出:

(1)接通自动进近模态;

(2)接通其他侧向模态;

(3)断开自动驾驶;

(4)所需数据任意一个无效。

4.3.3.3　控制律设计

航向/航迹选择模态控制算法框图如图4-25所示。

图 4-25　航向/航迹选择控制原理图

航向/航迹角选择模态控制算法以飞行员预装订的航向/航迹角作为给定航向/给定航迹角(D_PESI/D_TRK,AFCU装订),并将其转换至±180°范围内,再与现实航向/航迹角(PESI/TRK,惯导信号)作差得到航向/航迹偏差,随后进行最小转弯逻辑判断。在得出最小转弯角度后,经过马赫数调参的比例环节 KHDG,最后由限幅环节进行转弯坡度限制,该限幅(U_limit、D_limit)对应于飞行员在 AFCU 上装订的坡度限制。当 AFCU 上坡度角限制选择"自动"时,该限幅随真空速调参变化。航向/航迹角选择模态控制算法输出量为给定滚转角(BANK_C)。航向选择仿真结果如图 4 - 26 所示。

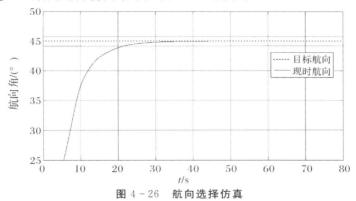

图 4 - 26　航向选择仿真

4.3.4　加油模态

空中加油任务是战略空军的标志之一,专用加油机的机队规模在一定程度上反映了一支空军力量的强弱。通常,为了保证加油机的出动效率,专用加油机由大型民用客机或大型运输机改装而成,如美国的 KC - 135、KC - 10、KC - 46(见图 4 - 27)。

图 4 - 27　美国 KC - 46A 空中加油机

4.3.4.1　功能设计

在空中加油任务过程中,加油机主要进行定直平飞或"足球场式"区域绕圈。与其他飞行任务相比,加油机在空中执行加油任务时,有两个特点:一是受油机与加油机软管/硬杆的距离非常近,加油机、加油设备、受油机之间存在强烈的气动耦合作用,增加了空中加油任务的难度;二是软式加油机在预定转弯位置作滚转机动时,由于大型加油机的机翼尺寸较大,外侧受油机运动路径突然增大,短时间内无法及时跟踪上加油机,造成加油任务中断。

加油机、加油设备、受油机之间存在强烈的气动耦合作用,这是无法避免的,但可以要求加油机平稳飞行,保证纵侧向无较大波动,减少加油机飞行状态对受油机的扰动。为保证加油机平稳飞行,通常会通过自动飞行控制系统控制飞机高度、速度和航向,即接通自动驾驶和自动油门功能,纵向接通高度保持模态,侧向接通航向/航迹选择模态。

国军标 GJB 1690—1993 规定运输类飞机在航向选择模态下其滚转角速率应不大于 $10°/s$,自动飞行控制侧向模态通常会将滚转角速率限制在 $6°/s$ ~$8°/s$,但为了保证加油机转弯过程更柔和,使受油机能够及时跟踪上加油机,需要对加油过程中的滚转角速率进一步限制,一般取正常自动飞行控制模态滚转角速率限制值的 $1/3$,即 $2°/s$~$2.5°/s$。为了防止转弯过程中的航向控制出现超调导致飞机左右摆动,则相应的航向选择控制增益也需要同步降低。

4.3.4.2 逻辑设计

当加油机配装硬式加油系统时,侧向模态应接通航向选择;若配装软式加油系统,可以接通航迹选择。原因是飞机在航迹控制下的扰动通常都会小于航向控制扰动,因此优先接通航迹选择。但是,硬式加油系统所存在的将加油机与受油机通过机械系统固连在一起的特性,导致加油机和受油机很难同时控制航迹,因此在硬式加油机执行空中加油任务时,通常接通航向选择。

加油机的主要任务虽然是执行空中加油任务,但是按照飞行时间统计,大部分的飞行过程仍然是使用自动飞行控制的基本模态,因此可将加油模态设计为航向/航迹选择的子模态。首先使飞机接通在自动飞行控制系统的航向/航迹选择模态下,然后拨动加油开关至开位,向自动飞行控制系统发出加油模态请求,自动飞行控制系统根据飞机构型和当前的航向/航迹选择模态,自动切换为加油模态下的航向/航迹选择,并在飞行方式显示区(Flight Mode Annunciator,FMA)上给出字符改变提示。

若要退出加油模态,则需拨动加油开关至关位,自动飞行控制侧向模态自动由加油模态下的航向/航迹选择切换为正常的航向/航迹选择模态。如果将加油模态设计为航向/航迹选择模态的子模态,则从逻辑设计上只能由航向/航迹选择模态进入和退出。

4.3.4.3 控制律设计

使用加油模态时,纵向一般使用高度保持模态,控制律不需做特殊设计,具体算法参考 4.2.4 节,而对于侧向模态则需要优化设计。

加油模态侧向控制律设计方法与一般自动飞行控制侧向模态外回路的设计方法类似,即先将航向偏差通过 PID 控制器转化为目标滚转角 BANK_C,然后在内回路控制中将滚转角再经过 PID 控制器转化为滚转角速率。工程设计上都是在航向/航迹选择模态基础上做控制律参数优化来达到加油模态的使用要求。

图 4-28 为在航向选择模态基础上,经过控制律优化所设计的加油模态侧向控制律算法结构。由图 4-28 可见,对于滚转角速率的限制设计并不是在内回路的角速率控制,而是通过图中虚线框所示的带速率限幅滤波器实现,通过设置其限幅环节的上限 P_LIM_UP 和下限 P_LIM_DW 数值,实现滚转角速率 $2°/s$~$2.5°/s$ 的限幅设计要求。例如,若滚转角速率限幅为 $2.5°/s$,则 P_LIM_UP 取值 $+2.5°/s$,P_LIM_DW 取值 $-2.5°/s$。位于航向偏差(HDG_C-HDG_A,HDG_C 表示目标航向,HDG_A 表示实际航向)与目标滚转角 BANK_C 之间

的 PID 控制器需通过闭环时域仿真进行参数优化,仿真结果如图 4 - 29 所示。

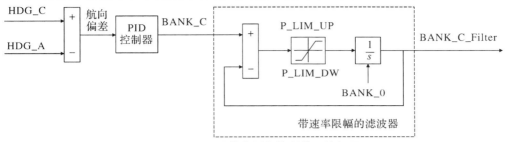

图 4 - 28　加油模态侧向控制律设计框图

图 4 - 29 为航向选择在加油模态与正常模态下的仿真对比,实线表示加油模态,点画线表示正常模态。由图可见,经过滚转角速率限幅设计后的加油模态仿真结果相比正常模态,其航向改变所需时间变长,切入目标航向更柔和,能够在一定程度上缓解外侧受油机的跟随及时性问题。图 4 - 29 中的虚线表示仅考虑加油模态对滚转角速率的限幅要求,未优化航向偏差至目标滚转角之间的 PID 控制器(仍沿用正常模态参数)。仿真结果表明飞机航向控制出现超调,即实际在接近目标航向过程中,相比正常模态和加油模态飞机会多出现一次滚转机动,这会加剧加油机与受油机的气动耦合不利影响,增加受油机操纵负担和难度。因此,在设计加油模态时,应避免出现航向/航迹超调。

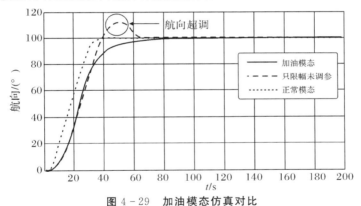

图 4 - 29　加油模态仿真对比

4.3.5　横向通道设计

横向通道是自动飞行控制系统和电传飞行控制系统的横滚指令连接通道。侧向模态解算出给定滚转角后,经横向通道解算出横滚控制指令,送电传飞行控制系统进行副翼舵面控制,控制原理图如图 4 - 30 所示。

横向通道采用比例积分控制,其中 BANK_C 为侧向模态解算出的给定滚转角,经二阶速率限幅滤波器处理与现时滚转角做差作为主控信号,经比例积分控制解算横滚控制指令,偏航角速率 R 为阻尼信号。其中二阶速率限幅滤波器的目的是使得滚转角速率和滚转角加速率不至于过快而满足标准要求。偏航角速率的引入是为了增强航向阻尼,这里没有引入滚转角速率作阻尼,原因就是自动飞行控制系统的滚转主要是为了改变航向,而不是单纯地建立坡度。

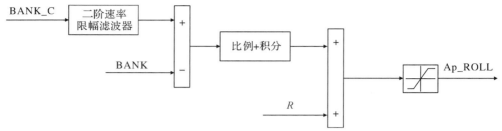

图 4-30　横向通道控制律设计

4.3.6　非对称偏航力矩修正设计

自动飞行控制系统的自动驾驶和自动油门采用独立设计架构,自动驾驶控制姿态及航线,自动油门控制速度,两者相互配合实现自动飞行。对于配装双发,特别是四个发动机的运输机,自动油门工作时,若四个发动机推力不一致(尤其是外侧两个发动机),则会产生偏航力矩,使得原本正常工作的自动驾驶侧向模态偏离控制目标。发动机的推力不对称特性成为侧向模态控制律设计的一大难题。

图 4-31 为左、右两侧发动机推力不对称,所产生偏航力矩使飞机航向/航迹保持功能超出±0.5°指标要求的现象。

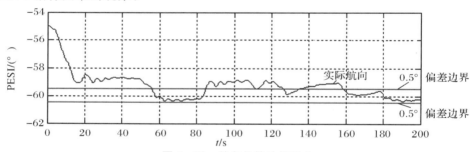

图 4-31　航向保持功能超差

为了解决这一难题,需要对发动机不对称力矩进行平衡,较为有效的方法是控制方向舵以克服这种不对称力矩。图 4-32 为增加方向舵的控制效果,由数据曲线可以看出,控制律优化后实际航向能够保持在精度要求范围内。

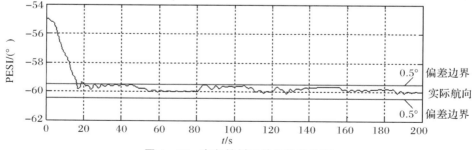

图 4-32　方向舵纠正航向偏差仿真

4.4　速度保护设计

速度保护包括超速保护和失速保护两个部分,用于防止表速或马赫数超出规定的速度限制。一般情况下,为了消除速度参数超出使用限制的风险,需要机上多个机载系统(如飞控系统和航电系统)采取综合的处置措施。

速度保护设计应遵循如下要求:

(1)速度保护功能应在人工驾驶和自动控制中均可正常工作;

(2)速度保护功能应该保护飞行速度不超出使用限制;

(3)速度边界保护功能应该检测速度或迎角,当接近边界限制时应该向机组人员发出告警信号;

(4)自动飞行控制模式下,速度保护包线的边界界限应被涵盖在人工驾驶模式下的速度保护包线的边界界限内。

4.4.1　速度包线的参数定义

速度保护功能在除自动进近模式、复飞模式外的所有自动控制模态中均能实现超速和失速保护。

速度保护功能有两种实现方式,分别为:

(1)当自动油门处于接通状态时,通过自动油门通道可实现表速或马赫数的边界保护;

(2)当没有接通自动油门或自动油门失效时,可通过纵向通道(如升降舵)实现表速或马赫数的边界保护。

自动飞行控制系统应根据飞机构型改变目标参数值,具体见表 4-2。

表 4-2　速度包线值的定义

序 号		最大表速/(km·h⁻¹)和最大马赫数				最小表速/(km·h⁻¹)	
1	v_{MD}	v_{max}^{POS}	Ma_{max}^{POS}	v_{max}^{PC}	Ma_{max}^{PC}	v_{min}^{POS}	v_{min}^{PC}
2	v_{FE}	$v_{MD}-3$	—	$v_{max}^{POS}-10$	—	v_{min}^{POS}	$v_{min}^{POS}+10$
3	v_{LO}	$v_{MD}-3$	—	$v_{max}^{POS}-10$	—	v_{min}^{POS}	$v_{min}^{POS}+10$
4	v_{LE}	$v_{MD}-3$	—	$v_{max}^{POS}-10$	—	v_{min}^{POS}	$v_{min}^{POS}+10$
5	v_{MO}	$v_{MD}+8$	—	$v_{max}^{POS}-10$	—	v_{min}^{POS}	$v_{min}^{POS}+10$
6	Ma_{MO}	—	$Ma_{MO}+0.008$	—	$Ma_{max}^{POS}-0.01$	v_{min}^{POS}	$v_{min}^{POS}+10$

在表 4-2 中有下列符号。

(1)v_{MD}:最大使用表速;

(2)v_{FE}:随增升装置构型变化的最大表速;

(3)v_{LO}:起落架收起时的最大表速;

(4)v_{LE}:起落架放下时的最大表速;

(5)v_{MO}:巡航构型下的最大表速;

(6)Ma_{MO}:最大使用马赫数;

（7）$v_{\min}^{\mathrm{POS}}$，$v_{\max}^{\mathrm{POS}}$：采用纵向通道（如升降舵）实现速度保护时，速度包线的最小表速和最大表速，$v_{\min}^{\mathrm{POS}}$ 根据迎角信号的公式计算获得；

（8）$v_{\min}^{\mathrm{PC}}$，$v_{\max}^{\mathrm{PC}}$：采用自动油门实现速度保护时，速度包线的最小表速和最大表速；

（9）$Ma_{\max}^{\mathrm{POS}}$，$Ma_{\max}^{\mathrm{PC}}$：采用纵向通道（如升降舵）或自动油门实现速度保护时，速度包线的最大马赫数。

4.4.2 速度保护工作逻辑

速度保护的功能设计包括超速保护和失速保护，具体工作逻辑如下。

（1）超速保护。当飞机速度达到最大表速或最大马赫数，且自动油门处于预位状态时，具体工作逻辑如下：

1）在没有接通表速或马赫数控制模态的情况下，当系统检测到速度参数到达 $v_{\max}^{\mathrm{PC}}$ 或 $Ma_{\max}^{\mathrm{PC}}$ 时，应自动接通自动油门速度保持模态；

2）在接通表速或马赫数保持模态的情况下，速度参数超过 $v_{\max}^{\mathrm{PC}}$ 或 $Ma_{\max}^{\mathrm{PC}}$ 且在到达 $v_{\max}^{\mathrm{POS}}$ 或 $Ma_{\max}^{\mathrm{POS}}$ 之前，仍然采用自动油门实现速度保护的功能；

3）当速度到达 $v_{\max}^{\mathrm{POS}}$ 或 $Ma_{\max}^{\mathrm{POS}}$，且没有接通高度保持模态时，应断开当前自动油门和纵向通道（如升降舵）的控制模态，并接通依靠纵向通道的速度保护功能，实现参数为 $v_{\max}^{\mathrm{POS}}$ 或 $Ma_{\max}^{\mathrm{POS}}$ 的速度保持。

（2）失速保护。当飞机速度达到最小表速，且自动油门处于预位状态时，具体工作逻辑如下：

1）在没有接通表速或马赫数控制模态的情况下，当系统检测到表速到达 $v_{\min}^{\mathrm{PC}}$，且没有接通高度保持模态时，应自动接通速度为 $v_{\min}^{\mathrm{PC}}$ 的表速保持模态；

2）在接通表速或马赫数保持模态的情况下，速度小于 $v_{\min}^{\mathrm{PC}}$ 且下降到 $v_{\min}^{\mathrm{POS}}$ 之前，仍然采用自动油门实现速度保护的功能；

3）当速度到达 $v_{\min}^{\mathrm{POS}}$，且没有接通高度保持模态时，应断开当前自动油门和纵向通道（如升降舵）的控制模态，并接通依靠纵向通道的速度保护功能，实现参数为 $v_{\min}^{\mathrm{POS}}$ 的表速保持。

4.4.3 速度参数保护边界的确定

最大表速 v_{MD} 可以通过大气数据系统测量获得，且数值随着飞机构型的变化而变化，即：

（1）巡航构型下，$v_{\mathrm{MO}} = v_{\mathrm{MD}}$。

（2）增升构型下，$v_{\mathrm{FE}} = v_{\mathrm{MD}}$。

（3）起落架构型下：

1）当起落架收起时，$v_{\mathrm{LO}} = v_{\mathrm{MD}}$；

2）当起落架放下时，$v_{\mathrm{LE}} = v_{\mathrm{MD}}$。

速度参数的确定规则如下：

（1）表速边界包线的右边界——$v_{\max}^{\mathrm{POS}}$。

当速度到达边界时，将触发声音告警。初步定义表速右边界为 $v_{\mathrm{MO}} + 11 \mathrm{~km/h}$，考虑大气数据系统测量误差为 3 km/h，则巡航构型速度边界保护接通的右边界由下列公式确定：

$$v_{\max}^{\mathrm{POS}} = v_{\mathrm{MO}} + 8 \qquad (4-10)$$

除巡航构型外其他构型速度边界保护的右边界由下列公式确定：

$$v_{\max}^{\text{POS}} = v_{\text{FE}} - 3, \quad v_{\max}^{\text{POS}} = v_{\text{LE}} - 3, \quad v_{\max}^{\text{POS}} = v_{\text{LO}} - 3 \tag{4-11}$$

最大表速保护功能的接通条件为

$$\text{IAS} \geqslant v_{\max}^{\text{POS}} - K_{\text{NXT}}^{v} n_{\text{XT}} \tag{4-12}$$

式中：IAS 为当前表速，km/h；n_{XT} 为考虑了自由加速度的沿飞行轨迹的计算前向加速度；K_{NXT}^{v} 为速度预测系数。

（2）马赫数边界包线的右边界——$Ma_{\max}^{\text{POS}}$。

与表速类似，根据声音信号响应的通用要求 $Ma_{\text{MO}} + 0.01$，此外，考虑大气数据系统测量误差为 0.002，且马赫数右边界保护，还需对飞机进行加速预测。

根据下述公式可计算获得 $Ma_{\max}^{\text{POS}}$：

$$Ma_{\max}^{\text{POS}} = (Ma_{\text{MO}} + 0.008) - K_{\text{NXT}}^{Ma} n_{\text{XT}} \tag{4-13}$$

式中：K_{NXT}^{Ma} 为马赫数预测系数。

最大马赫数保护功能的接通条件为

$$Ma \geqslant Ma_{\max}^{\text{POS}} \tag{4-14}$$

（3）表速边界包线的左边界——$v_{\min}^{\text{POS}}$。

通过告警迎角可以获得飞机的最小表速，计算公式为

$$v_{\min} = \text{IAS} \sqrt{\frac{\alpha_{\text{WING}} - \alpha_0}{\alpha_{\text{WARN}} - \alpha_0}} \tag{4-15}$$

式中：α_{WING} 为机翼当前迎角，单位是（°）；α_{WARN} 为机翼的告警迎角，单位是（°）；α_0 为零升力迎角。

最小表速保护功能的接通条件为

$$\text{IAS} \leqslant v_{\min}^{\text{POS}} \tag{4-16}$$

当满足上述条件时，系统应该断开已接通的控制模态并接通给定表速为下列值的表速保持模态：

$$v_{\text{GIV}} = v_{\min}^{\text{POS}} \tag{4-17}$$

4.4.4　基于自动油门的保护边界

基于自动油门的最大表速和马赫数，可通过基于纵向通道（如升降舵）的最大表速 $v_{\max}^{\text{POS}}$ 和马赫数 $Ma_{\max}^{\text{POS}}$ 换算得出。一般情况下，表速 $v_{\max}^{\text{PC}}$ 或马赫数 $Ma_{\max}^{\text{PC}}$ 为

$$v_{\max}^{\text{PC}} = v_{\max}^{\text{POS}} - 10, \quad Ma_{\max}^{\text{PC}} = (Ma_{\text{MO}} + 0.008) - 0.01 \tag{4-18}$$

但是，对于不同的构型，速度保护参数各不相同，具体如下。

（1）巡航构型：

$$v_{\max}^{\text{PC}} = v_{\text{MO}} - 2, \quad Ma_{\max}^{\text{PC}} = Ma_{\text{MO}} - 0.002 \tag{4-19}$$

（2）增升或起落架构型：

$$v_{\max}^{\text{PC}} = v_{\text{FE}} - 13, \quad v_{\max}^{\text{PC}} = v_{\text{LE}} - 13, \quad v_{\max}^{\text{PC}} = v_{\text{LO}} - 13 \tag{4-20}$$

速度参数的确定规则如下：

（1）表速边界包线的右边界——$v_{\max}^{\text{PC}}$。

最大表速保护功能的接通条件为

$$IAS \geqslant v_{\max}^{PC} - 100 n_{XT} \qquad (4-21)$$

自动油门通过下面的给定速度,实现表速 $v_{\max}^{PC}$ 的保护:

$$v_{GIV} = v_{MO} - 2 \qquad (4-22)$$

(2)马赫数边界包线的右边界——$Ma_{\max}^{PC}$。

最大马赫数保护功能的接通条件为

$$Ma \geqslant Ma_{\max}^{PC} - 0.16 n_{XT} \text{ 或 } Ma \geqslant (Ma_{MO} - 0.002) - 0.16 n_{XT} \qquad (4-23)$$

自动油门通过下面的给定速度,实现马赫数 $Ma_{\max}^{PC}$ 的保护:

$$Ma_{GIV} = Ma_{MO} - 0.002 \qquad (4-24)$$

(3)表速边界包线的左边界——$v_{\min}^{PC}$。

通过告警迎角可以获得飞机的最小表速,计算公式为

$$v_{\min}^{PC} = \left(IAS \sqrt{\frac{\alpha_{WING} - \alpha_0}{\alpha_{WARN} - \alpha_0}} + 20 \right) + 10 \qquad (4-25)$$

最小表速保护功能的接通条件为

$$IAS \leqslant v_{\min}^{PC} - K_{NXT} n_{XT} \qquad (4-26)$$

高度层改变模态中关于速度保护是通过升降舵来实现的,其速度保护的边界与自动油门保护方式相类似,技术人员可以参考其进行设计。

4.5　自动驾驶掉高补偿设计

4.5.1　设计原理

飞机在空中主要受到 4 种力作用:飞机自身重力、升力、空气阻力和发动机推力。其中,重力方向始终垂直指向地面,升力垂直于机翼平面向上,发动机推力和空气阻力与飞机前进方向处于同一轴向。当飞机转弯时,需要侧向的向心力使飞机改变运动轨迹,而飞机自身重力、空气阻力和发动机推力都无法提供侧向的力,飞机转弯向心力只能由升力提供。

当飞机平飞时,如图 4-33(a)所示,飞机机翼产生的升力 F_1 与重力 G 方向相反。如果纵向需要保持高度,那么此时升力与重力大小相等,即 $F_1 = G$。当飞机有滚转角 ϕ 时,飞机机翼产生的升力 F_2 垂直于机翼斜向上,如图 4-33(b)所示。此时将升力 F_2 分解为垂直方向分量和水平方向分量,分析可知,F_2 垂直分量大小为 $F_2 \cos\phi$,用于平衡重力,F_2 水平分量大小为 $F_2 \sin\phi$,用于提供向心力。如果纵向需要保持高度,需要满足 F_2 垂直分量大小与重力大小相等,即 $F_2 \cos\phi = G$,可得此时所需升力 $F_2 = \dfrac{G}{\cos\phi}$。由此可以得出:当没有滚转角时,保持高度的条件是升力 $F_1 = G$;当有滚转角 ϕ 时,保持高度的条件是升力 $F_2 = \dfrac{G}{\cos\phi}$。相比于平飞时,需要补偿的升力部分为 $F_2 - F_1 = G\left(\dfrac{1}{\cos\phi} - 1\right)$。其中飞机自身重力 $G = mg$,即需要补偿的升力部分为 $mg\left(\dfrac{1}{\cos\phi} - 1\right)$,由牛顿第二定律 $F = ma$ 可知,此时需要在机体纵轴上增加的过载为 $g\left(\dfrac{1}{\cos\phi} - 1\right)$,即原来重力的 $\left(\dfrac{1}{\cos\phi} - 1\right)$ 倍。

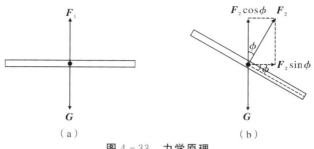

图 4 - 33　力学原理

4.5.2　控制律设计

升力补偿不单独使用,通常作为高度补偿支路使用在纵向模态算法中,常见于高度保持、垂直速度等纵向模态。图 4 - 34 使用给定高度与现实高度的差值作为主控信号,垂直速度 v_z 作为阻尼支路,同时引入滚转角 ϕ 来进行升力补偿。经过 K_1、K_2、K_3 比例环节,最后得出纵向控制量。

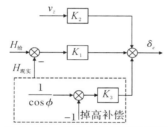

图 4 - 34　掉高补偿控制律框图

为了验证高度保持下的升力补偿作用,设置仿真条件:飞机纵向模态为高度保持,即保持 4 000 m 高度;侧向模态为航向角保持模态,给定 50°航向角。

当未添加升力补偿支路时,仿真曲线如图 4 - 35 所示。飞机前 20 s 为了调整航向,滚转角 ϕ 达到 30°,但出现了 60 m 的掉高;当飞机航向逐渐达到给定航向,飞机滚转角也随之减小到 0°,飞机高度又恢复到 4 000 m。

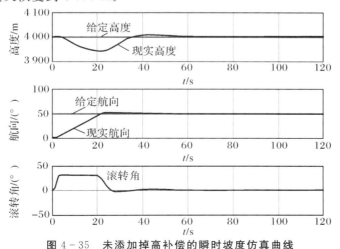

图 4 - 35　未添加掉高补偿的瞬时坡度仿真曲线

当纵向添加升力补偿支路,仿真曲线如图 4-36 所示。从图中可以看出,同样前 20 s,飞机为了调整航向,使滚转角 ϕ 达到 30°,而此时飞机高度只有略微下降,掉高不超过 10 m,表明掉高补偿设计具有一定效果。

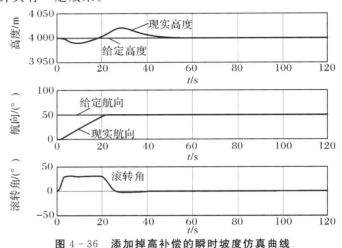

图 4-36 添加掉高补偿的瞬时坡度仿真曲线

为了验证稳定坡度条件下的升力补偿作用,仿真条件设置为:飞机纵向模态使用高度保持模态,即稳定当前高度 4 000 m;飞机侧向模态使用滚转角保持模态,给定滚转角为 20°。首先是未添加升力补偿支路时,仿真结果如图 4-37 所示。从图中可以看出,当飞机滚转角保持在 20°时,飞机高度下降了 23 m,超出了误差允许范围。添加升力补偿支路时的仿真结果,如图 4-38 所示。可以看出整个过程中,滚转角为 20°,而高度的变化量仅为 ±4 m,这个变化在误差允许范围内。

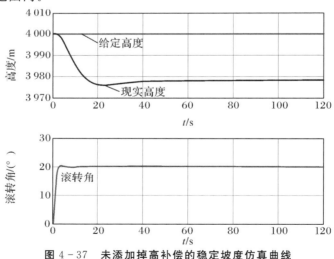

图 4-37 未添加掉高补偿的稳定坡度仿真曲线

注意到图 4-38 飞机建立 20°坡度过程中仍然出现了 ±4 m 的瞬态掉高现象,这是由于上述掉高补偿设计只能针对稳态坡度情况。若要进一步消除滚转机动时的掉高现象,可以根据滚转角和滚转角速率调参设计更细化的滚转机动掉高补偿。

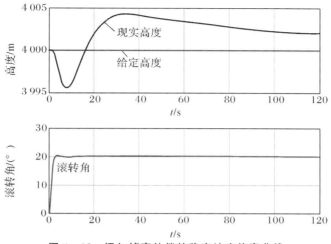

图 4 - 38 添加掉高补偿的稳定坡度仿真曲线

4.6 单 轴 断 开

由于飞机在飞行过程中纵向和侧向运动耦合较小,可以将飞机运动看作纵向和侧向分开的运动,所以自动飞行控制系统可分别控制其纵向运动、侧向运动。当处于自动驾驶状态时,自动飞行控制计算机通过飞行员选择的纵向模态和侧向模态,计算出相应的纵向控制量和侧向控制量,并转换为相应的操纵指令,来代替飞行员操纵飞机。

4.6.1 纵向断开

当处于自动驾驶状态时,纵向的高度或俯仰角和侧向的航向角或滚转角已经达到预先设定的数值。此时若飞行员需要改变当前飞机飞行的高度或俯仰角,而不需要改变当前航向角或滚转角时,就可以接通纵向断开模态,如图 4 - 39 所示。

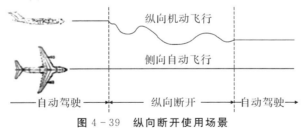

图 4 - 39 纵向断开使用场景

由纵向断开的功能可以得出,纵向断开的接通条件如下:

(1)处于自动驾驶;

(2)不处于侧向断开模态;

(3)有纵向断开请求。

其中(1)(2)(3)需同时满足。若处于侧向断开模态,此时再接通纵向断开,则自动驾驶会自动退出,带来风险。若飞机高度较低,接通纵向断开时,飞机纵向在短时间内处于失控状态,可能造成飞机触地。

纵向断开的退出条件如下：

(1)纵向断开请求消失；

(2)退出自动驾驶。

其中(1)和(2)满足一个就可以退出纵向断开模态。当有(1)时,表明飞行员纵向已经重新调整,此时会恢复之前的自动驾驶纵向模态。条件(2)表示当自动驾驶正常或非正常退出时,表明纵向和侧向都退出自动驾驶,由飞行员操纵飞机。

4.6.2　侧向断开

当处于自动驾驶状态时,纵向的高度或俯仰角和侧向的航向角或滚转角已经达到预先设定的数值。此时若飞行员需要改变当前飞机飞行的航向角或滚转角,而不需要改变当前高度或俯仰角,就可以接通侧向断开模态,如图 4-40 所示。

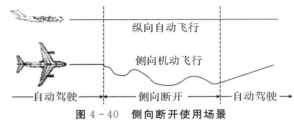

图 4-40　侧向断开使用场景

由侧向断开的功能可以得出,侧向断开的接通条件如下：

(1)处于自动驾驶；

(2)不处于纵向断开模态；

(3)有侧向断开请求。

其中(1)(2)(3)需同时满足。若处于纵向断开模态,此时再接通侧向断开,则自动驾驶会自动退出,带来风险。若飞机高度较低,接通侧向断开时,飞机侧向在短时间内处于失控状态,同样可能会使飞机处于危险的姿态。

侧向断开的退出条件如下：

(1)侧向断开请求消失；

(2)退出自动驾驶。

其中(1)和(2)满足一个就可以退出侧向断开模态。当有(1)时,表明飞行员侧向已经重新调整,此时会恢复之前的自动驾驶侧向模态。条件(2)是当自动驾驶正常或非正常退出时,表明纵向和侧向都退出自动驾驶,由飞行员操纵飞机。

4.7　同　步　操　纵

4.7.1　功能设计

现代部分飞机的自动飞行控制系统还配置同步操纵功能,主要用于飞机处于自动驾驶状态下,该模态可实现对飞机的人工驾驶,快速改变飞机的轨迹和姿态,当人工驾驶撤销后,飞机又满足进入自动驾驶条件时,飞机重新回到自动驾驶控制状态。同步操纵的实现方法和设计要求如下：

(1)纵向通道俯仰同步操纵方式。

1)当飞机处于俯仰角保持模态时,如果飞行员施加到驾驶柱上的力大于功能保持所需力的门限值或按住同步操纵按钮,则应将保持功能挂起,进入人工操纵模式;如果飞行员施加到驾驶柱上的力小于功能保持所需力的门限值或松开同步操纵按钮,则系统应恢复到之前的姿态角保持模态。当同步操纵方式接通时,飞行员只能通过飞机驾驶盘/柱操纵系统实现飞机姿态角控制。

2)当同步操纵方式退出时,飞机的俯仰角在限制值范围之内,系统将进入俯仰角保持模态,目标值为同步操纵方式结束时刻的俯仰角。

3)当同步操纵方式退出时,俯仰角在限制值范围之外,将无法接通自动驾驶,飞机需要人工控制。

(2)侧向通道滚转同步操纵方式。

1)当飞机处于滚转角或航向角保持模态时,如果飞行员施加到驾驶盘上的力大于功能保持所需力的门限值或按住同步操纵按钮,则应将保持功能挂起,进入人工操纵模式;如果飞行员施加到驾驶盘上的力小于功能保持所需力的门限值或松开同步操纵按钮,则系统应恢复到之前的姿态角保持模态;同步操纵方式接通时,飞行员只能通过飞机驾驶盘/柱操纵系统实现飞机姿态角的控制。

2)当同步操纵方式退出时,飞机的滚转角在限制值范围($5°\sim30°$)之内,系统将进入滚转角保持模态,目标值为同步操纵方式结束时刻的滚转角。

3)当同步操纵方式退出时,滚转角不大于 $5°$,系统进入磁航向角保持模态。

当同步操纵方式退出,且滚转角大于 $30°$时,将无法接通自动驾驶,飞机需要人工控制。

4.7.2 逻辑设计

同步操纵方式接通在姿态角模态和轨迹控制模态对应的操纵力有所区别。

(1)姿态角控制模态或轨迹控制模态转换到同步操纵方式。

1)姿态角控制模态：

$$\text{CTR}_{\text{pc\_elv}} = \begin{cases} 1, & |F_{\text{elv}}| > \Delta 1_{\text{giv elv}} \\ 0, & |F_{\text{elv}}| \leqslant \Delta 1_{\text{giv elv}} \end{cases} \tag{4-27}$$

或

$$\text{CTR}_{\text{pc\_ail}} = \begin{cases} 1, & |F_{\text{ail}}| > \Delta 1_{\text{giv ail}} \\ 0, & |F_{\text{ail}}| \leqslant \Delta 1_{\text{giv ail}} \end{cases} \tag{4-28}$$

2)轨迹控制模态：

$$\text{CTR}_{\text{pc\_elv}} = \begin{cases} 1, & |F_{\text{elv}}| > \Delta 2_{\text{giv elv}} \\ 0, & |F_{\text{elv}}| \leqslant \Delta 2_{\text{giv elv}} \end{cases} \tag{4-29}$$

或

$$\text{CTR}_{\text{pc\_ail}} = \begin{cases} 1, & |F_{\text{ail}}| > \Delta 2_{\text{giv ail}} \\ 0, & |F_{\text{ail}}| \leqslant \Delta 2_{\text{giv ail}} \end{cases} \tag{4-30}$$

式中：下标"pc"是英文单词"parallel control"的缩写,指同步操纵;F_{elv}为飞行员施加在纵向通道的杆力;$\text{CTR}_{\text{pc\_elv}}$为纵向通道同步操纵接通标记;$F_{\text{ail}}$为飞行员施加在横向通道的杆力;

CTR_{pc_ail} 为侧向通道同步操纵接通标记；$\Delta1_{giv\ elv}$、$\Delta2_{giv\ elv}$ 为纵向通道的俯仰角保持模态和轨迹控制模态对应的杆力控制门限值；$\Delta1_{giv\ ail}$、$\Delta2_{giv\ ail}$ 为侧向通道的滚转（航向）模态和轨迹控制模态对应的杆力控制门限值。

在同步操纵方式的逻辑设计中，$\Delta2_{giv\ elv}>\Delta1_{giv\ elv}$ 和 $\Delta2_{giv\ ail}>\Delta1_{giv\ ail}$。

（2）自动驾驶的纵向通道和侧向通道的断开可独立进行。

（3）去掉同步操纵标记后，自动接通对应的纵向通道和侧向通道。

4.8　自动驾驶的淡化处理

自动驾驶断开或自动驾驶各个模态之间在转换时，由于不同模态控制律构型和控制律参数不同，切换过程必然会产生指令的突变，有可能会引起飞机瞬态响应，所以需要对控制指令进行淡化处理，以尽可能减小转换过程中的飞机瞬态响应，使模态转换达到平稳过渡。因此，需要设置淡化器，淡化器可以使接通的模态逐渐进入，断开的模态逐渐退出。

4.8.1　自动驾驶接通/断开瞬态

自动驾驶接通/断开瞬态的处理，主要在电传飞行控制系统中进行。自动驾驶接通时，指令都是从零开始，而且控制器中都会使用滤波器，因此一般接通不存在瞬态。而自动驾驶断开是可能存在瞬态的，其瞬态变化会对飞行员对飞机的控制造成一定的干扰，若瞬态变化剧烈，还会影响飞行安全。

GJB 185—1986 规定，在飞机正常状态下，自动驾驶接通/断开时出现的瞬态在状态转换后的 2 s 内不应超过以下范围：

（1）在使用包线内，在飞行员位置上的法向或侧向加速度 $\pm0.1g$，滚转速度 3°/s；

（2）在可用包线内，在飞行员位置上的法向或侧向加速度 $\pm0.5g$，滚转速度 5°/s，$\pm5°$ 侧滑角或结构限制的侧滑角，取其最小值。

CCAR - 25 的 25.1329 条规定：

（1）在正常条件下，飞行导引系统的任何自动控制功能的切断导致的飞机航迹瞬变，都不得大于微小瞬变（注：微小瞬变为不会严重减小安全裕度，且飞行机组的行为能力还很好。微小瞬变会导致轻微增加飞行机组的工作负担或对旅客和客舱机组带来某些身体的不适）。

（2）在罕见的正常和不正常条件下，飞行导引系统的任何自动控制功能的切断导致的瞬变都不得大于重大瞬变（注：重大瞬变为会引起安全裕度严重减小、飞行机组工作负担增加、飞行机组不适，或旅客和客舱机组身体伤害，可能还包括非致命的受伤）。

4.8.2　模态切换瞬态

自动驾驶模态之间切换过程中的瞬态变化会影响到自动驾驶后续模态的控制精度以及飞行员/乘客的舒适性。适航标准对模态切换过程中的瞬态也有明确要求。同样 CCAR - 25 的 25.1329 条规定：在正常条件下，飞行导引系统、模式或传感器的衔接、转换导致的飞机航迹瞬变，都不得大于微小瞬变。

因为自动驾驶断开实际上也是模态断开，所以在 25.1329 条中关于瞬态的描述都使用了"不引起微小瞬变"，可以认为这种微小瞬变完全由自动驾驶引起。只有在罕见的正常和不正常条件下，才区别使用了"不引起重大瞬变"的术语，根据罕见的正常和不正常条件定义，可以认为这种重大瞬变不完全由自动驾驶引起，但自动驾驶也不能置身事外。

4.8.3　淡化原理及方法

自动驾驶断开及各模态之间转换存在的瞬态，简单地，可以采用一阶惯性环节来实现淡化，即通过 $\dfrac{1}{Ts+1}$ 实现模态间的转换，惯性环节时间常数 T 可根据 $t_s=3T$（5%的稳态误差）来确定。采用惯性环节实现淡化，如果时间常数选择不合适可能会引起系统不稳定。也可采用以下 3 种典型淡化器：

（1）线性淡化器。该淡化器的基本原理为接通的模态控制指令随时间从 0 线性增加到正常值，退出模态的控制指令随时间从退出时刻的值线性衰减到 0；其工作原理如图 4-41 所示，图中 k 为线性衰减系数，Z^{-1} 表示退出时刻的存储值。

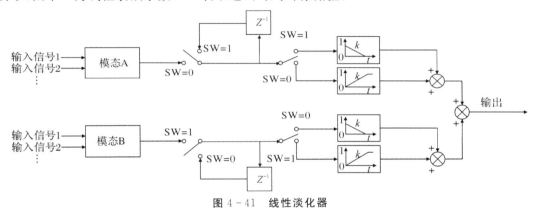

图 4-41　线性淡化器

（2）非线性淡化器。该淡化器的基本原理为接通的模态控制指令的增益系数 a 随时间以非线性的形式从 0 增加到 1，退出模态的控制指令的增益系数 b 随时间从 1 衰减到 0。

接通模态的增益系数 a 离散化公式如下：

$$a_n=a_{n-1}k \tag{4-31}$$

$$a=1-a_n \tag{4-32}$$

式中：a_n 为当前计算值；a_{n-1} 为上一周期计算值，初值为 1；k 为衰减系数，取值范围为 $0<k<1$；a 为计算的增益系数。

退出模态的增益系数 b 离散化公式如下：

$$b=a_n \tag{4-33}$$

则有

$$AP_C=A_a a+B_b b \tag{4-34}$$

式中：AP_C 表示总输出指令；A_a 为模态 A 输出指令；B_b 为模态 B 输出指令。当模态 A 转换为模态 B 时，a 由 1 逐渐衰减为 0，b 由 0 逐渐增加为 1。

（3）同步跟踪淡化器。该淡化器的基本原理如图 4-42 所示。在模态 A 转换到模态 B

过程的初始时刻,模态 B 的控制指令(输出 B)的初值与转换前的控制指令一致,而模态 A
与模态 B 输出的控制指令之间的差值在转换过程中的每一时刻,均作为瞬态值保存在存储
器中,该差值经过规定的时间(一般为几秒)之后,将被衰减为 0,最终完成由模态 A 到模态
B 的转换。

同步跟踪淡化器在转换过程中不改变模态增益,其控制输出受输出 B 与差值存储器输
出值之和控制,因此转换时的稳定储备很容易获得。而且,这种淡化器不需要附加任何抑制
瞬态衰减的动态环节,对转换瞬态抑制有较好的效果。

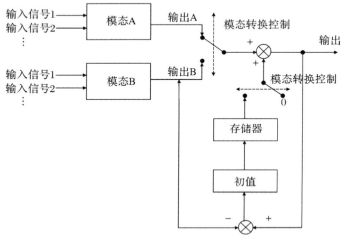

图 4-42 同步跟踪淡化器工作原理

存储器的值在转换后一定时间内衰减为 0,可采用指数衰减或线性衰减,指数衰减如图
4-43 所示,线性衰减如图 4-44 所示。

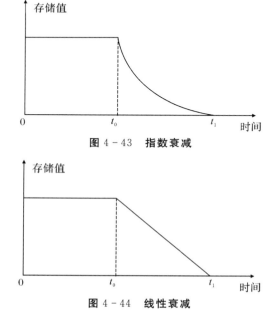

图 4-43 指数衰减

图 4-44 线性衰减

4.9　本章参考文献

［1］宋翔贵,张新国,等.电传飞行控制系统［M］.北京:国防工业出版社,2003.

［2］申安玉,申学仁,李云保,等.自动飞行控制系统［M］.北京:国防工业出版社,2002.

第5章 飞 行 指 引

5.1 概 述

　　飞行指引系统广泛应用于各类型号飞机,是机上导航系统的终端显示系统,它通过接收飞机上导航系统、大气机、航向姿态系统等输出的信息,向飞行员实时提供飞行姿态、高度、速度、航向、航道以及下滑等显示信息,同时还给飞行员提供经过控制逻辑和控制算法计算得到的操纵飞机所需的操纵指令,使飞行员在整个飞行过程中,可以跟据飞行指引系统显示的操纵指令,方便准确地操纵飞机,完成相应任务。而当飞行指引系统与自动飞行控制系统耦合,即飞行指引系统和自动飞行控制系统同时工作时,利用飞行指引系统可以实时监控自动飞行控制系统是否工作正常。飞行指引系统是复杂气象条件下飞行必备的系统。

　　本章主要介绍飞行指引系统的功能、组成、显示以及工作原理。在飞行指引系统工作过程中,飞行指引控制指令与飞行员一起形成人机闭环回路,飞行员根据指引指令操纵飞机,最终实现对飞机的闭环控制。因此,飞行员的操纵对飞行指引的响应品质影响很大,在飞行指引控制律设计和仿真验证中,需要引入飞行员数学模型或者在飞行品质评估中邀请资深飞行员开展多轮试验,逐步完善飞行指引控制逻辑和算法设计,从而使指引系统具有良好的人机交互性和操纵品质。

5.1.1 组成

　　不同飞机的飞行指引系统组成会有所不同。飞行指引系统由指引计算机(或自动飞行控制系统计算机)、指引指示器、指引放大器、指引操纵台(或自动飞行控制板)、指引状态显示器等部件组成(见图5-1)。

　　(1)指引计算机。指引计算机是飞行指引系统的核心部件。指引计算机根据不同的指引工作模式,接收来自于相应的信号源信号,对俯仰角偏差、倾斜角偏差、航向/航迹偏差、高度偏差、速度偏差、下滑偏差、航向道偏差、垂直速度偏差、航迹倾角偏差等信号进行综合计算和控制逻辑处理,接通相应的工作模式,通过相应模态的指引控制律算法计算得到俯仰和倾斜的操纵指令信号,通过指引放大器驱动指引指令指针做出俯仰和倾斜的操纵指示。

　　目前,很多飞机的指引计算功能放在自动飞行控制系统的计算机中完成,既实现控制功能又实现指引功能。

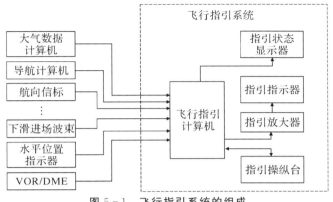

图 5-1　飞行指引系统的组成

（2）指引指示器。指引指示器是飞行指引系统的一个部件，通常是电子显示仪表，安装在座舱前视仪表板上，供飞行员识别飞机的姿态（俯仰、倾斜）并操纵飞机。当飞行指引系统与自动飞行控制系统共同工作时，飞行员也可以利用指引指示器指令指针的移动与驾驶杆的移动来监控自动飞行控制系统是否工作正常。

指引指示器具有显示、指令和监控功能。显示功能在 5.1.3 节具体描述。

指令功能是指由俯仰操纵指令信号和倾斜操纵指令信号综合驱动"V"形或者"+"形指令指针。当停留在相对于固定位置（可以是小飞机或者中央小圆圈或者十字指引杆的交叉点）的某一位置，而不和固定位置紧紧重合时，就代表指令指针显示的是操纵指令。飞行员就按照此操纵指令操纵驾驶杆，调整飞机飞行状态，使指令指针与固定位置重合，从而实现相应的功能和任务需求。

当飞行指引系统和自动飞行控制系统同时工作时，飞行员可以根据指令指针的移动与驾驶杆的移动来实时监控自动飞行控制系统工作是否正常。

（3）指引放大器。指引放大器完成各种偏差信号的变换、放大，用来驱动指引指示器内的伺服电机和电流计，从而实现飞行指引系统的显示和指引功能。

（4）指引操纵台。指引操纵台是飞行指引系统的一个操作部件，该部件被用来接通/断开飞行指引系统，并选择飞行指引系统的工作模式。在很多飞机中飞行指引操纵台是与自动飞行控制板设计为一体的，不是单独的指引操纵台。飞行员通过按压自动飞行控制板上的各个按钮来实现自动飞行控制系统/飞行指引系统的接通/断开以及各个模态的接通/断开。

（5）指引状态显示器。指引状态显示器是飞行指引系统的一个显示部件，通常与自动飞行控制系统的状态显示合为一体，但有的飞机就在指引指示器的上方显示飞行指引系统工作方式和接通的相应工作模态，具体在 5.1.3 节中描述。

5.1.2　功能

飞行指引功能根据选定的工作模式，自动计算操纵指令，指引飞行员操纵飞机，使飞机实现相应的工作模式的功能。飞行指引的功能就是将飞机的现实参数与目标参数进行比较,并计算出达到目标参数所需的操纵量,以目视的形式在指示器上给出该操纵量,飞行员直接跟随指引杆操纵飞机,保证飞机正确实现工作模态的功能。与自动飞行控制的区别是,飞行指引不直接操纵飞机,而是"指挥"飞行员飞。

飞行指引系统的的基本功能包括显示功能(可显示飞行指引的工作模态、飞机的俯仰角、倾斜角、速度、高度等信息)、指令功能(可显示飞机俯仰和倾斜操纵指令)和监控告警功能(在自动飞行控制未接通时,为飞行员提供目视的飞行指引指令;在自动飞行控制接通时,用以监控自动驾驶系统的工作状态)。飞行指引系统在飞机起飞、爬升、巡航、下降、进近着陆以及复飞的整个飞行阶段都能使用。

飞行指引控制律的基本组成分为纵向指引控制律和侧向指引控制律,根据不同工作模态计算出纵侧向控制指令并转换为指引控制指令。

5.1.3　显示

飞行指引仪指引信号的指示方法多种多样。早期的飞行指引方法用两根纵横相交的十字指引杆与指示中央小圆圈的相对位置偏差来表达指引指令。其中,水平指引杆可以上下移动,表示纵向操纵量,垂直指针可以左右移动,表示横向操纵量(见图5-2和图5-3)。

向上向左修正　　　　　向下向右修正　　　　　操作正确

图 5-2　十字指引杆 1

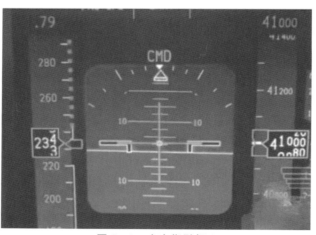

图 5-3　十字指引杆 2

当两针交叉点位于小圆圈中时,表示操纵是正确的;而当纵向指针上移,侧向指针右偏时,飞行员应拉杆使飞机抬头,并右压盘(驾驶盘右偏)使飞机向右偏倾斜,直到两指针回到小圆圈内。

　　早期另外一种形式的指引杆,称为八字杆或倒"V"形指令杆。小飞机与指令杆之间的上下偏差代表俯仰指引指令,小飞机与指令杆的相对转角代表倾斜指引指令。飞行员根据俯仰指引指令操纵驾驶杆控制升降舵,根据倾斜指令操纵驾驶盘控制副翼,直到八字杆与小飞机完全重合(见图5-4和图5-5)。

　　如今在电子飞行仪表中,仍在沿用指引杆,不过其中的小圆圈已用更为形象的小飞机符号所取代。当调整飞机姿态使飞机符号的中心对准十字指引杆的交叉点时,表示操纵正确。同时也会显示更多的信息,如飞机的工作方式、纵侧向的工作模态以及自动油门的工作模态等。

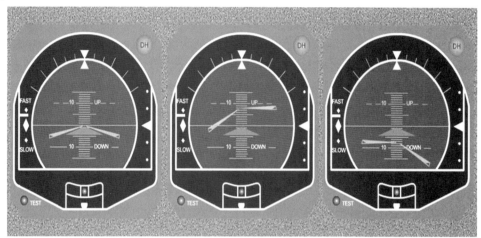

图 5-4　八字指引杆 1

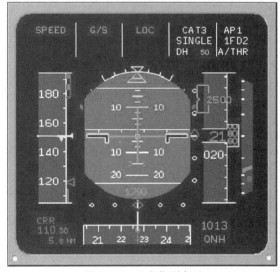

图 5-5　八字指引杆 2

　　平视显示器(HUD),是指将主要仪表姿态指引指示器和主要飞行参数投影到飞行员的头盔前或者专用设备上的一种显示设备,使得飞行员向前平视机外的前方视景时能同时看到主驾驶仪表以及重要的飞行参数(见图5-6~图5-8)。

图5-6 平视显示器

图5-7 头盔式显示器

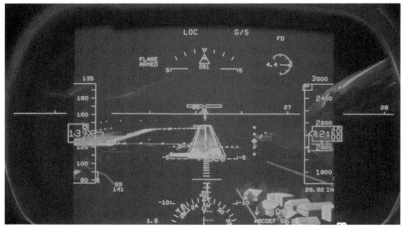

图5-8 视景增强系统的平视显示器

典型飞机的飞行指引显示包括 PFD 画面页上的八字杆显示和 FMA 的字符显示。图 5－9为典型机型 PFD 显示。图 5－10 为典型机型 FMA 显示。

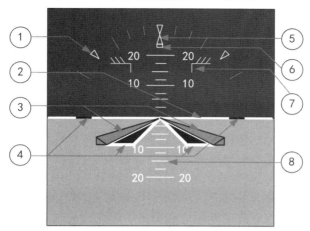

图 5－9　PFD 的姿态显示

其中与飞行指引有关的显示标志如下。

③：飞行指引仪指引杆，洋红色的八字形符号，它的中心位置固连于天地分界线的中垂线，与黑色机翼符号的相对位置表征飞机的应飞状态与当前状态的差异，其中上下偏移表示俯仰差异，旋转偏移表示滚转差异。

④：八字形飞机符号，黑色的八字与两条短横线组成，指示飞机相对于地平线的姿态。

图 5－10　FMA 字符显示

5.2　飞行指引设计

5.2.1　飞行指引的工作原理

飞机运动分为俯仰和横滚运动，为了实现飞机的相关功能，飞行员必须操纵飞机改变飞行姿态或者航迹。飞行指引系统会给飞行员提供相应的工作模式、重要参数以及操纵飞机所需的俯仰和倾斜操纵指令信号。

纵向通道会产生纵向俯仰操纵指令信号，该指令的大小与飞机在完成指定的工作模式所需的纵向操纵量（或者是所需的俯仰角度）成正比例，该指引信号的指示方向与飞行员在完成指定工作模式所需的俯仰操纵（或者是所需的俯仰角度）方向是相一致的。飞行员按照此指令操纵飞机，当飞机达到预期的目标时，俯仰操纵指令为零。

侧向通道会产生侧向倾斜操纵指令信号，该指令的大小与飞机在完成指定的工作模式所需的侧向操纵量（或者是所需的倾斜角度）成正比例，该指引信号的指示方向与飞行员在完成指定工作模式所需的倾斜操纵（或者是所需的倾斜角度）方向是相一致的。飞行员按照此指令操纵飞机,当飞机达到预期的目标时,倾斜操纵指令为零。

飞行指引系统以指引方式工作,飞行员按照指引指示器显示的操纵指令操纵飞机,从而形成人机闭环系统。飞行员作为闭环系统中的重要环节,在进行指引指令计算的算法设计中需要重点考虑这一因素,从而保证操纵品质。在进行飞行指引系统控制律设计中,有必要建立飞行员数学模型,同时可以在算法设计验证环节,邀请资深飞行员参与到算法的验证试验中,通过调整参数使计算得到的操纵指令适应飞行员的操作特性,完成相应的模态功能。

不同飞机飞行指引系统的指引模态设计有所不同。有的飞机飞行指引模态只有导航、着陆等模态;有的飞机在起飞、爬升、巡航、下降、着陆和复飞各个飞行剖面均具有指引模态,包括起飞模态、垂直速度选择/保持模态、航迹倾角选择/保持模态、俯仰角保持模态、高度保持模态、高度层改变模态、垂直导航模态、滚转角保持模态、航向角选择/保持模态、航迹角选择/保持模态、水平导航模态、进近着陆模态、复飞模态等。正是这些多模态控制律的综合设计给飞行员的操纵提供了极大的便利,使飞行员可以按照指引指示器显示的操纵指令方便准确地驾驶飞机或者利用飞行指引系统监控自动飞行控制系统是否正常工作。

飞行指引系统的控制对象和自动飞行控制系统的控制对象是不同的。自动飞行控制系统的控制对象是飞机,通过控制舵面的偏转角度和油门的位置,飞机达到预期的姿态或者航迹以及速度,这一过程由控制系统自动完成;而飞行指引系统的被控对象是指引指示器显示的指令指针,飞机则由飞行员驾驶或者自动飞行控制系统控制。来自于传感器的各种信号或者经过任务系统计算出的偏差信号经过飞行指引系统控制律的计算后,输出俯仰或者倾斜操纵指令信号,然后将操纵指令信号输出为指引指示器的指令指针,使指令指针偏离中心相应的位置,给飞行员显示此刻的偏差所需的操纵驾驶杆的方向和大小。飞行员根据显示的操纵指令操纵飞机,随着偏差的逐渐减少,指令指针显示的操纵指令也逐渐减少,当指针回中时,操纵指令为零,飞机处于预期的姿态或者航迹上。

5.2.2 纵向指引设计

在纵向指引设计中,根据飞行指引系统当前接通的纵向工作模态,指引计算机(或者自动飞行控制系统计算机)的纵向通道接收相应的纵向工作模态所需的偏差信号,通过比例、积分和微分环节,以及滤波、限幅等综合处理后生成相应的法向过载偏差信号或者俯仰角偏差信号等。

纵向指令指针控制律的主控信号为给定法向过载偏差或者俯仰角偏差等信号,串联一个时间常数适当的惯性环节来消除高频信号,使输出平滑连贯。其中比例环节以及时间常数需要结合飞行员的操纵特性开展相应的调整,以保证指引操纵指令不过快也不过慢,以及实时性、准确性和良好的操纵特性。

$$FD_V = \frac{K}{1 + TS}\Delta nz$$

5.2.3 侧向指引设计

在侧向指引设计中,根据飞行指引系统当前接通的侧向工作模态,指引计算机(或者自动飞行控制系统计算机)的侧向通道接收相应的侧向工作模态所需的偏差信号,通过比例、积分和微分环节,以及滤波、限幅等综合处理后生成相应的滚转角偏差信号等。

侧向指令杆控制律主控信号为滚转角偏差信号,串联一个惯性环节以消除高频信号,选择合适的比例输出侧向指针信号。其中比例环节以及时间常数需要结合飞行员的操纵特性开展相应的调整,以保证指引操纵指令不过快也不过慢,以及实时性、准确性和良好的操纵特性。

$$FD_L = \frac{K\Delta\phi}{TS + 1}$$

5.3 本章参考文献

[1] 申安玉,申学仁,李云保,等.自动飞行控制系统[M].北京:国防工业出版社,2003.

[2] 高金源,冯华南.民用飞机飞行控制系统[M].北京:北京航空航天大学出版社,2018.

[3] HARRIS D. Flight instruments & automatic flight control systems[M]. Oxford: Blackwell Publishing,2004.

[4] 朱新宇,王有隆,胡焱.民航飞机电气仪表及通信系统[M].成都:西南交通大学出版社,2006.

第6章 自动导航

6.1 概　　述

导航是指利用一种方法或工具引导飞机从一地到另一地安全航行的过程。导航和控制作为飞行器的两项关键技术,是飞机完成飞行任务的重要保障,导航系统与控制系统交联能够实现自动导航控制,确保飞机按预定的航线飞行或进入目标区域以及返回预定机场。

导航控制是一种航迹控制,导航系统提供飞机的姿态、航向、位置、应飞航线、待飞距离和对应飞行航迹的偏航距,飞行控制系统接收导航系统的输出信号,通过改变飞机的角运动引导飞机进入并稳定在预定的航线。

6.2 导 航 原 理

导航系统可以划分为惯性导航、无线电导航、天文导航以及其他导航(地形辅助导航、地磁导航、视觉导航等)。

初期使用目视推算和天文观测等方法,代表为磁罗盘、陀螺罗盘等。无线电技术的出现对导航技术产生了划时代的影响,由于民用航空和军用航空发展的需要,无线电导航迅速发展,仪表着陆系统、精密进场雷达等无线电导航系统相继问世。20 世纪 60 年代建成了子午仪卫星导航系统,此后相继建成了 GPS、北斗等卫星导航系统。随着科学技术的不断进步,导航系统向着自主化、组合化方向发展,如惯性导航与卫星导航的组合等;导航体制不断更新,出现了卫星导航系统和新一代地形辅助、天文导航等自主导航系统。

6.2.1 导航测角原理

基于波动信号的导航测角方法较多,依据导航测角可利用的信号参数,把导航测角方法分为振幅式、相位式、时间式和频率式导航测角等方式。

振幅式导航测角:将导航所依托的物理场中的信号振幅值与所测角度建立起一一对应关系,典型应用在电磁场中,利用无线电信号或光信号的强度建立与空间某一角度值的对应关系,通过测量与信号强度成正比的信号幅值来获得所需的角度导航参量。

相位式导航测角:导航所利用的信号通常具有周期性,可以利用每个周期的信号频率和一个周期内的相位值描述该信号。利用无线电信号的载波信号相位或者调制信号相位与所测得角度值建立特定函数关系,通过测量相位值来实现测角。

时间式导航测角:时间式无线电导航测角是利用天线窄波束方向图在圆周或某一扇区内扫描,接收方通过测量由接收窄波束信号形成的脉冲与某一基准信号之间的时间差获得角度信号。

频率式导航测角:具有波动性质的导航信号在传播过程中,由于运动体的运动会导致在收发频率间产生多普勒频移,通过对多普勒频移的测量可以获得特定的角度导航参量。主要导航参量为飞机偏流角。

惯性力学测角:利用陀螺敏感地球自转角速度分量,以陀螺为主要传感器件寻北测量角度。在静基座寻北时运行体相对静止,陀螺通过敏感地球自转角速度在运行体坐标系上的分量实现寻北。主要导航参量为飞机航向角。

地磁感应测角:运行体上存在钢铁磁场和电磁场,将磁罗盘装在运行体上后,其传感器不仅感受到地球磁场,也感受到运行体磁场。用磁罗盘传感器测得的航向基准线是地球磁场和运行体磁场两者形成的合成磁场,分量方向即罗经线,该线与运行体纵轴在水平面上的夹角为罗航向角。按罗航向角计算的航向称为罗航向。

6.2.2　导航测距原理

测量距离的导航技术和方法很多,主要基于电、光、力、磁等物理基础。

无线电导航测距是航空业应用最普遍的导航测距方式,测距方法可以划分为脉冲式测距、频率式测距。脉冲式测距是利用脉冲信号或其编码来测量电波从一点到另一点的传播时延,从而获得两点间距离。频率式测距是将测距信号中的频率与距离参量建立起一一对应关系,通过对频率的测量实现距离参量测量。

无线电导航测距差是基于时间到达理论实现距离差的测量,主要有脉冲式测距差、相位式测距差、脉冲/相位式测距差和多普勒积分测距差。

光学导航测距大致可分为主动式测距和被动式测距。主动式测距是指发射人造光源照射目标物体,通过检测和分析反射回来的光的特征来计算目标的距离。被动式测距是指通过对目标物体的成像处理得到目标距离。

气压测高度原理是大气压强随着高度的增加而减小,通过压力感应器测量大气压强,根据气压与高度的关系计算出高度。确定飞机在空间的垂直位置需要两个因素:测量基准面和自该基准面至飞机的垂直距离。气压高度测量通常采用三种气压面作为基准面,即标准大气压(QNE)、修正海平面气压(QNH)、场面气压(QFE)。QNE 是指在标准大气条件下海平面的气压,其值为 101.325 kPa。QNH 是指将观测到的场面气压,按照标准大气压条件修正到平均海平面的气压。QFE 是指航空器着陆区域最高点的气压。

6.2.3　导航测速原理

导航测速方法大致划分为主动式和被动式。

主动式导航测速以波的多普勒效应为基础,首先发射无线电波/超声波源照射目标物体,然后检测和分析反射波的频率变化值,最终计算得到运行体速度。基于电磁波的主动式导航测速主要用于空中或陆地运行体,基于超声波的主动式导航测速主要用于航海运行体。

被动式导航测速无须发射信号,完全利用自身辅助信息推算出运行体的速度,常见的方法有基于惯性器件的加速度测速、基于卫星导航的多普勒测速和位置矢量测速以及舰船所用的电磁感应测速。

6.2.4 导航定位原理

实现飞机的导航定位,其方法主要有几何式导航定位、推算式导航定位、匹配导航定位。

几何式导航定位是利用获得的几何导航参量,在空间构建一定几何形状的位置或位置面,通过位置线或面相交实现定位。测距定位是指运行体通过观测距离导航参量,在空间形成球位置面,利用多个球位置面求交点的方式对自身进行定位的方法。典型测距定位系统如 GPS、DME/DME 系统等。测向定位是指目标利用对导航台站观测的角度导航参量,在空间形成锥面位置或平面形成位置线,利用多个锥面位置面或多条直线位置线相交求其交点对自身进行定位的方式。测向定位由于其观测角度参量局限于 $0\sim360°$,因此对角度参量的观测精度要求很高。

推算式导航定位是利用测量信息进行积分/推算,获得目标的导航参数。最典型的推算式导航技术是可以完全自主导航的惯性导航。惯性导航在获得初始条件的基础上,完全依靠自身的加速度计和陀螺实现对速度、位置和姿态的推算。惯性导航是利用惯性测量元件测量载体相对于惯性空间的运动参数,并经计算后实施导航任务的。由加速度计测量载体的加速度,由计算机解算出载体的速度,由陀螺仪测量载体的角运动,并经转换、处理输出载体的姿态和航向;在给定运动初始条件下,由计算机解算出载体的位移,即位置信息。

匹配导航定位是利用地球物理信息对飞行器进行实时定位。方法是在飞行区域给定地形或地物景象图或地球地磁信息图或地球重力图,一般这类图与地理位置都具有一一对应的位置关系。因此可以把飞行中实时观察到的一条地形轮廓或一幅地图,在预先存储的地形图或地图上搜寻其位置,从而确定出飞行器在录取图像时所位于的实际地理位置。

6.3 自 动 导 航

6.3.1 导航方式

6.3.1.1 FMS综合导航

飞行管理系统(FMS)通过将惯导/卫星导航/无线电导航系统提供的数据加以处理,用于远程途中导航和提高精确着陆导引能力,与飞行控制系统、推力控制系统和飞行仪表系统等相配合,实现飞行全过程的自动导航,有效地提高飞行安全,改善经济性和大大降低飞行员的工作负担。

飞行管理的基本工作原理是:飞行计划管理通过 CDU 或加载设备创建和编辑基本飞行计划;综合导航管理根据传感器信息计算综合位置以及速度、高度、姿态等飞行参数;引导计算模块根据性能计算结果优化飞行计划,形成最终期望的可飞行航路,并根据飞行参数计算两者的差异,形成引导信息和指令。在整个工作过程中,数据库管理始终为以上功能提供数据库支持,综合监测和告警则始终对传感器和另一飞行管理进行监控。飞行计划生成后是一系列带有高度、速度、时间属性的航路点队列,不再区分 SID、过渡、途中航段、STAR 航段。

飞行计划管理功能为 FMS 提供多航路点水平和垂直飞行计划管理功能,包括飞行计划的创建、飞行计划编辑、飞行计划存储。飞行计划的编辑包括删除航段、插入航段、删除直飞航路点、插入直飞航路点、修改离场/进场程序、删除中断、删除航路点、插入航路点、修改垂直航路等功能。另外,飞行计划管理功能可辅助飞行员执行特殊的飞行程序,如直飞、等待、平行偏移、固定点等。

水平剖面依据航段来定义构成,航段之间的衔接都有标准约束。ARINC424 定义了 23 种航径终结码,可以用来定义导航数据库中的航路类型,如 TF 航段(两个航路点的直线航段)、RF 航段(固定圆弧航段)等。在导航数据库中,所有的航路点只有两种属性,即飞越(fly-over)和旁切(fly-by)方式,只有飞越航路点要求飞机航迹必须经过该点才能飞往下一个航路点。

垂直剖面按飞行阶段顺序划分为起飞准备阶段、起飞阶段、爬升阶段、巡航阶段、下降阶段、进场着陆阶段、复飞阶段、飞行结束阶段。该剖面规定了构成飞行计划的各航路点的速度和高度约束、航段的垂直路径角、巡航高度等信息。

飞机的执行系统由自动飞行控制系统和飞控系统组成,它将飞行管理模块提供的引导参数转化为飞机舵面的偏转和发动机的油门位置,实现飞机按规定的航路和状态自动飞行。

6.3.1.2　VOR/DME 组合导航

DME 是一种测距仪,也是一个二次雷达系统,它能够测量出从询问器到任何一个固定位置应答器之间的距离,而 VOR 则是一种甚高频的全向无线电信标,它能够对电台方位和飞机方位进行测角。VOR/DME 则是由两者组成的一个组合导航系统,该系统主要用于飞机的定位工作,另外也可以被应用于等待飞行、引导飞机进场着陆、地速计算、航路间隔保持以及航路避让等方面的工作中,两者还可以组成一种近距离无线电导航系统。

测距仪的使用主要是为了弥补甚高频全向信标在距离上的缺陷和不足,甚高频全向信标系统内部主要有地面全方位导航台和机载甚高频全向信标接收机 2 个设备,两者配合使用能够充分发挥出该系统的作用和优势。终端甚高频全向信标被安装在机场内部的系统,为了保证其顺利运行,相关人员需要对其波道、发射功率、工作距离等进行控制,使用该系统不会对同频率工作的其他台造成干扰,有利于保证其他系统和设备的正常运行。

空中的交通管制应答机和测距仪可以在一个频段工作,虽然两者在运行过程中采用的运行编码是不同的,但是相关人员也会尽可能避免两者发出信号出现的相互干扰现象。在测距仪内部的众多波道中,有很多是被禁止使用的。DME 系统可以同时为 100 架运行的飞机提供服务,只是需要降低一定的灵敏度来实现这一目标。

将 VOR 系统与 DME 系统相结合并捆绑在同一个位置,使飞机能够同时接收到 VOR 方位角和 DME 距离反馈信息,获得飞机当前的极坐标位置,通过自动飞行控制系统对飞机实时位置按需求进行控制,就能实现飞机的导航(见图 6 - 1)。

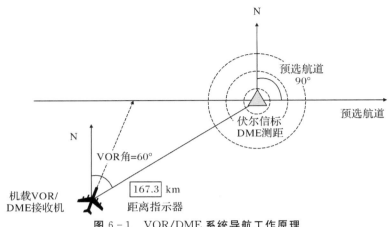

图 6-1 VOR/DME **系统导航工作原理**

　　飞行员向机载设备输入预选航道,自动飞行控制系统根据 VOR 方位角和 DME 距离,确定飞机当前位置和预选航道的距离,控制飞机先飞向预选航道,然后沿着预选航道飞向 VOR/DME 信标台。图 6-2 为飞机从当前咸阳附近飞往太原的 VOR 导航图。飞行员首先预选到咸阳的航道,到达咸阳后,依次预选到达运城、吕梁、太原的航道,最终实现目的地太原的飞行。

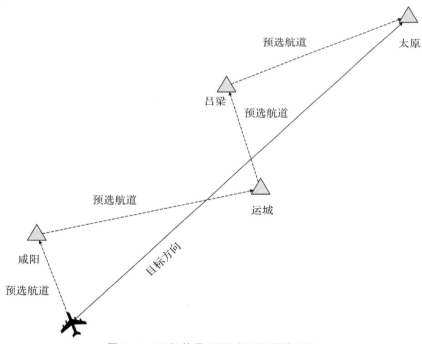

图 6-2 **飞机使用 VOR/DME 导航飞行**

　　VOR/DME 方式不仅可以用于自动导航,也可以用于自动进近,称之为 VOR 进近,是一种非精密进近方法,飞行员在使用中一般结合垂直速度模式以实现纵向、侧向的综合自动控制,具体描述请见第 7 章。

6.3.2　导航设备

6.3.2.1　飞行管理系统 FMS

飞行管理系统通常由一套飞行管理计算机和所需的相关接口设备组成,如电子飞行仪表系统和自动飞行系统等设备。而一个典型的 FMCS 通常由飞行管理计算机和控制与显示单元两种组件构成。飞行管理系统通常能完成或辅助飞行员完成的基本功能包括飞行计划、导航与制导、性能优化与预测、电子飞行仪表系统显示、人机交互和空地数据链。

目前生产飞行管理系统产品的公司主要有美国的霍尼韦尔有限公司、罗克韦尔·柯林斯公司和通用航空电子系统集团,英国的史密斯航空航天公司,法国的泰莱斯航空电子公司和加拿大的 CMC 电子组件有限公司。

波音 777 飞机的飞行管理系统由 2 套 FMCF、3 套 CDU、1 个 FMC 选择器、2 个导航源选择开关组成,如图 6－3 所示。

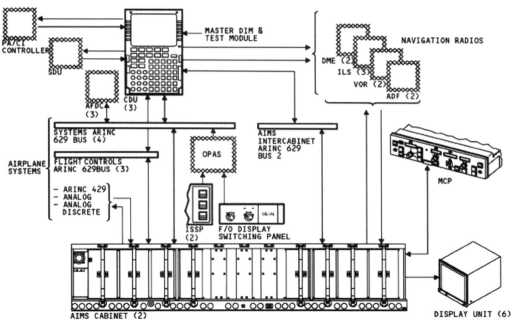

图 6－3　波音 777 飞行管理组成框图

2 套 FMCF 分别驻留在 2 个 AIMS(飞机信息管理系统)机箱内,每个 FMCF 分为飞行管理功能分区和导航功能分区。

(1)飞行管理功能分区完成以下功能:

1)飞行计划;

2)水平引导指令;

3)垂直引导指令;

4)推力引导指令;

5)性能数据;

6)显示控制;

7）ND 地图显示；

8）无线电调谐的手动、航路和程序选择；

9）BIT 和故障监测。

（2）导航功能分区完成以下功能：

1）位置计算；

2）无线电位置计算中的导航台选择；

3）导航无线电设备调谐指令输出。

CDU 是 FMCF 的主要控制和显示接口单元，飞行员通过左、右 CDU 输入飞行计划以及 FMCF 和其他系统的相关参数。第三套 CDU 用于客舱广播和通话，如果左 CDU 或右 CDU 失效，第三套 CDU 提供其备份功能。

如果 2 套 FMCF 都失效，CDU 提供以下功能：

（1）备份无线电导航调谐；

（2）计算水平导航引导指令；

（3）备份地图数据。

FMC 选择器的功能是选择哪套 FMC 作为当前使用的 FMC。FMC 选择器有 3 种状态："左""自动""右"。当选择器位于"左"或"右"时，左侧或右侧的 FMC 数据有效；当选择器位于"自动"时，系统随机选择 1 台 FMC 作为主 FMC；当主 FMC 故障时，另 1 台 FMC 自动接替主 FMC 工作，该 FMC 数据有效。导航源选择开关决定导航显示数据是来源于 CDU 还是当前的 FMC。

空客 A380 飞机的飞行管理系统由 3 台 FMC、1 个源选择开关组成，利用公用的 2 个 MFD 和 2 个键盘鼠标控制单元（Keyboard and Cursor Control Unit，KCCU）实现 CDU 功能，如图 6-4 所示。

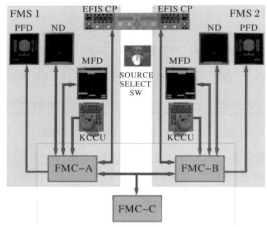

图 6-4　A380 飞行管理组成框图

3 台 FMC 分为主驾驶（FMC-A）、副驾驶（FMC-B）和备用（FMC-C）。正常情况下，飞行管理系统采用主/从的双系统工作模式，即与激活自动驾驶结合的 FMC 为主系统（或自动驾驶未激活时默认 FMC-A 为主系统），其他 FMC 或 FMC-B 为从系统。工作时，飞行员在任意一个 KCCU 输入数据通过内部总线传给 FMC-A 和 FMC-B，FMC-C 保持与主系统同步。3 台 FMC 分别独立计算,计算结果将被主系统比较或同步。

当比较结果超过允许值时,系统将脱离双系统模式而转为独立模式,即飞行员在任意一个 KCCU 输入数据只传给同边的 FMC,PFD、ND、MFD 的显示也由同边 FMC 控制。

当主 FMC 故障时,FMC - C 自动替代主 FMC 完成飞行管理任务,并保持与从 FMC 的比较和同步。

当主 FMC 和 FMC - C 都故障时,将源选择开关置于未故障的 FMC,由未故障的 FMC 向两边 PFD、ND、MFD 提供显示和接收数据,完成所有飞行管理任务,如图 6 - 5 所示。

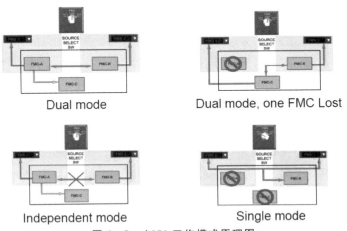

图 6 - 5　A380 工作模式原理图

飞行管理系统实现的主要功能如下:

(1)导航。

1)飞机位置计算。提供 4 种导航模式:惯性/GPS、惯性/DME - DME、惯性/VOR - DME、纯惯性。

2)无线电导航调谐。

3)极地导航。

(2)飞行计划。

1)飞行计划创建。

A. 手动输入起点、终点和航路点;

B. 从数据库插入航空公司航路;

C. 通过数据链向地面发送航空公司航路请求。

2)飞行计划修改。

A. 水平飞行计划修改:

a. 删除和插入航路点;

b. 离场程序:起飞跑道、SID、过渡;

c. 到达程序:跑道、进近类型、STAR、过渡;

d. 航段;

e. 等待模式;

f. 备降机场。

B.垂直飞行计划修改：

a.时间、速度和高度约束；

b.等马赫数段；

c.风。

3)飞行计划预计。

A.风和温度；

B.速度改变；

C.伪航路点计算（T/C、T/D等）。

对于每个航路点和伪航路点，计算内容如下：

A.距离；

B.预计到达时间；

C.速度；

D.高度；

E.预计剩余燃油；

F.航路点或伪航路点上的风。

对于降落机场和备降机场，计算内容如下：

A.预计到达时间；

B.距离；

C.预计剩余燃油。

（3）性能计算。

（4）引导。

（5）MFD/ND/PFD显示。

6.3.2.2　伏尔 VOR

甚高频全向信标（very high frequency omnidirectional range）属于他备式导航，或称地面基准式导航（ground-based navigation），是一种近程无线电相位测角系统，简称伏尔（VOR）。VOR信标工作频率在108.0～118 MHz之间，频道间隔50 kHz，共计200个频道。其中160个属于VOR信标，40个属于ILS航向信标。160个VOR信标频道中的120个被分配给了航路VOR信标，剩余40个分配给终端VOR信标。航路VOR信标辐射功率为100～200 W，作用距离最大为400 km。

VOR与无线电罗盘的作用基本一致，都可提供定位和航路导航功能，但两者相比较，VOR还具有下列特点：

（1）无线电罗盘采用地面无方向性发射，机上用方向性天线接收的方法测角；VOR则采用地面方向性天线（CVOR）或全向天线（DVOR）的旋转辐射，机上用无方向性天线接收的方法测量方位。

（2）VOR精度高于无线电罗盘，并可直接提供飞机相对于地面导航台的方位角，采用磁北向为方位基准，无须航向基准的辅助。

（3）VOR工作于超短波的高频波段，受静电干扰小，指示较稳定，但作用距离受到视距传播的限制。

(4)VOR 对地面导航台的场地要求较高,如果地形起伏较大或有大型建筑物位于天线附近,则由于反射波的干扰,会引起较大的方位测量误差。

VOR 系统规划在磁北方向,使得可变相位信号正向最大值与基准信号正向最大值同时出现;而在正东方向,两者出现的时刻相差 1/4 周期,即相位差为 90°;其他方位的相位差以此类推,并且为一一对应的关系。安装于运载体上的 VOR 接收指示设备,将上述 30 Hz 的基准信号和 30 Hz 的可变相位信号分别加以提取,测量出它们之间的相位差,即可对应得到运载体所处的实时方位。

在伏尔台的主载频上,必须同时发射一个台识别码信号,用于对 VOR 台进行识别和监视。采用国际莫尔斯电码,键控的 1 020 Hz 音频对载波进行调幅,由 2～3 个字母组成,每 30 s 重复一次。

地面信标台分集天线的间隔误差、地面反射等因素的影响,使天线水平面的方向性图发生变化,给测向带来误差。一般 CVOR 的测量精度在 ±(2°～3°)范围内,而下面介绍的多普勒伏尔(DVOR)由于减小了场地误差的影响,精度有较大提高。

VOR 系统内部机载设备的正常运转也是需要多种设备共同配合的,其内部主要包括天线、控制盒、指示仪表和甚高频接收机。随着相关技术的不断发展,虽然在机载设备上出现了很多不同型号,并且即便不同型号设备存在不同的方位信息处理办法,但是这些机载设备仍然具有相似的功能。其中控制盒的功能是进行频率选择、频率显示以及显示接收信号等,同时天线需要接收甚高频信号,而接收机需要对 VOR 台发射的方位信息进行接收和处理。甚高频全向信标可以为机载 VOR 接收机完成复杂的无线电信号提供工作,然后机载 VOR 接收机能够对接收到的信号进行调节,更准确地得出地面 VOR 台相对于飞机的磁方位。一般情况下,我们可以将 VOR 方位理解为将飞机所在的此方位作为基准,同时可以实现顺时针转至飞机与地面 VOR 信标台之间连线的夹角,最主要的是可以直接显示在飞机上。任何一个导航系统和设备都存在一个有效范围,而 VOR 的有效作用范围是 200 km,通常情况下,每隔 150 km 就可以在航路上建立一个 VOR 台。在这种情况下,飞机就可以充分利用 DME/VOR 导航系统,根据 VOR 台在航空线路图上显示出的位置顺利地飞行。

6.3.2.3　地美仪 DME

DME(Distance Measurement Equipment)直译为距离测量设备或测距器,用于测量飞机到某固定地点的直线距离,由于采用询问-应答的方式工作,所以也称为应答/测距器(或系统)。它是在第二次世界大战中随着雷达的出现而发展起来的,借鉴了一次雷达测距的原理,采用二次雷达的工作方式。其中,普通测距器称为 DME 或 DME/N(Normal),精密测距器称为 DME/P(Precise),两种系统在原理和组成上十分相似,但产生于不同历史时期,有着不同的用途及信号覆盖范围。

普通测距器主要用作航路和终端区的导航,可以与伏尔联合组成伏尔/测距器近程导航系统,还可以协助仪表着陆系统进行进场着陆的引导;精密测距器作为微波着陆系统的组成部分,进行飞机精密进场着陆的引导。一般情况下,航路用测距器的覆盖范围大于等于 200 n mile,终端用测距器的覆盖范围大于等于 60 n mile,而精密测距器的覆盖范围在 22 n mile 以上。

地面设备包括接收机、信号处理器、发射机和天线等,机载设备包括询问发生器、发射机、天线、接收机和距离计算器等。其基本的工作过程为：机载设备发射询问脉冲，被地面台应答器接收，经固定的时间延时，地面应答器向机上询问器发射回答信号。机上设备收到回答信号后，根据询问发射和回答接收之间的时间间隔，算出询问器和应答器之间的直线距离。

由于相对于无线电波的传播速度而言，飞机的运动速度是相当缓慢的，所以在信号传播的短时间内，飞机位置的变化对距离计算精度的影响基本可以忽略不计。测距应答器通常安装在机场，在飞机进近和着陆过程中，由机上测距器不断地测出到机场的距离。其可以应用于两种工作状态之一：或直接测量到着陆地点的距离（斜距），或引导飞机沿既定半径的圆形轨道作等待飞行。

6.3.3　导航参数

导航参数的类型主要分为位置、角度、距离和速度四种，要产生自动飞行控制系统所需的导航信息，除了获取指令信息外，还需要实时获取飞机的运动参数，即飞行状态参数。描述飞机运动的参数有三个姿态角、三个角速度、两个气流角、位移和速度以及其他参数。自动飞行控制系统在自动导航功能中主要使用的数据参数见表 6-1。

表 6-1　自动导航所需数据参数

序　号	参数名称	单　位	序　号	参数名称	单　位
1	经度	°	2	机体竖轴加速度	m/s^2
3	纬度	°	4	机体横轴加速度	m/s^2
5	俯仰角	°	6	机体纵轴加速度	m/s^2
7	横滚角	°	8	风速	m/s
9	机体横轴角速率	°/s	10	风向	°
11	机体竖轴角速率	°/s	12	北向速度	km/h
13	机体纵轴角速率	°/s	14	东向速度	km/h
15	偏航角	°	16	天向速度	km/h
17	偏航距	m	18	航迹角	°
19	转弯方向	—	20	磁差	°
21	转弯半径	m	22	磁航向	°
23	地速	km/h	24	真航向	°

6.4　水　平　导　航

水平导航作为自动导航侧向控制模态，可引导飞机实现水平面航线跟随控制，是空域飞行中飞行员较为常用的控制模态。

6.4.1　功能分类

水平导航（LNAV）用于实现水平面内对 FMS 规划航线的跟踪控制，水平导航根据航段类型（航段类型分为 23 种，具体定义详见导航数据库 ARINC424 标准），可将控制方式划分为直线方式、弧线方式、航向保持方式、航迹保持方式。

水平导航直线方式主要用于 TF、DF 等航段，飞管系统会根据导航数据为自动飞行控制系统提供实时的飞机相对预定航迹线的偏航角度、偏航距离。水平导航直线方式控制的几何关系如图 6-6 所示。

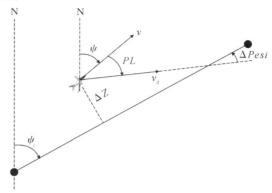

图 6-6　水平导航直线方式几何关系图

图 6-6 中，ΔZ 为飞机相对预定航线的偏航距离，Ψ_j 为应飞航线的航迹角，v_g 为地速，v 为空速，PL 为偏流角，$\Delta Pesi$ 为偏航角度，其中定义飞机在应飞航线左边时 ΔZ 为正。由图中几何关系可知飞机相对预定航迹线的偏航角度为

$$\Delta Pesi = \Psi + PL - \Psi_j \qquad (6-1)$$

水平导航直线方式控制目标为将飞机引导至预定直线航迹上，即最终使 $\Delta Z = 0$，$\Delta Pesi = 0$。

水平导航弧线方式主要用于 RF、AF、HM、HA、HI 等航段，目的是在两条直线航线之间进行平滑过渡。在弧线方式下，飞管系统会根据导航数据为自动飞行控制系统提供实时的飞机相对预定航迹线的偏航角度、偏航距离、转弯方向、转弯半径，该方式的控制目标为使飞机从一条直线航线以固定的转弯半径、转弯方向平滑地过渡到另一条直线航线。水平导航弧线方式几何关系如图 6-7 所示。其中 R 为转弯半径，转弯方向右转为正。

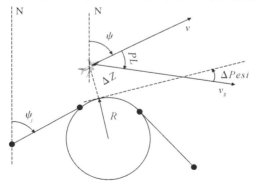

图 6-7　水平导航弧线方式几何关系图

水平导航航向保持方式主要用于 VA、VI、VM 等航段。目的是使飞机保持飞管设置的目标航向飞行，多用于飞机进场及离场航线阶段。航向保持方式可使飞机在导航飞行的过程中航向角始终保持不变，不需要飞管设备实时传送偏航角度、偏航距离。该方式降低了对导航设备的实时计算能力的要求，但相比直线方式及弧线方式，其飞行距离较大、经济性较低。

水平导航航迹保持方式主要用于 CA、CI、CM 等航段。目的是使飞机保持飞管设置的目标航迹飞行,同航向保持方式一样,多用于飞机进场及离场航线阶段。航迹保持方式可使飞机在导航过程中飞行航迹角保持不变,同样不需要飞管设备实时传送偏航角度、偏航距离,航线飞行的过程中不需要考虑与预飞航线之间的偏差信息,能够快速地响应飞管的指令目标航迹角,实现水平导航过程中的航迹角保持控制。

6.4.2 控制律设计

自动飞行控制系统的水平导航功能是通过控制副翼实现飞机在水平面内航迹运动的控制,飞机转弯产生的侧滑是由电传飞行控制系统通过控制方向舵来主动消除。

(1)水平导航直线方式。水平导航直线方式控制架构中以偏航距 ΔZ、偏航角度 $\Delta Pesi$ 为主控信号,通过滤波环节、比例环节、滚转角指令限幅环节解算出给定滚转角指令,然后送主飞行控制系统解算出副翼偏度指令控制副翼实现水平轨迹的控制。水平导航直线方式的控制架构如图 6-8 所示。

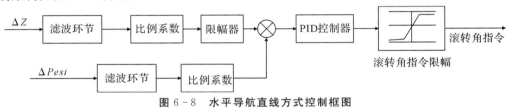

图 6-8 水平导航直线方式控制框图

水平导航直线方式控制仿真效果曲线如图 6-9 所示,其中初始偏航角度为 $10°$,初始偏航距离为 2 000 m,从图中可知,偏航角度及偏航距离最终逐步趋近于 0,即最终控制飞机沿预定的飞行轨迹飞行。

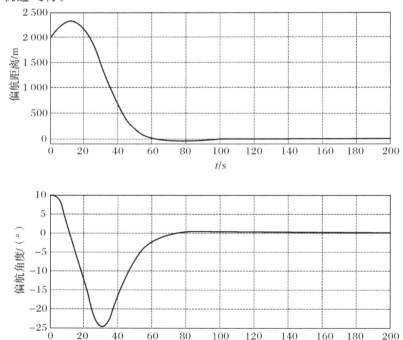

图 6-9 水平导航直线方式控制效果图

（2）水平导航弧线方式。水平导航弧线方式控制架构中以转弯方向 T_d、转弯半径 R 为主控信号，以偏航距 ΔZ、偏航角度 $\Delta Pesi$ 控制支路为辅控支路，通过滤波环节、比例环节、PID 控制环节、滚转角指令限幅环节解算出给定滚转角指令，然后送主飞行控制系统解算出副翼偏度指令控制副翼实现水平轨迹的控制。水平导航弧线方式的控制架构如图 6 - 10 所示。

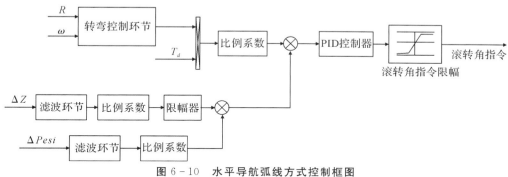

图 6 - 10　水平导航弧线方式控制框图

水平导航弧线方式下飞机的飞行轨迹及控制效果仿真曲线如图 6 - 11 和图 6 - 12 所示，飞行轨迹图中的虚线表示预飞轨迹，实线表示飞机实际的飞行轨迹，从图中可以看到，水平导航弧线方式会引导飞机飞向预定的圆弧轨迹，同时从偏航角度及偏航距离仿真曲线中也可以发现，偏航角度及偏航距离逐步趋向于 0，由此可知，飞机以较小的偏离量沿预飞轨迹飞行。

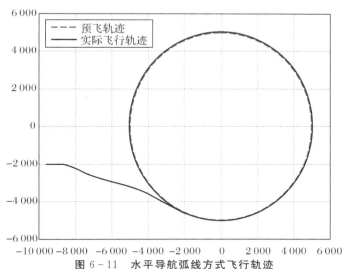

图 6 - 11　水平导航弧线方式飞行轨迹

（3）水平导航航向/航迹保持方式。水平导航航向/航迹保持方式控制架构中以飞管设定的航向/航迹角为目标值，其控制原理同航向/航迹保持，解算出给定滚转指令后送电传飞行控制系统，通过副翼实现对飞管给定航向/航迹角的跟踪控制。

水平导航航向/航迹保持方式控制效果仿真曲线如图 6 - 13 所示，飞管设定目标航向/航迹角为 40°，通过仿真曲线可以看出，飞机的实际飞行航向/航迹能够以很小的偏差跟随飞管设定的航向/航迹。

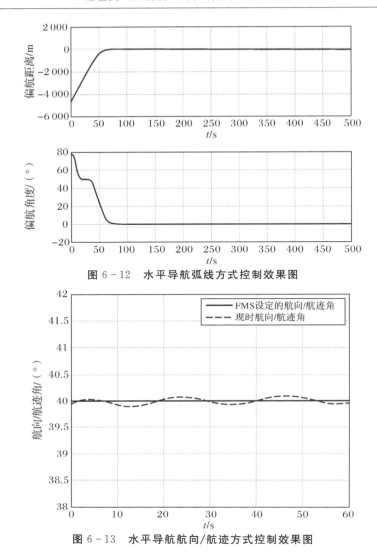

图 6 - 12　水平导航弧线方式控制效果图

图 6 - 13　水平导航航向/航迹方式控制效果图

6.5　垂　直　导　航

　　垂直导航分为引导部分和控制部分两个方面：

　　(1)垂直导航引导模式下,引导模式应获取并保持飞行管理系统指令的垂直飞行路径。如果在垂直导航模式下飞机未在所需的飞行管理系统指令的路径上,则垂直导航引导模式应处于引导预位状态或者提供平稳获取飞行管理系统指令路径的引导指令。

　　(2)垂直导航控制模式是在垂直平面内消除飞机当前飞行轨迹与指定飞行轨迹偏差的控制,用于控制飞机按预定的轨迹爬升或下降进入某一高度或某一地理坐标位置。其主要功能包括引导军用飞机爬升/下降进入预定目标区域,或民用飞机进入巡航阶段的爬升阶段控制,以及各类飞机的返航/进场下滑控制。

垂直导航控制系统接收导航系统或飞行管理系统/任务管理系统的控制指令。在工程应用上,自动驾驶下的垂直导航模态通常与飞行管理系统交联使用,以实现飞机自动或者按照指令的方式进行导航。飞行管理系统根据垂直航段向自动飞行控制系统提供垂直导航相应的引导模式和对应模态所需要的引导参数。其典型的指令是飞管系统给出一个高度偏差指令,或者是一个航迹倾角指令,根据不同的指令,结合相应的自动控制律进行计算。由于飞机在爬升或下降过程,产生动能与势能之间的转换,所以为了保证飞行安全,避免出现失速或超速现象,通常需要自动或手动控制油门来配合。

6.5.1　功能分类

垂直导航控制通常有垂直导航高度控制、垂直导航速度控制及垂直导航轨迹控制三种形式:

(1)垂直导航高度控制。垂直导航高度控制模式,是指飞机通过自动油门控制系统来控制飞行速度,通过俯仰来控制飞行高度的一种控制方式。飞行管理系统为垂直导航方式提供所需的目标速度、目标高度指令。根据飞机当前的飞行高度和飞行速度进行计算,自动飞行控制系统垂直导航模态控制飞行姿态,自动油门控制系统控制飞行速度,从而达到飞行管理系统所设定的目标飞行高度、目标飞行速度。

(2)垂直导航速度控制。垂直导航速度控制模式,是指飞机通过自动油门控制系统来控制推力,通过俯仰来控制飞行速度的一种控制方式。飞行管理系统为垂直导航方式提供所需的目标推力、目标速度、目标高度指令。根据飞机当前的飞行高度和飞行速度,自动飞行控制系统垂直导航模态控制飞行姿态,自动油门控制系统控制发动机推力,从而达到飞行管理系统所设定的目标飞行高度、目标飞行速度。

(3)垂直导航轨迹控制。垂直导航轨迹控制模式,是指飞机通过自动油门控制系统来控制推力(或控制速度),通过俯仰来控制飞行轨迹的一种控制方式。飞行管理系统为垂直导航方式提供所需的目标推力、航迹倾角、高度偏差、目标高度指令。根据飞机当前的飞行高度、发动机推力、飞行速度、航迹倾角、高度偏差及目标高度指令,自动飞行控制系统垂直导航模态控制飞行姿态,自动油门控制系统控制发动机推力(或飞机速度),从而控制飞机沿着飞行管理系统给出的垂直导航目标飞行轨迹来飞行。

6.5.2　控制律设计

根据功能需求,对应垂直导航控制自动飞行控制系统部分控制算法设计如下:

(1)垂直导航高度控制。垂直导航高度控制模式与高度保持控制算法相同,具体可参考4.2.4节。自动飞行控制系统垂直导航模态接收飞行管理系统发送的目标高度,通过比例算法,引入垂直速度作阻尼,保证高度控制平稳。

(2)垂直导航速度控制。垂直导航速度控制模式与高度层改变控制算法相同,具体可参考4.2.5节。自动飞行控制系统垂直导航模态根据飞行管理系统的目标高度指令,控制飞机爬升或下降,当飞机飞行高度即将达到飞行管理系统指定的导航高度时,控制模式由垂直导航速度控制模式转变为垂直导航高度控制模式。

(3)垂直导航轨迹控制。垂直导航轨迹控制有两个控制目标,分别是高度偏差和目标航迹倾角,控制律设计架构如图 6-14 所示。飞行管理系统根据指令的纵向飞行轨迹和当前飞机所处的位置,实时给出飞机的高度差指令,自动飞行控制系统在垂直导航轨迹控制方式下不断修正高度差。其中在目标航迹倾角控制支路引入垂直速度信号是起到阻尼的作用。细心的读者会发现垂直导航轨迹控制律架构与 6.4.2 节的水平导航直线方式控制律架构相似,因为本质上两者都是轨迹控制。

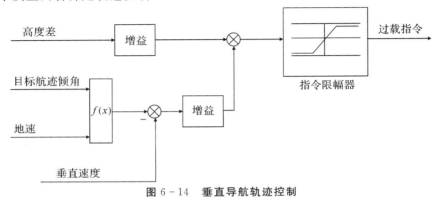

图 6-14　垂直导航轨迹控制

6.6　伏尔导航

伏尔导航(VOR)是一种较为古老的近程无线电导航系统,出现于 20 世纪 30 年代,是为了克服中波和长波无线电信标传播特性不稳定、作用距离短的缺点而研制的导航系统。伏尔导航由机载甚高频全向信标接收机、显示器和地面甚高频全向方位导航台组成,当飞机飞行高度在 4 400 m 以上时,稳定的作用距离可达 200 km 以上,1950 年被规定为国际标准民用导航系统。

伏尔导航的优点是既提供方位,又提供距离。地美仪导航系统与塔康导航系统的测距部分完全相同,伏尔导航系统与塔康导航系统合装在一处,就是伏尔塔康导航系统,属于军用和民用共用系统。伏尔导航的缺点是伏尔台发射信号存在多径反射干扰,对设置伏尔台的场地有一定要求。

6.6.1　功能及原理

伏尔导航可分为基于 VOR 设备的导航和 VOR/DME 组合设备的导航,两者都是轨迹控制。但是,前者仅控制角度偏差,后者因为有距离定位可以实现捕获轨迹的精确控制。如图 6-15 所示,通过伏尔导航控制飞机轨迹时,可将伏尔导航控制分为准备阶段、捕获阶段、跟踪阶段和过台 4 个阶段。

在准备阶段,自动飞行控制侧向通道处于其他控制模式,如航向保持/航向选择等,伏尔导航处于准备状态,监控飞机的方位角信号,待方位角到达捕获阶段范围后,自动截获并进入伏尔导航捕获阶段。

在捕获阶段,需要同时控制飞机的航向角和方位角,目的是控制飞机转向,快速切入预选方位角,同时监控飞机的方位角信号,待方位角到达跟踪阶段截获范围后,自动截获并进入跟踪阶段。

在跟踪阶段,采用 PID 控制方式,精准控制飞机,使得飞机沿着预选方位角飞行,同时,监控飞机的塔康距离,待塔康距离到达过台阶段范围内,自动截获并进入过台阶段。

在过台阶段,因为飞机相对导航台的方位角会发生反转,所以要对方位信号进行取反,进而控制飞机沿着预定方位角飞行。

通过上述阶段,最终完成伏尔导航模态下飞行轨迹的控制。

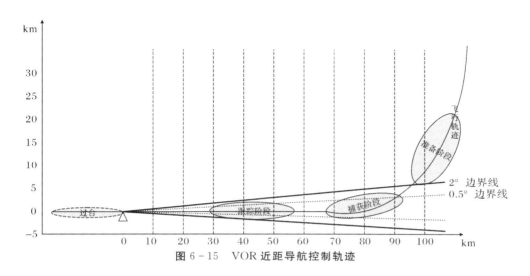

图 6 - 15　VOR 近距导航控制轨迹

6.6.2　控制律设计

通过分析 GJB 2191—1994,自动驾驶伏尔导航模态的性能要求如下:

在平稳大气中,距离发射台 93 km 或 93 km 以外,飞机以一直到 45°的切入角进行截获时,超调不应超过所要求的伏尔径向波束中心 4°/3(20 μA)以上;在进行截获以后,飞机应保持在离伏尔径向波束中心的均方根值为 4°/3(20 μA)的范围以内。均方根跟踪误差应是距离发射台 18.5~93 km 之间、在 5 min 内测得的数值,或者在同一距离范围之间、在飞机额定飞行时间内所求得的平均值,取其中时间较短所得的值。

基于上述要求开展伏尔导航控制律设计,具体如下:

(1)捕获阶段:

$$\delta_a = K_{\phi}\phi + K_p p - \frac{1}{1+T_1 s}\left(\frac{K_{\varepsilon}}{1+T_2 s}\varepsilon + \frac{K_y}{1+T_3 s}y\right)$$

(2)跟踪阶段:

$$\delta_a = K_{\phi}\phi + K_p p - \frac{1}{1+T_1 s}\left(\frac{K_{\varepsilon}}{1+T_2 s}\varepsilon + K_{es}\frac{\varepsilon}{s}\right)$$

式中:ϕ 为滚转角;p 为滚转角速度;ε 为航道偏差;y 为偏航角偏差;δ_a 为倾斜输出。

仿真效果如图 6 - 16 所示。图中 VOR 信号波动是为了模拟实际 VOR 设备的特点而加入了噪声,可以使得仿真结果更接近真实情况。

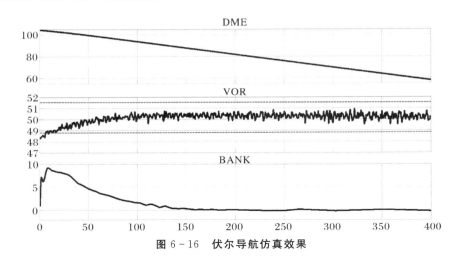

图 6-16　伏尔导航仿真效果

6.7　先进导航方式

6.7.1　四维导航

6.7.1.1　四维导航的研究背景

在有限的空域资源下，航空运输业迅猛发展，航空公司规模不断扩大，机队数量不断增加，使空中交通流量迅速增长，机场越来越拥挤。在这种情况下，我国的空管模式以及技术将不能满足未来对航空的要求，具体表现在：①航空器之间的安全间隔并没有在飞行计划中得到体现，这样不仅降低了空域的安全还会造成空中航空器的拥挤；②现今的空管系统对航空器的飞行航迹的计算精度差，进而导致飞行引导的精度变差，对可能产生的冲突不能很好解脱；③空中交通管制工作没有上升到对空中交通流量的战略性管理层面，仅仅是保持单个航空器的间隔。由此，便出现了可以控制飞机飞行时间的四维导航技术。四维导航是指能在要求到达时间(RTA)把飞机导引到三维空间中某一规定的点上。它的主要意义在于：①能使飞机按照空中交通管制系统的要求准时进场着陆，使机场吞吐量和机场运行效率得到提高；②有效提高空域资源利用率；③降低管制员的工作负荷；④减少燃油消耗，提高飞行安全。

6.7.1.2　四维导航技术的发展

20世纪60年代中期，美国波音公司在其超声速运输机研究计划中，对未来飞机提出了"自动飞行管理"(Automatic Flight Management，AFM)的设想，即希望在飞机上装备一台能自动完成各种飞行操作和信息显示，使飞机能精确地跟踪4D飞行剖面的中央计算机代替飞行员，从而提出了对飞机飞行时间进行控制的设想。20世纪70年代，应发展垂直和短距起落运输机的需要，美国联邦运输部和NASA对末端区域4D导航、制导技术、末端区域的 4D 导航理论进行了大量的研究和试验。20 世纪 80 年代,美国联邦航空局提出了一个全面改进美国空中交通管理系统的庞大研究计划——全国空域系统,该计划提出了全飞行空域的四维导航和制导,即对飞机整个飞行过程的飞行时间进行控制。20 世纪 90 年代,德国根据自己的情况对适合于飞行管理系统的空中交通管制系统进行了大量的理论和模拟试验研究,使飞行管理系统能充分发挥其最优成本飞行和 4D 导航能力。20 世纪末,美国与欧洲分别提出了"下一代空中交通系统"(NextGEN)与"单一欧洲天空空管研究"(SESAR)计划,以指导新一代空中交通管理系统的规划与实施,推动空管自动化与智能化系统的研究与开发;国际民航组织(ICAO)于 2012 年推出了航空系统组块升级(ASBU)。它们都将基于航迹的运行(TBO)作为核心研究内容,TBO 以对航空器的 4D 航迹预测为基础,要求飞机能够提供定时到达的精确飞行引导能力。

20 世纪 80 年代中期开始,随着国外装配有先进飞行管理系统的民航运输机的不断引进,以及我国自主研制大飞机需求的增长,国内开始对飞行管理系统的基本理论进行研究。

6.7.1.3　四维导航基本原理

四维导航有两种工作方式:一种是提供导航信息,飞行员根据所提供信息引导飞机沿规定航线到达目的地;另一种是飞机自动飞行控制系统根据所提供导航信息自动控制飞机沿预定航线飞行,飞行员只进行监控,不直接参与飞机的控制,即自动导航方式。本节仅介绍四维导航自动导航方式的基本原理。

四维导航的实质是基于 4D 航迹的飞行引导,它依赖于具有 4D 飞行引导能力的 4D 飞行管理系统(4D - FMS)。四维导航过程可以描述为:4D - FMS 在时间约束下,根据飞机性能数据、飞行计划、气象信息以及空管要求等进行 4D 航迹预计;将预计的 4D 航迹分解为水平、垂直参考航迹以及各航路点要求到达时间(RTA);结合飞机现时姿态、速度、位置等信息,计算水平、垂直位置偏差以及时间偏差;根据偏差信息计算相应的引导指令并将引导指令发送给自动飞行控制系统,使飞机自动沿预计的航迹飞行。

四维导航系统的架构如图 6 - 17 所示,主要包括航迹预计、航迹解析、估计到达时间(ETA)计算、偏差计算、引导指令计算模块,并以自动飞行控制系统为主要执行机构。各模块功能如下。

(1)航迹预计:根据飞行计划的航路信息、飞机性能数据、空中交通管制的时间、速度、高度约束以及风速、风向、温度等气象信息进行航迹预计,生成 4D 航迹。

(2)航迹解析:将生成的 4D 航迹分解为水平参考航迹、垂直参考航迹和各航路点的RTA 要求,以供偏差计算使用。

(3)ETA 计算:根据飞机接收到的风速、风向和飞机空速等信息进行飞机地速和到指定航路点剩余航程的实时解算,进而估计 ETA。

(4)偏差计算:根据水平参考航迹和垂直参考航迹,结合飞机现时姿态、速度、位置信息,计算偏航距、偏航角、高度偏差等信息;根据各航路点 RTA 要求以及估算的 ETA 来计算时间偏差。

(5)引导指令计算:根据偏差计算得到的偏航距、偏航角、高度偏差、时间偏差等信息计算目标滚转角、方位角、速度、高度等,并将这些信息给到自动飞行控制系统,结合飞机现时姿态、速度、高度等信息,实现 4D 航迹的自动跟踪。

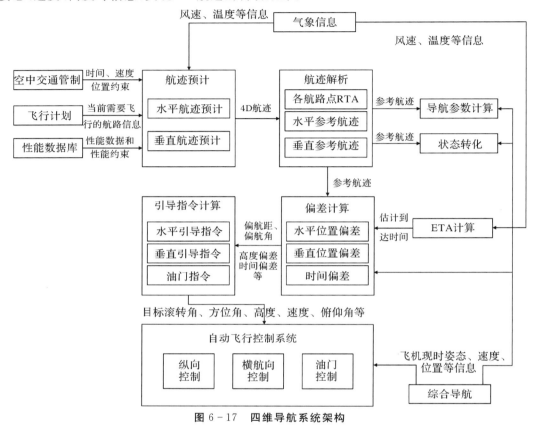

图 6 - 17　四维导航系统架构

6.7.2　基于性能的导航 PBN

6.7.2.1　基于性能的导航研究背景

随着全球民用航空工业的飞速发展,空中交通流量急剧增加,基于传统导航方式的航路结构难以满足航班量增加的要求,航路和终端区空中交通拥挤的现象时有发生。为了保持航路顺畅,保证飞行安全,提高运行效率,解决飞机先进的机载导航设备与落后的航路设计以及运行方式之间的矛盾,ICAO 在 1991 年提出了在飞机、空间和地面设施三个环境中,利用卫星和数字信息提供先进的通信(C)、导航(N)和监视(S)技术的新航行系统和区域导航(Area Navigation,RNAV)的概念。根据 RNAV 运行过程中出现的弊端,又提出了所需导航性能(Required Navigation Performance,RNP)的概念,以解决终端区航路拥挤问题。然而大多数导航规范(RNAV 规范或 RNP 规范),最初都是为了地区性应用而制定的,以应对特定空域概念的运行要求。这些导航规范有些被用于洋区或偏远陆地空域的空域概念,其他则被用于陆地或终端空域的空域概念。为了避免各地区或国家导航规范的泛滥,国际民航组织统一规范化各地区或国家的导航规范,提出基于性能的导航(Performance Based

Navigation,PBN)的概念,为各国和各运营人提供具体的实施指导。

6.7.2.2　PBN 的基本概念

PBN 是在 RNAV 和 RNP 的基础上提出的一种新的运行理念,它涵盖了 RNAV 和 RNP 的所有技术标准,它也是未来全球导航技术的主要发展方向。该技术将航空器的机载导航设备能力及其他先进技术结合起来,涵盖了从航路、终端区到进近着陆的所有飞行阶段。

在 ICAO 发布的 PBN 手册(DOC 9613)中,PBN 的概念被规定为:必须为航空器 RNAV 系统在配备适宜的导航基础设施的情况下,根据特定空域概念实施运行,并确定在精度、完好性、可用性、连续性和功能性方面所需达到的性能要求。

如图 6 - 18 所示,PBN 并非一个单独的概念,它与通信(C)、空中交通服务监视(S)、空中交通管理(ATM)一样,是支持空域概念战略目标的要素之一,空域概念将所有这些要素融合成一个相互关联的整体。

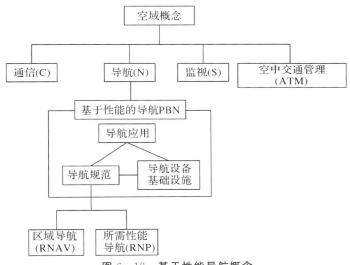

图 6 - 18　基于性能导航概念

PBN 的基本概念包括三个基本要素,即导航规范、导航设备基础设施以及导航应用,具体如下。

(1)导航规范是为了满足 PBN 飞行对飞机导航性能和机组成员制定的一系列规范要求,是适航和运行审批的前提。导航规范不仅给定了 PBN 所需要的性能和功能要求,还规定了导航设施的选择和性能要求。PBN 导航规范分为 RNAV 规范和 RNP 规范。RNAV 可以使航空器在导航信号覆盖范围之内,或在机载导航设备的工作能力范围之内,或结合二者沿任意期望的路径飞行,通常会集成多个导航信息源,以提供精确的导航方案。RNP 是一种在特定空域内运行所必需的导航性能的声明,要求具备机载性能监测和告警能力(与 RNAV 的主要区别),是建立在 RNAV 基础上的一种全新导航概念。

(2)导航设备基础设施是指每个导航规范中提及的星基或陆基导航系统。从目前所使用的导航系统来看,可以用于区域导航的导航系统有甚高频全向信标台和测距仪(VOR/

DME)、测距仪和测距仪(DME/DME)、惯性导航系统或惯性基准系统(INS/IRS)以及全球卫星导航系统(GNSS)。GNSS 具有全球性、全天候、连续精密导航的特点,因此,ICAO 规划指出,在民用航空中,GNSS 将会成为主要的区域导航方式,其他现有的陆基导航系统(ILS、VOR、DME 和 NDB)将会成为备份系统。具体实施时,要根据导航规范的要求选取合适的导航设备(见表 6-2)。

表 6-2 PBN 导航规范对导航设备的要求

RNP 类型	适用范围	基础导航设施要求	导航设备性能要求
RNAV10/RNP10	洋区或偏远地区	至少两个单独可用远程导航系统;两套 GNSS;两套 INS 或 IRU;特殊情况单一 INS/GNSS;GNSS/INS 或 IRU	GNSS:FDE 不可用时间小于 34 min;INS 或 IRU:单独使用时间小于 6.2 飞行小时
RNAV5	地面或机载覆盖范围	VOR/DME;DME/DME;INS 或 IRU;GNSS;系统故障时参照路基导航设备导航	GNSS:GBAS 或 RAIM 或 AAIM,故障检测不可用时间小于 5 min;INS 或 IRU:单独使用时间小于 2 飞行小时
RNAV1、RNAV2	航路和终端区域导航,主要用于雷达环境下	GNSS;DME/DME、DME/DME/IRU	GNSS:ABAS 或 RAIM,故障检测不可用时间小于 5 min
RNP4	洋区或偏远地区	两套独立远程导航系统(必须使用 GNSS)	GNSS:RAIM + FDE 或 AAIM,FDE 不可用时间小于 25 min
RNP2	洋区或偏远地区、陆地	GNSS	GNSS:RAIM
基础 RNP 1	途中与终端连接航路;标准仪表离场/进场	GNSS	GNSS:ABAS 或 RAIM,故障检测不可用时间小于 5 min
A-RNP	飞行所有阶段	GNSS;VOR、NDB	GNSS:ABAS 或 RAIM
RNP APCH	进近阶段	GNSS(复飞可借助 VOR、DME、NDB)	GNSS:故障检测不可用时间小于 5 min,建议使用 FDE
RNP AR APCH	需要授权的进近阶段	GNSS;GNSS/INS 紧耦合(可以 DME/DME 为备份)	每次进近 10^{-7} 危险事件概率
小于 RNP0.3 的 RNP AR	需要授权的进近阶段	双套 GNSS,双套 FMS,双套 ADS,双套自动驾驶仪,单套 IRU	GNSS:ABAS 或 RAIM
RNP0.3	飞行的所有阶段	GNSS	GNSS:ABAS 或 RAIM

注：FDE：Fault Detection and Exclusion，故障检测与排除；

　　RAIM：Receiver Autonomous Integrity Monitoring，接收机自主完好性监测；

　　AAIM：Aircraft Autonomous Integrity Monitoring，机载自主完好性监测；

　　ABAS：Airborne-Based Augmentation System，机载增强系统；

　　GBAS：Ground-Based Augmentation System，陆基增强系统。

（3）导航应用是指一条航路、一个程序或规定空域流量的导航规范和其适应基础导航设施的实际应用，主要有进近程序、RNAV/RNP 航路、标准仪表离场程序（SID）、标准终端到达程序（STAR）。

6.7.2.3　PBN 运行对航空系统的要求

PBN 运行对航空系统的要求主要包括功能要求和性能要求。

（1）功能要求。RTCA/DO-236C 给出了在 RNP 环境中 RNAV 系统的最低航空系统性能要求，RNP 区域导航系统可以提供以下基本功能：

1）位置估计。根据无线传感器（地面导航台或卫星）或机载自主导航传感器的信息确定飞机在地球表面上的位置。该功能获取的信息还包括导航数据库中地面导航台的信息。

2）路径定义。按照水平、垂直维度来计算要飞行的路径。定义路径包含的元素有定位点、路径限制值（高度、速度）、航段类型、转弯半径、转弯方向等。随着空中交通管制系统的发展，地空数据链接口将成为路径定义不可分割的一部分，通过上行链路上传预先定义的程序到机载导航数据库，或者系统创建路径必须使用定位点。

3）路径引导。根据位置估计功能计算的估计位置与定义路径的偏差，计算水平和垂直引导指令，并输出给自动飞行控制系统，或将指令和偏差送到机组飞行仪表上显示。

4）机载性能监视与告警。"监视"是指监视航空器的性能，包括确定航空器定位误差和/或遵循预期航径等能力方面；"告警"与监视相关，如果航空器的导航性能不佳，就会向机组人员告警，该功能是决定符合 RNP 应用必要安全水平的主要因素。

5）导航数据库。所有 RNAV 应用都使用航空数据来定义陆基导航设备、跑道、登机口、航路点、航路航线以及飞行程序。无论 RNAV 规范还是 RNP 规范，在飞行中都必须依赖导航数据库。

6）用户接口。用户接口包括系统初始化、飞行计划管理、进程监控、导航信息和引导信息显示以及系统告警等功能。用户接口的设计要考虑人机交互的友好性以及对机组工作负荷的影响。

飞行管理系统（FMS）是实现这些功能的一类机载 RNP/RNAV 设备。随着综合化、模块化航电系统架构的发展和座舱显示控制系统的进一步综合化，FMS 已由传统的飞行管理计算机加多功能控制显示单元组成方式，转变为驻留在通用处理平台上，提供飞行计划管理、综合导航、水平和垂直引导、性能预测和优化、数据链应用、系统告警、控制和显示处理等功能的应用软件。这些功能的软件模块可以提供 PBN 运行所需的核心能力。

（2）性能要求。

1）精度。精度指在各时刻，估计的位置和速度与真实位置和速度的符合程度。导航系统的精度通常体现为系统误差的统计值。

航空器运行 PBN 的适航及运行批准规定了导航系统性能要求，要求系统总误差中水平和垂直误差在 95% 的飞行时间内必须小于所运行的 RNP 值。不同的导航规范对精度的要求不同。例如，RNAV1 可用于所有 RNAV 仪表离场程序和标准仪表机场程序，它要求在 95% 的时间内，总系统误差不超过 1 n mile。

2）完好性。完好性是指当导航系统发生性能降低或故障时，导航性能达不到规定的性能要求或丧失导航能力，系统会向用户及时发出系统不可用的告警能力。该指标反映了整个导航系统所提供信息正确性的置信度。

为支持飞机航路、进离场、进近阶段的安全飞行，导航系统的完好性要求是导航系统精度超限或丧失导航能力且未告警的概率小于 $10^{-5}/h$。

3）连续性。连续性表示航空器在运行过程中，导航系统不发生服务中断，能满足所需的精度、完好性等性能的能力。连续性通常用单位时间内发生服务不连续的概率来表示。

为支持飞机航路、进离场、非精密进近阶段的安全飞行，导航系统的连续性要求是发生不连续的概率小于 $10^{-4}/h$。

4）可用性。可用性是指在规定的覆盖区域内，提供可用服务的能力。它通常用一个比值来表示，这个比值是某飞行阶段内，系统向机组、自动驾驶仪或其他管理飞机的系统提供可靠导航信息的时间与该飞行阶段总时间的比值。

为支持飞机航路、进离场、进近阶段的安全飞行，导航系统的可用性要求为 0.99～0.999 9。

精度要求主要从功能上来满足，完好性、连续性要求主要通过导航系统框架（主用系统和备用系统）以及相应算法如故障检测、故障隔离/排除算法等来满足。

6.7.2.4 PBN 运行效益

PBN 技术的实施，标志着由基于传感器导航向基于性能导航的转变。PBN 与传统导航的区别见表 6-3。

表 6-3 PBN 与传统导航的区别

项　目	传统导航	PBN
导航设施	VOR、DME、NDB 等	VOR/DME、DME/DME、GNSS 等
机载设备	无线电导航接收机	导航传感器加 RNAV 计算机
航路结构	电台—电台	航路点—航路点
飞行方式	台到台，向台或者背台方式逐台飞行	点到点，逐点飞行
定位计算	相对位置：相对于电台的位置计算	绝对位置：WGS-84 坐标系统

按照通信导航监视/空中交通管理（CNS/ATM）的发展规划，PBN 运行是减少航路间隔、提高空域容量所需的基本能力；PBN 运行与连续爬升/下降程序结合及与卫星着陆等进近程序无缝衔接，还可降低燃油消耗，提高机场到达率；PBN 也是通过全球信息互享实施基于航迹运行（TBO）提升空域总体运行效率的基石。与传统的导航方式相比，PBN 的优势主要体现在以下几个方面：

（1）优化飞行路径，缩短飞行时间，可减少温室气体排放和降低噪声等环境污染；

（2）增加进离场程序定位点，可提高终端区交通流量；

（3）精确引导可缩小航空器运行间隔，提高空域容量；

（4）减少陆空通话和雷达引导需求，降低飞行员、管制员的工作负荷，可提高飞行安全裕度；

(5)解决受地形影响的复杂机场运行问题；

(6)降低导航系统和基础设施投入和运行成本,提高整体运行效益。

可以说,PBN 技术的实施在安全、容量、效率、环境、经济等方面获得了很大的收益。

6.8　本章参考文献

[1] 吴德伟.导航原理[M].北京:电子工业出版社,2015.

[2] 黄智刚.无线电导航原理与系统[M].北京:北京航空航天大学出版社,2007.

[3] 申安玉,等.自动飞行控制系统[M].北京:国防工业出版社,2003.

[4] 程农,李四海.民机导航系统[M].上海:上海交通大学出版社,2015.

[5] 李志超.基于性能的飞机四维航迹计算模型研究[D].天津:中国民航大学,2015.

[6] 陈正举.大飞机轨迹优化与四维导航算法研究[D].哈尔滨:哈尔滨工业大学,2008.

[7] 刘莉雯.四维航迹规划综述[J].计算机产品与流通,2018(3):11 - 13.

[8] 吴森堂,费玉华.飞行控制系统 [M].北京:北京航空航天大学出版社,2005.

[9] 李广文,贾秋玲,齐林,等.基于 4D 航迹的飞机连续下降运行飞行引导技术 [J].中国科学:技术科学,2018,48(3):11 - 15.

[10] 王倩营.基于性能的导航(PBN)发展研究[J].电子测试,2019,409(4):123 - 125.

[11] 王红力.PBN 导航系统性能分析与研究[D].广汉:中国民用航空飞行学院,2011.

[12] 孙晓敏,王丹,戴苏榕,等.支持基于性能导航运行的飞行管理系统需求分析[J].航空电子技术,2018,175(4):21 - 28.

第7章　自动进场与着陆

7.1　概　　述

进近着陆阶段是事故多发阶段,也是最复杂的飞行阶段。由于这一阶段飞行高度低、能量低,所以对飞机安全的要求也最高,尤其在终端进近时,飞机的所有状态都必须高精度保持,直到准确地在一个规定的有限区域接地。

7.2　自　动　进　近

7.2.1　自动进近分类

自动进近分为精密进近和非精密进近两类。

(1)精密进近:使用仪表着陆系统(ILS)、微波着陆系统(MLS)或精密进近雷达(PAR)提供方位和下滑引导的进近。

(2)非精密进近:使用甚高频全向信标台(VOR)、无方向性无线电信标台(NDB)或航向台(LOC)(ILS下滑台不工作)等地面导航设施,只提供方位引导,不提供下滑引导的进近。

7.2.2　功能及设备

ILS目前发展得比较成熟,但只能提供单一而又固定的下滑道,波束覆盖区小,纵向导引范围只有$-2.5°\sim2.5°$,且易受干扰;MLS的主要优点是导引精度高、比例覆盖区大,可提供左右$120°$、上下$20°$的制导范围,具备各种进场航线和全天候导引功能,在其制导范围内采取分段式的进近,用来避开噪声和障碍物。大范围的初始进近角度和更短的最终进近距离能提供更高效的机场空中管制,以及缓解机场跑道拥挤和提高飞机着陆安全性,但造价高,地面和机载设备要求高,换装代价较大,发展受到限制。

卫星着陆系统(GLS)利用差分GPS技术可以使导航位置精度达到$1\ m$,与仪表或微波

— 148 —

着陆系统相比,卫星着陆引导系统安装和维护更简单,成本更低廉,对于没有安装 ILS 和 MLS 的简易机场是个不错的选择。此外,GLS 可以采用曲线或阶梯形状的进近轨迹,对于周边地形复杂的机场可以提供更为灵活的进近方式。

7.2.2.1　航向台

航向台(Localizer,LOC)一般位于距跑道终端 300 m 的跑道中心线的延长线上,具体位置可根据机场情况进行适当调整。航向信标天线产生辐射场,在通过跑道中心线延长线的垂直平面内形成航向面或航向道,用来提供飞机偏离航向道的航向引导信号。当飞机高度在 600 m 以上时,要求在航向道左右 $10°$ 扇形范围内的有效导航距离应达 $18\sim25$ n mile;在航向道左右 $35°$ 扇形范围内的有效导航距离应达 $10\sim17$ n mile。航向台发射的载波频率为 $108\sim112$ MHz,每隔 50 kHz 为一频点,共划分了 40 个波道。其识别信号为 1 020 Hz 调制的 $2\sim3$ 个英文字符的莫尔斯电码。

航向台的基本工作原理是:航向台向空中发射两种信号,一种是调幅信号,由载波和调幅边带波组成,称为 CSB 信号;另一种是载波被抑制掉的调幅信号,仅由调幅边带波组成,称为 SBO 信号。调幅波的频率是 90 Hz 和 150 Hz。如图 7 - 1 所示:航向台发射的 CSB 信号在跑道中心线方向上最强,两边逐渐减弱;而 SBO 信号在跑道中心线方向上为"0",在偏离中心线的两边逐渐增强。将这两种信号叠加,则在跑道中心线方向上的 SBO 信号为"0",只有 CSB 信号,CSB 信号的 90 Hz 和 150 Hz 调制信号的幅度相等,这两个调制信号的差值为"0",即调制深度差 DDM 为"0"。在跑道中心线左侧,CSB 信号和 SBO 信号同时存在,两种信号混叠在一起。CSB 信号和 SBO 信号的 150 Hz 分量相位相反,相互抵消而减小,而 90 Hz 分量相位相同,得到加强,因此在跑道中心线的左侧,90 Hz 调制信号的幅度大于 150 Hz 调制信号的幅度,这两种调制信号的差值大于 0,即调制深度差 DDM 大于 0。在跑道中心线右侧,CSB 信号和 SBO 信号同时存在,两种信号混叠在一起。CSB 信号和 SBO 信号的 90 Hz 分量相位相反,相互抵消而减小,而 150 Hz 分量相位相同,得到加强,因此在跑道中心线的右侧,90 Hz 调制信号的幅度小于 150 Hz 调制信号的幅度,这两种调制信号的差值小于 0,即调制深度差 DDM 小于 0。当飞机进入航向台信号覆盖区时,机载航向接收机对接收到的航向信号进行检测,如图 7 - 2 所示,在经过放大、变频、检波处理后,用低频滤波器将 90 Hz 和 150 Hz 的信号分开,得到 150 Hz 和 90 Hz 分量,然后计算两者的调制深度差 DDM。若 DDM 为 0,则飞机在跑道中心线方向上;若 DDM 大于 0,即 90 Hz 调制信号幅度大于 150 Hz 调制信号幅度,则飞机在跑道中心线的左侧;若 DDM 小于 0,即 90 Hz 调制信号幅度小于 150 Hz 调制信号幅度,则飞机在跑道中心线的右侧。

机载接收机收到信号经航向接收机处理后,输出飞机相对于航向道的偏离信号,经电子飞行仪表系统符号发生器,显示到驾驶舱仪表板上的电子水平状态指示器(Horizontal Situation Indicator,HSI)上。若飞机在航向道上,即对准跑道中心线,则偏离指示为零;如果飞机在航向道的左边或右边,航向指针就向右或向左指,给飞行员提供"飞右"或"飞左"的指令。

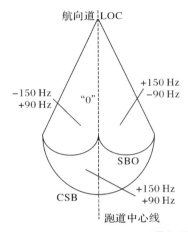

图 7 - 1　CSB 和 SBO 信号场型叠加原理

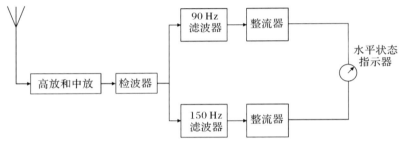

图 7 - 2　航向接收机工作原理图

7.2.2.2　下滑台

下滑台(Glide Slope,G/S)为着陆提供下滑偏差信号以引导飞机沿下滑线下降,其发射频率在超高频段(329.3~335 MHz),能够提供沿波束中心线−2.5°~2.5°范围内的偏差信号,正、负代表飞机处于波束中心线的上方或下方。

下滑台工作原理如下:如图 7 - 3 所示,下滑台向空中发射两种信号。一种是调幅信号,由载波和调幅边带波组成,称为 CSB 信号;另一种是载波被抑制掉的调幅信号,仅由调幅边带波组成,称为 SBO 信号。调幅波的频率是 90 Hz 和 150 Hz。设 C_D 和 C_F 分别代表接收机收到的直射和散射的 CSB 信号的幅度,由于 CSB 信号包含的 90 Hz 和 150 Hz 信号的方向图相位一致,接收的 CSB 信号中直射和散射的 90 Hz 信号幅度与直射和散射的 150 Hz 信号幅度相等,且都分别等于 C_D、C_F;S_D 和 S_F 代表收到的直射和散射 SBO 信号的幅度,接收的 SBO 信号中 90 Hz 和 150 Hz 信号的馈电相位反向。若 SBO 信号中直射和散射的 90 Hz 信号幅度为 S_D 和 S_F,则直射和散射的 150 Hz 信号幅度分别为 $-S_D$ 和 $-S_F$。由此可得叠加后 150 Hz 信号和 90 Hz 信号场幅度为

$$E_{150} = C_D + C_F - S_D - S_F \tag{7 - 1}$$

$$E_{90} = C_D + C_F + S_D + S_F \tag{7 - 2}$$

下滑偏差（DDM）定义为 90 Hz 信号和 150 Hz 信号对载波的调制度差，即

$$\text{DDM} = |E_{90}/E_{C}| - |E_{150}/E_{C}| \tag{7-3}$$

式中：E_C 为载波信号场幅度。

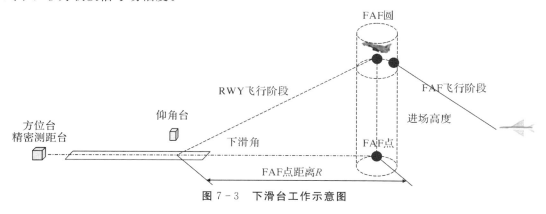

图 7-3　下滑台工作示意图

7.2.2.3　指点信标台

指点信标台配合仪表着陆系统使用，被架设在飞机进近方向的跑道中心线延长线上。其在距离跑道入口的几个特定位置点处垂直向上发射倒锥形波束，为飞机提供相对于跑道的位置信息和决断高度信息。

ICAO 规定，大中型机场应设置三个指点信标台，即外、中、内指点信标台，具体配置情况如图 7-4 所示，而小型机场一般只有外和中指点信标台。其中，外指点信标台设置在距跑道入口端约 7 200 m 处，中指点信标台设置在距跑道入口端约 1 050 m 处，内指点信标台一般设置在距跑道入口端约 75 m 处。实际应用时，可根据机场条件适当调整信标台的位置。它们的发射功率都为 12 W，载波频率为 75 MHz，采用莫尔斯幅度调制方式。

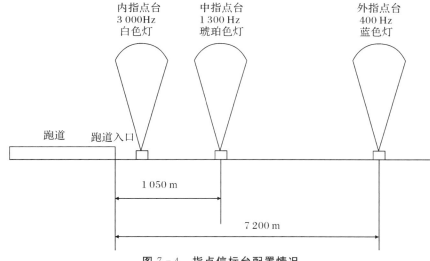

图 7-4　指点信标台配置情况

为便于飞行员识别正在飞越的是哪个指点信标台的上空，各个指点信标台采用不同频率的音频键控编码调制（见表 7-1）。当飞机飞越指点信标台上空的有效范围时，机载接收

机才能收到信号。由于各指点信标台发射信号的调制频率和识别码不同,所以机载接收机就分别使驾驶舱仪表板上不同颜色的识别灯亮,同时飞行员也可以通过耳机听到不同频率的音调和识别码来判断飞机在哪个信标台的上空,即知道飞机离跑道入口的距离。

表 7-1 指点信标台的音频键控编码调制

指点信标	调制频率/Hz	基带识别码	机上指示灯
外指点信标	400(1±2.5%)	每秒 2 个划,连续拍发	蓝色(或紫色)
中指点信标	1 300(1±2.5%)	2/3 s 1 个点和 1 个划,连续交	琥珀色(或黄色)
内指点信标	3 000(1±2.5%)	每秒 6 个点,连续拍发	白色

注:各指点信标调幅度应为(95±4)%。最常用的调制频率是 400 Hz、1 300 Hz 和 3 000 Hz,调制深度为 95%,它们之间可以用耳听鉴别,也可以用接收机输出端接上相应的滤波器来加以区分。键控组合通常由顺序轮流更换的点和划组成,在导航地图上或在一些特殊图表上,除了要标出指点信标台的地点外,还需说明属于这个指点信标台的键控信号。

无线电指点信标台工作在超短波段,这是因为对于指点信标台,主要要求其方向特性在水平面上是集中的,而在垂直方向上是伸展的,这样才能准确地提供它安装地点的信息。此外,还应保证电波能进行有效的辐射,使飞机在几十米到几千米的范围内都能够接收到无线电指点信标台的信号。另外,波束的横截面呈椭圆形,沿跑道方向较窄,一般张角为 40°~60°,能使飞机在波束上空的飞行时间持续几秒至几十秒,但若沿跑道方向太窄,飞机在波束上空飞行的时间太短,可能会来不及判别位置;若沿跑道方向太宽,则会出现指示位置不准确的情况。波束的横截面在沿垂直于跑道方向较宽,以便在飞机稍微偏离跑道方位时也能接收到信号。

指点信标台的原理框图如图 7-5 所示,主要包括方向性天线、超高频振荡器、调制器、低频振荡器以及键控器等。指点信标台接收机的原理框图如图 7-6 所示,当机上水平振子天线接收到指点信标发射的键控调幅信号后,经放大、检波得到低频信号,低频滤波器选择出调制频率信号,调制频率信号经整流后变成断续的直流信号,用来控制继电器的通断,进而控制部分灯、铃电路的通断,使灯和铃发出与监控信号相同规律的灯光和音响。飞行员根据灯和铃的工作情况确定飞机飞越哪个指点信标台,随着距机场的距离越来越近,灯光的闪烁和报警声音会逐级地越来越短促。

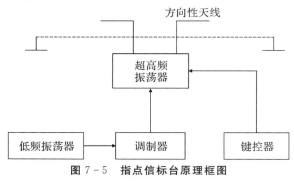

图 7-5 指点信标台原理框图

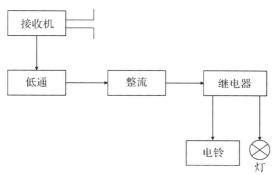

图 7 - 6　指点信标台接收机原理框图

7.2.2.4　VOR/DME 进近台

VOR/DME 组合可以用于自动进近,但用于自动进近的 VOR 设备与航路 VOR 设备有所不同。用于自动进近的 VOR 设备称为终端 VOR 信标,其辐射功率一般为 50 W,作用距离为 40~50 km,工作频率为 108~112 MHz,其频段与 ILS 航向信标共同占有。

终端 VOR 信标台设置在跑道轴线出口端的延长线上,可以跑道单方向设置终端 VOR 信标台,也可以双向设置,如图 7 - 7 所示。跑道 05R 对应的终端 VOR/DME 地面设备为 VOR/DME 台 2,跑道 23L 对应的终端 VOR/DME 地面设备为 VOR/DME 台 1,且 VOR 设备与 DME 设备绑定在同一个位置。图 7 - 7 中还描述了飞机相对地面 VOR 进近台的 VOR 方位角,其定义方式是磁北方向与飞机指向 VOR 进近台的夹角,顺时针为正。

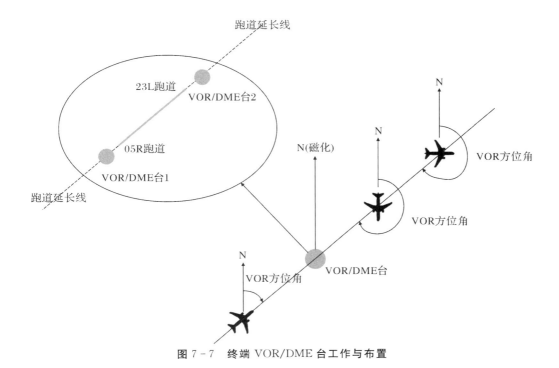

图 7 - 7　终端 VOR/DME 台工作与布置

7.2.3　自动进近程序

进近阶段,自动飞行控制系统接收 MLS/ILS 提供的航道偏差 E_K 和下滑偏差 E_T 控制飞机自动进近至决断高度。若采用伏尔方式进近,自动飞行控制系统控制飞机完成跑道对准,但不能控制下滑。

当飞机到达初始进近定位点(IAF)时,飞行员开始放襟翼构型(B737 是襟翼 5°)使飞机减速,并按要求下降高度。飞机放构型的目的是为了减速,因此后续进近过程放构型具体是根据进场管制要求速度来确定的,一般在距离着陆跑道 14 km 之后襟缝翼才会放至着陆构型,否则会拉长着陆时间,影响终端区交通管制流量控制。

当飞机航向与跑道向小于 90°(飞机处在四边,见图 7 - 8)时,飞行员就可以按压进近着陆按钮预位航向道、下滑道模态。在截获 E_K 和 E_T 门限前,航向道和下滑道处于预位状态(截获航向道之前,下滑道截获功能是被禁止的),飞行员可选择航向/航迹选择模态靠近跑道中心延长线。当到达 E_K 门限时,截获航向道,侧向控制飞机进行跑道对准,下滑道保持预位状态;当到达 E_T 门限时,截获下滑道,纵向控制飞机沿下滑波束线下滑,自动油门保持速度,直至到达决断高度完成进近。进近过程中飞行员可以根据情形选择是否进行复飞,复飞高度装订是在下滑道截获之后,若需要复飞,可按压两侧油门杆任一 TO/GA 按钮,自动拉起飞机进行复飞。下面以咸阳机场仪表进近为例说明进近过程。

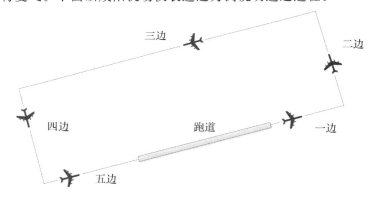

图 7 - 8　机场进近跑道五边示意

咸阳机场 05R 跑道航向 052°,导航台选择仪表着陆系统。图 7 - 9 中,IAF D20.3ZNX(含义是距离祖庵 ZNX 台为 20.3 n mile)为起始进近点,高度 2 100 m,放襟翼构型使飞机减速并开始降低高度。采用航迹选择模态以 175°航迹飞向跑道,同时采用垂直速度或航迹倾角模态下降高度至 1 850 m。当到达跑道延长线附近 D9.4ZNX 点时,将目标航迹由 175°调整为 82°,使飞机左转并准备以与跑道夹角 30°切入 52°跑道。在飞机航向小于 142°(夹角小于 90°)后,飞行员按压自动进近按钮(预位航向道模态和下滑道模态),满足航向道截获条件飞机被自动控制进行跑道对准,在到达 FAF 点之前纵向一般为高度保持。到达 FAF 点截获下滑道,设置复飞高度 900 m,控制飞机沿 3°下滑线下降。当飞机到达测距(IXW)8 n mile(QNH 高度 1 251 m/4 100 ft)时,将构型放至着陆状态,直到飞机下降至决断高 30 m 时,人工控制飞机拉平接地。若飞行员选择复飞,按压 TO/GA 按钮,根据复飞指引人工控制飞抬头,快速建立爬升率,爬升至 900 m 时右转飞向 ZS 台,爬升至 2 100 m 过台高度后联系空管 ATC 等待下一步指令。

当飞机从 FAF 点开始沿着 3°下滑线(GP3°)进近时,可以通过图中的地速预估下降率,并与实际下降率做对比判断飞机下降是否正常;使用高距比(测距与高度表格)来检查飞机是否运行在 3°下滑线上。图 7-9 中的测距单位是 n mile,高度是修正海压高度(QNH),单位为 m 和 ft。

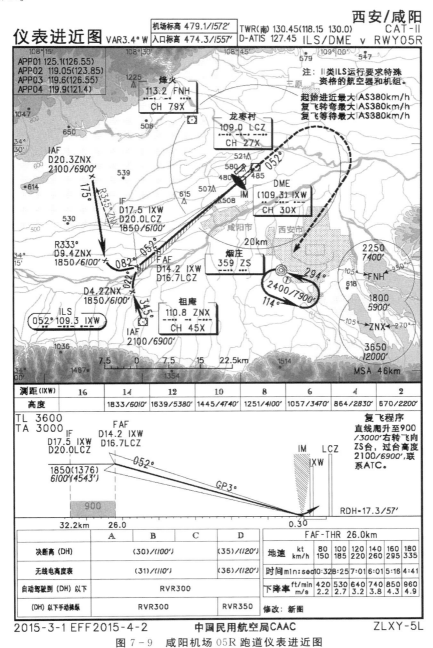

图 7-9 咸阳机场 05R 跑道仪表进近图

7.2.4 控制逻辑

在飞机终端进近时,可以选择 ILS 进近方式,也可以选择 VOR/DME 进近方式,下面以 ILS 自动进近为例描述自动进近控制逻辑。

ILS 自动进近由航向道(LOC)模态和下滑道(GS)模态组成,LOC 和 GS 分别包含准备状态和捕获状态。

LOC 捕获状态分为 LOC 捕获、LOC 初始跟踪、LOC 末端跟踪三个子模态。

在接通自动进近(APP)前,飞机以高度保持等垂直模态方式和航向/航迹保持、水平导航等水平模态方式飞行。接通进近模态后,首先进入 LOC 准备和 GS 准备。

典型的进近模态的控制逻辑如图 7-10 所示。当满足一定条件时,分别由 LOC 准备和 GS 准备进入 LOC 捕获和 GS 捕获。在 LOC 准备和 GS 准备状态时,进近模式不控制飞机,只有进入 LOC 捕获和 GS 捕获模式时才控制飞机。

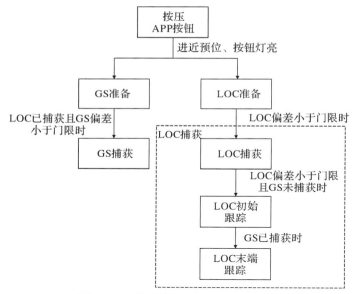

图 7-10　典型的进近模态的控制逻辑

7.2.5 控制律设计

进近模态的控制律由 LOC 控制律和 GS 控制律组成,两者共同作用控制飞机执行进近程序。

LOC 控制律用来控制飞机沿跑道方向的水平波束中线飞行,主要引入航道偏差 E_K,然后经过比例-微分-积分控制环节。为了更好地使进近侧向的控制精度满足指标要求,LOC 模态控制律须按照 LOC 捕获、LOC 初始跟踪、LOC 末端跟踪三个子模态进行分段设计。

LOC 捕获模态控制律采用航道偏差 E_K 的比例控制构型;LOC 初始跟踪控制律采用航道偏差 E_K 的比例-微分构型;LOC 末端跟踪控制律采用航道偏差 E_K 的比例-微分-积分构型。

GS 控制律用来控制飞机的下滑轨迹,引导飞机沿下滑道中心线下滑至决断高度,下滑道与跑道的夹角范围为 $2.5°\sim3.5°$。ILS 一般是固定的 $3°$ 下滑角,MLS 可由飞行员自定义下滑道角度。GS 控制律主要引入下滑道偏差 E_T,然后经过比例-积分控制环节。下滑时,飞机垂直速度一般为 $-4.5\sim-3.5$ m/s,因此还需要引入垂直速度反馈控制飞机下滑时的垂直速度。在一定下滑角下建立垂直速度基准,使飞机以一定的垂直速度下滑,同时利用下滑道偏差 E_T 信号,保证飞机沿下滑中心线飞行。在进行下滑时,还须控制飞机空速,可人工控制,也可使用自动油门进行控制。

航向道模态控制律算法为

$$p_c = K_\phi \phi + K_p p - \left(\frac{K_\xi}{1 + T_1 s} \xi + K_{\dot\xi} \frac{\xi}{s} + \frac{K_{\dot\xi}}{1 + T_2 s} \dot\xi \right) \tag{7-4}$$

式中:ξ 为航道偏差 E_K;$\dot\xi$ 为航道偏差 E_K 的微分信号;ϕ 为滚转角;p 为滚转角速率。

GS 控制律算法如下:

$$n_{zc} = K_\gamma \gamma + K_{\dot\gamma} \dot\gamma + \frac{K_{\Delta H}}{1 + T_3 s} \Delta \dot H + \frac{K_{\Delta H_s} \dot H}{s} \tag{7-5}$$

$$\Delta \dot H = \dot H - \dot H_{g1} - \dot H_{g2}, \ \dot H_{g1} = -v_g \tan\eta, \ \dot H_{g2} = -K_\eta E_T \tag{7-6}$$

式中:v_g 为地速;E_T 为下滑道偏差;γ 为飞行航迹倾角;$\dot\gamma$ 为飞行航迹倾角的微分信号;$\dot H$ 为垂直速度;η 为下滑道角度。

在工程中,为使进近模态工作平稳,控制精度满足指标要求,控制律算法需要考虑对航道偏差 E_K 信号和下滑道偏差 E_T 信号进行滤波以消除干扰。同时,因飞机越接近机场,航道偏差 E_K 和下滑道偏差 E_T 信号变化越敏感,控制律增益系数须根据无线电高度进行变增益调参和滤波,离地面越近,其增益系数越小。

以某飞机为例,对进近控制律进行仿真,仿真初始设置如下:

(1)飞机初始位置(10 km,40 km)离跑道中心线垂直距离大约为 10 km,水平距离大约为 40 km,飞机向东飞行;

(2)跑道进入口为坐标原点(0 km,0 km);

(3)CATⅡ进近,决断高度为无线电高度 30 m;

(4)飞机下滑角为 $2.75°$;

(5)飞机状态为自动油门接通,空速为 75 m/s,襟翼为 $35°$,质量为 46 t;

(6)进近截获前,飞机以高度保持和航向保持飞行,无线电高度为 500 m,航向与跑道呈 $45°$ 夹角。

如图 7-11 所示,起初飞机向东飞行,在初始位置时,飞机开始转弯,并以与跑道呈 $45°$ 夹角的航向接近 LOC 波束径向线,即跑道中心线;在(35 km,1.7 km)的位置开始截获 LOC 信标,且航道偏差 E_k 为 $2°$;截获 LOC 信标后,飞机开始转向跑道航向,经过几次轻微振荡,飞机逐渐正常跟踪跑道中心线。截获 LOC 信标后不久，飞机也截获 GS 信标，并以 -3.6 m/s的下滑垂直速度沿下滑道下滑直到 30 m 无线电高度结束，如图 7 - 12 所示。当飞机下滑到决断高度为无线电高度 30 m 时，飞行员可断开 AP 进行人工驾驶。自动进近控制过程中飞机状态参数变化如图 7 - 13 和图 7 - 14 所示。

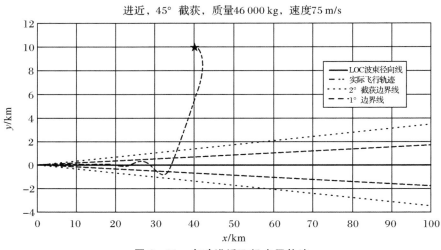

图 7 - 11　自动进近飞机水平轨迹

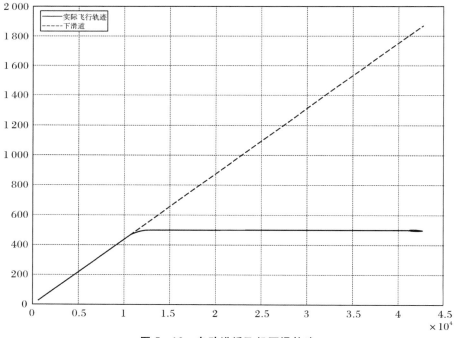

图 7 - 12　自动进近飞机下滑轨迹

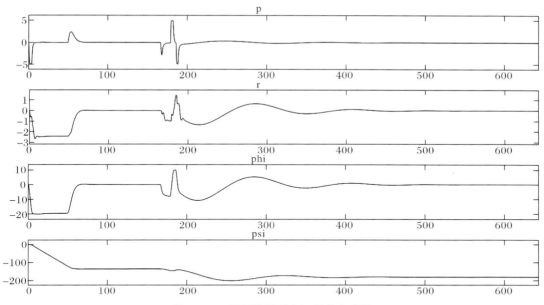

图 7 - 13　进近阶段侧向飞行状态参数

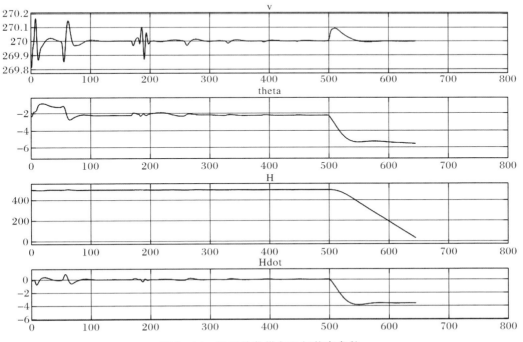

图 7 - 14　进近阶段纵向飞行状态参数

7.3　自　动　着　陆

仪表着陆系统(ILS)、微波着陆系统(MLS)和全球导航卫星系统(GNSS)等导航系统能够将飞机引导并控制到跑道入口,但要实现飞机机轮接地,并完成自动着陆功能,还需要拉平和纠偏等一系列操作。

7.3.1　自动着陆级别

按照 ICAO 规范,自动着陆等级划分为Ⅰ、Ⅱ、Ⅲ三级,Ⅲ级又分为Ⅲa、Ⅲb、Ⅲc 三个等级。着陆等级按能见度条件分类,能见度在垂直方向指允许的最小雾底部的高度,即决断高(DH);在水平方向指飞机对跑道的能见距离(RVR,简称跑道视距)。每个级别的规定都是 DH 和 RVR 的组合,如图 7 - 15 所示。

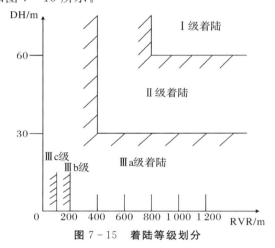

图 7 - 15　着陆等级划分

自动着陆标准Ⅰ级为跑道视距不小于 800 m,决断高度不低于 60 m;自动着陆标准Ⅱ级为跑道视距不小于 400 m,决断高度低于 60 m 但不低于 30 m。自动着陆Ⅰ、Ⅱ级是控制系统将飞机引导到决断高度上,然后断开自动驾驶,由飞行员人工操纵飞机至着陆滑跑,或者在决断高度实施复飞操作。

自动着陆标准Ⅲ级中各等级有着明确的等级划分。Ⅲa 级自动着陆指决断高度低于 30 m 或无决断高、跑道视距为 200~400 m 的仪表着陆,允许飞机在自动飞行控制系统控制下完成自动进场和自动拉平功能,在飞机接地后由飞行员接管飞机,人工操纵飞机跑道滑行和退出跑道。Ⅲb 级自动着陆指决断高度低于 30 m 或无决断高、跑道视距为 50~200 m 的仪表着陆,允许飞机在自动飞行控制系统控制下完成自动着陆和自动拉平阶段,在地面滑跑过程中由飞行员接管飞机,并在可提供的目视视距下人工操纵飞机跑道滑行和退出跑道。Ⅲc 级自动着陆没有决断高和跑道视距的限制,是真正意义上的全天候自动着陆,飞机可根据外部气象条件和自身参数的变化,进行自动着陆修正功能。

欧美等航空发达国家已经掌握Ⅱ级以上进近着陆控制以及 ILS、MLS、GNSS 导航等关键技术。表 7 - 2 为 FAA 和 ICAO 制定的着陆精度要求,其着陆精度是由水平和垂直的误差极限来表示的。可以看到,FAA 规定的着陆精度要求要比 ICAO 严格,ICAO 只是给出了所允许的工作性能上限。

表 7 - 2　FAA 与 ICAO 导航系统精密进近着陆精度要求

着陆等级	参考点 无线电高度/m	横向精度要求(2σ)/m		垂直精度要求(2σ)/m	
		FAA	ICAO	FAA	ICAO
Ⅰ 级	60	9.1	17.1	3	4.1
Ⅱ 级	30	4.6	5.1	1.4	1.7
Ⅲ 级	15	4.1	4	0.5	0.6

表 7 - 2 要求是针对 ILS 地面设备制定的,前提是假定下滑角等于 3°、跑道入口与航向信标天线之间的距离是 8 000 ft(约 2 400 m)。表中所规定的横向精度和垂直精度是相对进场路径的参考点而言的,Ⅰ 级参考点为无线电高度 60 m,Ⅱ 级参考点为无线电高度 30 m,Ⅲ 级参考点为无线电高度 15 m(即跑道入口点正上方),其含义是飞机若要达到相应着陆等级,则其经过参考点处的横向误差和垂直误差应满足表中规定的精度要求。

波音和空客研制的现代民航客机都具备 Ⅲ 级自动着陆的能力,B777 飞机已经能达到 Ⅲb 级着陆,甚至地面滑跑和发动机反推也实现了自动控制。但是,绝大多数机场不具备 Ⅲ 级着陆地面设备,因此实际上民航飞机主要以 Ⅱ 级进近着陆标准来运营。

飞机自动着陆控制分为纵向和侧向两部分。按照飞机正常的着陆程序,当飞机带构型飞向五边时,为保证飞行安全,首先进行侧向控制,侧向控制保证飞机以一定的航迹角捕获到航向信标,保持飞机对准跑道,并在有侧风时对干扰进行抑制,以保证飞机在着陆过程中安全降落到跑道上。其次进行纵向控制,纵向控制包括飞机按照规定下滑角的下滑控制和下滑末端的拉平控制,纵向精确控制是保证飞机按照预定下滑轨迹和拉平轨迹安全着陆的关键。下滑阶段的侧向控制起协调作用,以控制着陆时的侧向偏移,防止飞机大滚转角导致机翼擦地,B777 飞机在无线电高度小于 60 m 后不允许自动控制下的滚转角指令超过 7°。当飞机接近地面跑道时,为了纠正飞机航向与跑道方向的偏差,通过自动控制方向舵使飞机快速完成纠偏动作,保证着陆点机轮方向对正跑道方向。飞机着陆时机轮的接地顺序是先后轮再前轮,前轮接地后,自动飞行控制系统与前轮控制系统交联,控制前轮偏度,使飞机沿着跑道中心滑行。自动着陆过程中的油门控制是按阶段进行分别控制。在拉平之前,自动油门保持目标表速;在拉平过程中,油门杆自动收至空中慢车状态;接地时刻断开自动油门功能,由飞行员按需操纵反推。

7.3.2　拉平控制

自动飞行控制系统根据无线电高度信号进行拉平时机判断。当无线电高度小于 15 m 时,自动进入拉平控制。现代客机和运输机拉平控制采用的都是指数曲线着陆轨迹(见图 7 - 16),其中 H_{flare} 是拉平起始高度。

如果每一时刻飞机下滑垂直速度正比于当前高度,就得到这样的着陆轨迹,即

$$-\dot{H} = \frac{H}{T} \tag{7-7}$$

式中:T 为指数曲线的时间常数,单位为 s;H 为从拉平轨迹渐近线算起的当前高度,单位为 m。

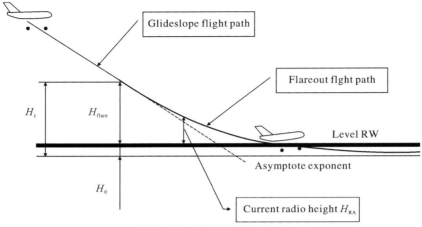

图 7 - 16　指数曲线着陆轨迹

方程式(7-7)的解就是相对于拉平轨迹渐近线的当前高度值:

$$H(t) = H_z e^{-\frac{t}{T}} + H_0 \tag{7-8}$$

式中:H_z 为相对于拉平轨迹渐近线的拉平开始高度,单位为 m;H_0 为跑道平面与拉平指数渐近线的垂直距离(见图 7-17),单位为 m。

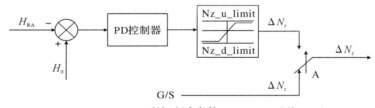

开关A闭合条件:$H_{RA} < H_{flare}$(约 15 m)

图 7 - 17　拉平段纵向控制律结构图

根据式(7-8),拉平段的纵向控制律结构设计如图 7-17 所示,其中 $H_0 = H_{flare} - H_z$。若 $H_0 = 0$,则理论上飞机无限接近跑道,但是无法接地,因此一般都会给定一个非零 H_0,让飞机尽快接地。H_0 与速度相关,一般取值 $-3 \sim -0.5$ m。拉平控制算法中无线电高度 H_{RA} 信号与指数渐进差 H_0 经过 PD 控制器后,转换为法向过载控制增量 ΔN_z 送往电传飞行控制律。接通拉平控制的判断条件是当前无线电高度是否小于拉平起始高度 H_{flare},拉平起始高度 H_{flare} 根据垂直速度确定,一般取值 12~18 m。

拉平控制的无线电高度和垂直速度仿真结果如图 7-18 和图 7-19 所示。

如图 7-20 所示,当 B777 飞机的拉平模态接通时,显示在字符 G/S 下一行的白色 FLARE 字符,跳到上一行并覆盖 G/S。在拉平过程中,飞机接地点大约在过了下滑信标发射塔 450 ft 后,以 1.5 ft/s 的垂直速度接地。不同的拉平起始高度决定了不同的接地速度,B777 飞机使用下降率(每秒下降英尺数值)来决定拉平起始高度。当无线电高度小于 5 ft 且俯仰角小于 2°时前轮接地,前轮接地指令让飞机的前轮自动接地,完成前轮接地后,PFD 上的俯仰模态显示空白。

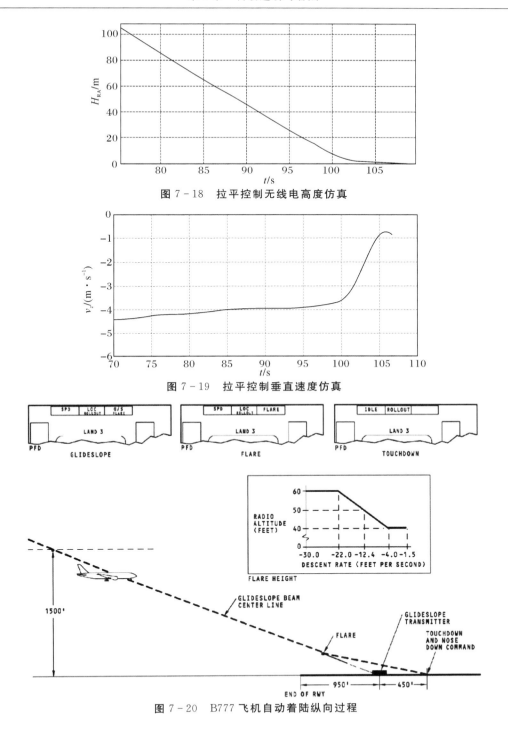

图 7-18 拉平控制无线电高度仿真

图 7-19 拉平控制垂直速度仿真

图 7-20 B777 飞机自动着陆纵向过程

7.3.3 纠偏控制

由于机场附近存在不可避免的风影响,实际飞机航向与航迹略有偏差,局限于低高度不允许飞机有较大的滚转机动,所以飞机在自动着陆时往往需要通过控制方向舵设计自动纠偏控制功能。

自动着陆过程中的纠偏控制不能过早,也不能过晚,过早纠偏会使飞机的着陆点航迹偏离跑道,过晚纠偏则会使飞机在接地时刻机头还未对准跑道。自动纠偏高度根据偏流角大小确定,对于大部分偏流角小于 5°的飞行情况,自动纠偏功能一般取无线电高度小于 5 m 开始控制。控制方程为

$$\delta_r = \begin{cases} 0, & H_{RA} > 5 \text{ m} \\ \left(K_{pesi1} + K_{pesi2}s + K_{pesi3}\dfrac{1}{s} \right)(\Psi_{LOC} - \Psi), & H_{RA} \leqslant 5 \text{ m} \end{cases} \quad (7-9)$$

式中:Ψ 为飞机当前磁航向角,单位是(°);Ψ_{LOC} 为着陆跑道航向角,单位是(°)。

图 7-21 为自动纠偏通过方向舵的控制律设计框图,其中 Pesi 表示飞机当前磁航向角,Pesi_LOC 表示着陆跑道磁航向角,控制律根据无线电高度判断接通方向舵控制指令 Ap_Land_Rudder。

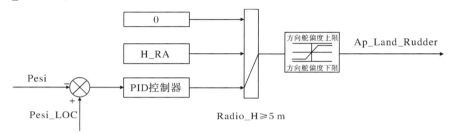

图 7-21　自动纠偏方向舵控制

从纠偏控制开始直到飞机接地后,副翼指令始终保持机翼水平。飞机接地后,纠偏控制仍然有效,此时是通过综合控制方向舵与前轮使飞机在跑道中心线滑行。

B777 飞机的纠偏控制发生高度随侧风大小不同而变化。若偏流角大于 10°(大侧风),则在 500 ft 高度开始纠偏,自动飞行控制发出的纠偏指令一次可以纠 5°。若偏流角在 5°~10°之间(中等侧风),500 ft 纠一次,200 ft 再纠一次。两次纠偏合起来使偏流角减小 5°。当偏流角小于 5°时,只在 200 ft 纠一次,且一次消除偏流角。B777 飞机起落架接地后,机头纠偏控制对应的显示模态名称为 ROLLOUT(滑行),跑道对准在 1 500 ft 时预位,当飞机以自动驾驶方式下降到 2 ft 以下时,字符 ROLLOUT 代替字符 LOC 显示在主飞行显示器 PFD 上,直到飞行员断开自动驾驶并将飞行指引开关拨到断开位,如图 7-22 所示。

7.3.4　油门控制

自动着陆过程中的油门控制与纵向控制模态有关。飞机拉平前和拉平过程中以表速控制为主,接地前后,油门逐渐收至慢车位,使飞机能落在跑道上。

飞机表速控制一般需要采用 PID 算法,油门收至慢车位则转为推力控制算法。B777 飞机在拉平过程中将油门收至慢车位的判断高度设定为 25 ft,即当无线电高度小于 25 ft 时,自动飞行控制将油门自动收至慢车位,并在飞行状态通告区 FMA 显示 IDLE 字符。根据经验,建议运输类飞机拉平阶段的油门收慢车条件为无线电高度 7 m 以下。

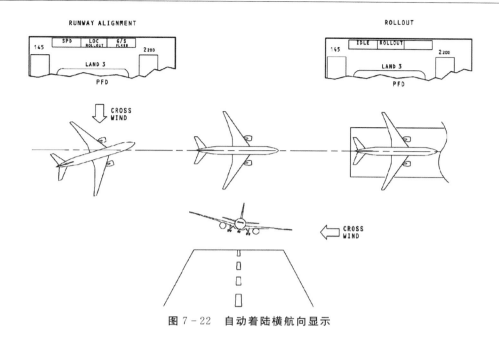

图 7 - 22　自动着陆横航向显示

7.4　本章参考文献

［1］吴文海,程传金.飞行综合驾驶系统导论［M］.北京:航空工业出版社,2009.

［2］高金源,冯华南.民用飞机飞行控制系统［M］.北京:北京航空航天大学出版社,2018.

［3］申安玉,申学仁,李云保.自动飞行控制系统［M］.北京:国防工业出版社,2003.

第8章　起飞/复飞控制

8.1　概　　述

起飞是整个飞行过程中较为关键的一个阶段,航空事故统计表明,起飞的 3 min 是飞行事故的多发期,因此,起飞阶段的控制功能设计需要充分考虑安全性及稳定性。目前,国内外包括波音、空客飞机常见于使用起飞/复飞指引功能辅助飞行员完成起飞和复飞操作。

起飞/复飞控制是指由飞行指引和自动油门配合完成起飞的过程。为保证起飞的安全性,需要设置一个安全高度,安全高度以下,由飞行员跟随飞行指引进行起飞操作,飞机爬升至安全高度以上可以接通自动驾驶,由自动飞行控制系统接替飞行员控制飞机。自动油门可以不受安全高度限制,全程都可接通并工作在推力基准状态,飞行员可选择减推力起飞或全推力起飞,详见第 10 章。

8.2　起　飞　控　制

8.2.1　起飞过程

如图 8-1 所示,飞机从滑跑开始,爬升到机场上空的安全高度(一般为飞行员预先设定的巡航高度),这一加速运动过程称为起飞。起飞过程按照速度划分包括:

(1)地面滑跑。该阶段为发动机开车至起飞推力,飞机开始滑跑。

(2)到达起飞决断速度(v_1)。飞机滑跑过程加速至 v_1,飞机速度到达 v_1 之前飞行员可根据实际情况取消起飞,收油门至慢车,一旦速度超过 v_1,必须完成起飞。

(3)到达抬前轮速度(v_R)。滑跑加速至 v_R,飞行员可拉杆控制飞机离地爬升。

(4)爬升加速至起飞安全速度(v_2)。起飞安全速度 v_2 是飞机起飞后必须尽快达到的速度,小于该速度会有失速的风险。

(5)爬升加速至目标速度。在飞机爬升加速达到 v_2 以后,为了确保安全,一般会在 v_2 的基础上增加一个余量作为目标速度进行爬升,直到爬升到 AFCU 预先设定的巡航高度改平完成起飞过程。

v_1、v_R、v_2 由飞管系统根据飞机性能计算得出,并在 PFD 速度带上显示。

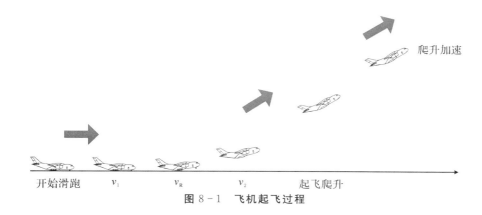

图 8-1　飞机起飞过程

8.2.2　功能设计

起飞指引功能分为起飞纵向指引功能和起飞侧向指引功能。飞行员按照指引指令控制飞机舵面(升降舵和副翼),纵向以保持目标俯仰角或目标表速的方式爬升,侧向保持机翼水平或窗口装订航迹(一般为跑道航迹),自动油门工作在推力基准提供总能量。

起飞滑跑阶段,起飞纵向指引以保持目标俯仰角进行指引指令解算,当飞机表速超过抬前轮速度 v_R 时,飞行员拉杆控制飞机姿态到达起飞纵向指引位置;起飞侧向指引以保持机翼水平进行指引指令解算。

起飞爬升阶段,起飞纵向指引将以保持目标俯仰角逐渐过渡到以保持目标表速进行指引指令解算;起飞侧向指引以保持窗口航向或航线进行指引指令解算。

8.2.3　控制逻辑

飞机在地面进入起飞指引前,需要飞行员在控制面板速度窗口将表速设置为略大于 v_2,即起飞安全速度。襟翼放置在起飞位,当飞行员按压 TO/GA 按钮时,进入起飞指引模态,油门自动接通并工作在推力基准模态,飞机开始滑行,当表速达到 v_R(即抬轮速度)时,起飞指引模态按照爬升率分三个阶段控制飞机拉起。

飞机起飞模态的流程包括"起飞前""起飞""离地/升空""爬升"四个阶段。"起飞前"指飞机速度为零,静止在地面,一般用地速小于 15 km/h 来判断;"起飞"指飞机已经开始滑跑,一般定义为速度大于 60 km/h。根据飞机所处起飞前或起飞阶段,起飞指引模态的接通逻辑有所区别。

(1)起飞模态接通逻辑。

1)当飞机处于"起飞前"阶段,起飞模态接通,须满足以下所有条件:

A.飞行控制板上的飞行指引接通开关至少有一个处于"接通"位置;

B.飞机机轮承载有效;

C.模态所需数据有效;

D.飞行员按下油门杆上的"TO/GA"按钮。

2)若起飞前飞行员未将飞行指引开关拨到"接通"位置,自动飞行控制系统提供"POP

UP"保证起飞指引功能仍能工作。当如下所有条件同时满足时,将自动接通起飞指引模态,并在 PFD 上自动显示起飞信息。需同时满足的条件如下:

  A. 两侧飞行指引开关均处于"断开"位置;

  B. 模态所需数据有效;

  C. 后缘襟翼处于"放下"位置;

  D. 飞行员按下油门杆上的"TO/GA"按钮。

  计算机总是被动的,如果采用"POP UP"方式接通起飞指引,需要飞行员将任一飞行指引开关拨到"接通"位置,否则计算机无法主动地在起飞达到目标高度后切换到高度保持模态,即无法通过自动方式退出起飞模态。

  (2)起飞指引模态退出逻辑。当满足以下任意一个条件时,起飞指引模态退出:

  1)起飞指引模态所需数据任意一个无效。

  2)飞行控制板上的飞行指引开关由"接通"到两个均置于"断开"位置。

  3)接通任一纵向模态。

  起飞控制中若要断开自动油门,则需要按压油门杆上的 AT 切断开关。

8.2.4 控制律设计

  起飞指引模态下,纵向指引根据爬升梯度分为三个阶段。当爬升率较低时,保持固定俯仰角爬升;在建立足够的爬升率后,可采用定空速方式爬升。为保证控制指令的连续性,控制方式转换时需进行淡化处理。起飞过程侧向控制须避免机动动作。当飞机高度较低时,侧向保持机翼水平;在达到一定高度后,可保持窗口装订航迹。控制律框图如图 8-2~图 8-5 所示。

  (1)起飞纵向控制律设计。

  1)第一阶段,当爬升率低于 600 ft/min 时,保持固定俯仰角 7°~8°。

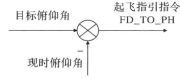

图 8-2 起飞指引俯仰角保持控制律

  在该阶段,起飞指引控制律直接将目标俯仰角与现时俯仰角差值作为起飞指引指令 FD_TO_PH。

  2)第二阶段,当爬升率大于 600 ft/min 且小于 1 200 ft/min 时,采用俯仰角保持和空速控制的混合控制,用于指令 FD_TO_M 的平缓过渡。

$$FD\_TO\_M = K_1 \cdot FD\_TO\_PH + K_2 \cdot FD\_TO\_V$$

式中:K_1、K_2 分别为俯仰角指引指令和速度指引指令权重比例。

  3)第三阶段,当爬升率大于 1 200 ft/min 时,保持目标表速。

  正常起飞条件下,目标速度为以下两者中较大者:

  A. $v_2 + 15$ kn;

  B. 离地表速 + 15 kn。

如果表速超过目标速度且持续 5 s,目标速度自动更新为现时表速,同时目标速度最大限制为 v_2+25 kn。

起飞指引进入表速保持阶段后,在已控制目标速度的前提下,引入飞机剩余动能,即能量角支路。能量角支路表征速度不变情况下,飞机所能达到的最大爬升角度,FD＿TO＿V 为第三阶段起飞纵向指引指令。

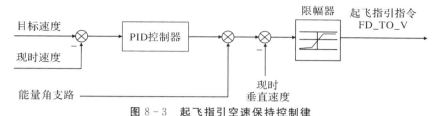

图 8 - 3　起飞指引空速保持控制律

起飞或复飞过程中如果遇到风切变,该控制算法仍能提供保护并将飞机控制在以下安全速度区间内:

A. 襟翼标牌速度;

B. 最大操纵速度(v_{MO}/M_{MO});

C. 最小速度。

(2)起飞指引侧向控制律设计。当飞机未离地或高度较低时,侧向控制飞机机翼处于水平位置。当飞机达到一定高度时,转换为航迹保持控制。

1)第一阶段,无线电高度小于 50 ft,侧向保持机翼水平,控制律如图 8 - 4 所示。

图 8 - 4　起飞指引侧向机翼水平控制

其中,目标滚转角为 0,通过与现时滚转角比较可以产生飞机改平的指引指令。为增加飞行安全,需要对指引指令进行限幅处理。FD＿TO＿lat1 为第一阶段侧向指引指令。

2)第二阶段,无线电高度大于 50 ft,侧向保持窗口装订航迹,控制律如图 8 - 5 所示。

图 8 - 5　起飞指引侧向控制律

其中,目标航迹一般为窗口装订航迹,FD＿TO＿lat2 为第二阶段侧向指引指令。为增加飞行安全,需要对指引指令进行限幅处理。

(3)起飞指引退出。飞行员跟随起飞指引指令操纵或由自动飞行控制系统控制飞机爬升,直到捕获控制面板预先设定的巡航高度,自动飞行控制系统自动将起飞模式转换为高度保持模式;在起飞过程中安全高度以上且捕获预定高度前,飞行员可以选择接通其他模式退出起飞模式,也可选择将两侧飞行指引开关拨到"关闭"位置退出起飞模式。

8.3 复飞控制

8.3.1 复飞过程

复飞是指飞机在进近着陆中会到达一个决断高度,当飞机下降到该高度时,飞行机组发现飞机着陆条件不充分时中断进近,使飞机按照指定或者规定程序上升到一定高度的飞行过程。飞机在着陆过程中,在不能完成建立安全稳定的进近或者无法确保正常落地的条件下,飞行机组必须按照规定执行复飞程序。管制员在指挥调配飞机进近时必须要考虑可能会发生复飞的情况,复飞也是管制员指挥调配飞机运行的一个非常重要的方式。1992 年 9 月 8 日,中国民航局发布的《关于确保飞行安全的命令》中所提倡的"八该一反对"中第一条就明确规定"该复飞的复飞",可见复飞在飞机飞行过程中的重要程度,它是保证飞行安全的重要措施之一。

如遇到下列情况之一,则必须中止进近,果断复飞:

(1)天气因素。

1)进近中,飞机下降到最低下降高度(或决断高度)看不到跑道或引进灯;

2)进近中,跑道上空有雷雨过境或高原、山区机场遇到中度以上颠簸;

3)进近中,跑道风向风速突然改变,侧风或者顺风超过标准;

4)进近中,天气实况低于机场的天气标准或遇低空风切变无法正常进近;

5)进近中,跑道积水、积雪、结冰使污染程度超过标准;

6)进近中,突遇降雪、低云烟雾、暴雨影响视线或夜间进近打开着陆灯出现光屏。

(2)飞机设备和地面导航设施。

1)自动定向仪(Automatic Direction Finding,ADF)进近着陆过程监听到 NDB 呼号不对或工作不正常,或 ILS 进近地面发射信号或机上接收信号不正常,又不能目视着陆;

2)下降过程中失去地空联络或进近中管制信号突然中断,没有收到明确可以着陆的指令;

3)长五边发生单发、失火、失速告警、起落架告警、近地告警等故障,处置后不能正常着陆或没有做出任何处置方案;

4)进近中发现左、右座仪表指示误差较大,飞行员感觉判断飞机位置困难;

5)夜航、低云、低能见度,进近中发现进近灯故障或跑道灯故障,看不清跑道。

(3)人为因素。

1)五边飞行时,机长对飞机状态不清楚;

2)进近简述完成不全面,机组对进近程序有异议;

3)进近中机组成员身体不适,影响继续进近;

4)进近中跑道上有障碍物或跑道附近有鸟群,影响飞行安全。

(4)空中交通管制。

1)下滑着陆时,有迫降的飞机优先着陆;

2)2 架飞机同时下滑着陆,前面、左侧或高度较低的飞机正在降落,而自己在后面、右侧或高度较高的飞机;

3)本场训练飞行下滑着陆,同时有航班飞机跟进,影响航班飞机正常着陆;

4)ATC 指令复飞。

复飞方式要根据当时的飞行模式进行准确地操纵,正常情况下有三种,一是自动复飞,二是人工复飞,三是单通道复飞。特殊情况下有单发复飞和系统故障条件下的复飞。自动复飞需要由自动驾驶和自动油门协调完成,因此,首先需要保证自动驾驶和自动油门能够正常工作;其次无线电高度表等信号源作为复飞功能实现的基础也必须正常,在此基础上才能进入复飞模态。常见的复飞控制形式是飞行员根据复飞指引操纵飞机,而自动油门根据需要将发动机自动推至复飞推力。本书主要描述以复飞指引加自动推力方式的自动飞行控制设计过程。

8.3.2　功能设计

复飞指引功能分为复飞纵向指引功能和复飞侧向指引功能。飞行员按照指引指令控制飞机舵面(升降舵和副翼),纵向以保持目标俯仰角或目标表速的方式爬升,侧向保持机翼水平或窗口装订航迹(一般为跑道航迹),自动油门工作在推力基准提供总能量。

复飞初始阶段,复飞纵向指引以保持目标俯仰角进行指引指令解算,复飞侧向指引以保持机翼水平进行指引指令解算。

复飞爬升阶段,复飞纵向指引将以保持目标俯仰角逐渐过渡到以保持目标表速进行指引指令解算,复飞侧向指引以保持窗口航向或航线进行指引指令解算。

8.3.3　控制逻辑

复飞指引模式通过油门杆上的任一 TO/GA 开关按压来激活。进入复飞指引模式后,将退出现有的控制模式。

当无线电高度表有效且低于 2 500 ft,或无线电高度表无效、相对气压高度小于 1 700 ft,且满足以下条件时,进入复飞指引模式:

(1)飞机在空中或飞机在地面(主轮接地)小于 40 s;

(2)飞行员按下油门杆上 TO/GA 开关;

(3)飞机襟缝翼放置于复飞位或着陆位。

复飞指引同样提供"POP UP"方式,若两侧飞行指引开关均处于"关闭"位置,飞行员也可通过按压 TO/GA 开关接通复飞指引模态,当满足以下条件时,进入"POP UP"复飞指引模式:

(1)两侧飞行指引开关均处于"关闭"位置;

(2)飞行员按下油门杆上 TO/GA 开关;

(3)飞机襟缝翼放置于复飞位或着陆位。

计算机总是被动的,如果采用"POP UP"方式接通复飞指引后,需要飞行员将任一飞行指引开关拨到"接通"位置,否则计算机无法主动地在复飞达到目标高度后切换到高度保持模态,即无法通过自动方式退出复飞模态。

复飞指引与起飞指引相似,同样使用俯仰基准和速度基准。

(1)俯仰基准:保持固定的俯仰参考实现爬升。

(2)速度基准:基于襟翼参考速度实现复飞爬升。

8.3.4 控制律设计

复飞指引模态下,飞行指引须同时控制纵向和侧向,纵向根据爬升梯度分为三个阶段。当爬升率较低时,保持固定俯仰角爬升;在建立足够的爬升率后,可采用定空速方式爬升。为保证控制指令的连续性,控制方式转换时需进行淡化处理。复飞过程侧向控制需避免大机动动作。当飞机高度较低时,侧向保持机翼水平;在达到一定高度后,可保持窗口航迹。控制律框图如图8-6~图8-9所示。

(1)复飞纵向控制律设计。

1)第一阶段,当爬升率低于600 ft/min时,保持固定俯仰角7°~8°。

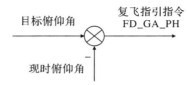

图8-6 复飞指引纵向俯仰角保持

在该阶段,同起飞指引控制律,复飞指引控制律直接将目标俯仰角与现时俯仰角差值作为复飞指引指令 FD_GA_PH。

2)第二阶段,当爬升率大于600 ft/min且小于1 200 ft/min时,采用俯仰角保持和空速控制的混合控制,用于指令 FD_GA_M 的平缓过渡。

$$FD\_GA\_M = K_1 \cdot FD\_GA\_PH + K_2 \cdot FD\_GA\_V$$

式中:K_1、K_2分别为俯仰角指引指令和速度指引指令权重比例。随着爬升率的增加,俯仰角指引权重减小,速度指引权重增加。

3)第三阶段,当爬升率大于1 200 ft/min时,保持目标表速。

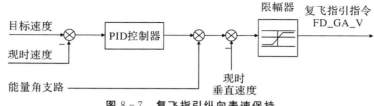

图8-7 复飞指引纵向表速保持

考虑复飞过程中随着高度增加,需要逐步收起襟翼,因此复飞过程需要逐步增加表速以避免因襟翼收起引发失速风险。目标速度根据襟翼构型变化按照以下方法计算:

1)接通复飞未收襟缝翼。目标速度为接通时刻控制面板装订速度(通常为着陆参考速度,限制在最小操纵速度和襟翼标牌速度之间)加20 kn或者当前表速,两者中较大者为目标速度;着陆参考速度由飞管系统根据飞机质量及构型等性能数据计算得出。

2)收襟缝翼过程。襟缝翼每收一挡,目标表速增加 15 kn,直至襟翼完全收起,之后目标速度不再增加。

同起飞指引表速保持控制律,复飞指引表速保持也是在已控制目标速度的前提下,引入飞机剩余动能,即能量角支路。其中,FD_GA _V 为第三阶段复飞纵向指引指令。

(2)复飞侧向控制律设计。当飞机未离地或高度较低时,侧向控制机翼处于水平状态;当飞机达到一定高度时,转换为航迹保持控制。

1)第一阶段,当无线电高度小于 50 ft 时,侧向保持机翼水平,控制律如图 8 - 8 所示。

图 8 - 8　复飞指引侧向机翼水平控制

复飞侧向控制需要根据高度进行限幅设计,以增加安全性,FD_GA _lat1 为第一阶段侧向指引指令。

2)第二阶段,当无线电高度大于 50 ft 且正上升率时,侧向保持窗口装订航迹,控制律如图 8 - 9 所示。

图 8 - 9　复飞指引侧向航迹控制律

同起飞侧向指引控制律设计,复飞指引的目标航迹一般仍为窗口装订航迹,FD _GA _lat2 为第二阶段侧向指引指令。为增加飞行安全,亦需要对指引指令进行限幅处理。

(3)复飞指引退出。飞行员跟随复飞指引指令操纵或由自动飞行控制系统控制飞机爬升,直到捕获控制面板预先设定的巡航高度,自动飞行控制系统自动将复飞模态转换为高度保持模态;在复飞过程中安全高度以上且捕获预定高度前,飞行员可以选择接通其他模态退出复飞模态,也可选择将两侧飞行指引开关拨到"关闭"位置退出复飞模态。

复飞指引控制律的设计除保证在规定的性能要求内完成复飞功能外,还要考虑复飞高度损失和擦机尾风险。复飞高度损失是指从开始复飞到建立正的爬升率之间所下降的最大高度。拉杆量较小,复飞高度损失较大;拉杆量较大,又存在低高度擦机尾风险。波音飞行手册要求复飞高度损失不大于 50 ft,拉杆过载不超过 1.3g。因此,在复飞指引算法设计上,既要保证复飞高度损失控制在一定范围内,又要按照过载指令进行限幅。

8.4　本章参考文献

[1] 高亮.浅谈复飞[J].科技资讯,2012(9):48 - 50.

[2] 刘彦俊.复飞的分析和探讨[J].空中交通管理,2011(6):15 - 17.

第 9 章 回 传 系 统

9.1 概 述

在采用中央杆盘架构的飞行控制系统中,为提高飞行员在自动驾驶过程中对飞机的监控能力,实现自动驾驶和人工驾驶之间的平滑过渡,针对自动驾驶仪系统与主飞控系统之间连接方式的不同,设置两种不同的方式实现在自动驾驶过程中的驾驶杆/盘随动,即回传系统。回传系统作为自动飞行控制系统的一部分,目的是实现自动驾驶与人工驾驶之间切换过程中平稳过渡,包含"视觉"和"触觉"两个方面。两种随动方式如下:

(1)采用前驱作动的方式。自动飞行控制系统与主飞控系统之间不直接交联,自动飞行控制系统通过伺服作动器驱动驾驶杆/盘按照控制指令运动,主飞控计算机在采集到驾驶杆/盘的位移后,经控制律计算后生成控制指令控制舵面偏转,进而完成对飞机的自动控制,如 ARJ21 飞机、MA700 飞机、ERJ190 飞机。

(2)采用反向驱动的方式。自动飞行控制系统将指令信号直接发送给主飞控计算机,由主飞控计算机根据该指令计算出舵面指令和反向驱动指令,舵面指令用于控制舵面偏转,反向驱动指令经自动飞行控制系统控制伺服回路并带动驾驶杆/盘/脚蹬运动,如波音 777 飞机。

前驱回传相比反向回传,控制回路中多了回传运动系统,进而会影响整个飞机系统的动态控制特性。回传运动系统主要由杆系、驱动电机等组成,是典型的惯性环节,对于快速操纵指令影响较大,然而对于像自动飞行这类较慢的控制指令可能影响不是很大。自动油门系统一般采用前驱作动方式,其原因主要是发动机转子本身具有较大惯性,使得推力响应延迟较大,自动油门的驱动响应远快于发动机推力响应。单纯地从回路控制的角度分析,建议驾驶杆/盘/脚蹬回传系统优先采用 B777 飞机这类反向驱动方式,优势在于自动飞行控制指令可以无损耗(时间延迟、幅值衰减等)、快速地被主飞控计算机执行,减少 PIO 的发生。本章主要描述 B777 这类反向驱动的回传系统。

9.1.1 功能

在采用回传系统后,驾驶杆/盘/脚蹬会跟随自动飞行控制系统的控制指令。因此,回传系统的主要功能如下:

(1)驾驶杆/盘/脚蹬随动。在自动驾驶过程中,可控制驾驶杆/盘/脚蹬随动,给飞行员进行"视觉"提醒,实现人工驾驶和自动驾驶状态下飞行员始终处在"视觉"连续的状态,飞行员的思维总是围绕操纵与响应在活动。

(2)提供驾驶杆/盘超控无瞬态。在自动驾驶过程中,可通过向驾驶杆/盘施加超控力断开自动飞行控制系统,可以实现飞机超控无瞬态接管。

(3)提供安全限制。当飞机迎角/滚转角超出设计边界范围时,自动飞行控制系统反向出舵控制飞机迎角/滚转角向正常使用范围修正,回传系统提供反向操纵动作以引起飞行员注意。

9.1.2　组成

通过对回传系统功能的分析,回传系统的组成包括自动飞行控制计算机(单独计算机或硬件模块或软件分区)、升降/副翼/方向回传伺服作动器。

9.1.3　工作原理

作为飞行控制系统的组成部分,回传系统的主要目的是驾驶盘、驾驶杆和脚蹬按照期望的指令要求进行移动,这一过程和自动驾驶指令是同步的。驾驶舱给机组人员提供了可视化指示,并且要达到同样的控制面偏转角度,回传系统驱动驾驶盘的位移量和飞行员手动移动的位移量是一样的。

因此,回传系统的工作原理如下:

(1)在飞机处于正常使用包线状态下,回传系统随着自动飞行控制系统的接通而接通,并接收主飞控计算机发送的反向控制指令控制驾驶杆/盘动作,向飞行员提供可视化的驾驶杆/盘动作。

(2)在飞机处于非正常使用包线状态下,无论自动驾驶是否工作,回传系统可根据主飞控发送的接通指令自动接通,向飞行员提供"触觉"提示,其指令信号仍然是通过自动飞行控制计算机传递。

9.1.4　典型回传系统

下面以 B777 飞机回传系统为例,描述国际上具有代表性的典型回传系统。

9.1.4.1　功能

B777 飞机副翼、升降、方向通道回传作动器提供的功能各不相同,其功能具体如下:

(1)副翼通道回传作动器提供的功能。

1)提供驾驶盘超控断开无瞬态(AP 接通飞行员操纵驾驶盘时,AP 断开);

2)提供滚转角限制(AP 不接通时或 AP 接通时);

3)提供触觉反馈(AP 不接通时);

4)提供视觉反馈(AP 接通时)。

(2)升降舵通道回传作动器提供的功能。

1)提供驾驶杆超控断开无瞬态(AP 接通飞行员操纵驾驶杆时,AP 断开);

2)提供迎角保护(AP 不接通时);

3)提供触觉反馈(AP 不接通时);

4)提供视觉反馈(AP 接通时)。

（3）方向舵通道回传作动器提供的功能。

1）提供脚蹬超控断开无瞬态（AP 接通飞行员操纵脚蹬时，AP 断开）；

2）在进场和着陆，提供脚蹬随动功能（AP 接通时，回传作动器驱动脚蹬随动，目的为方便人工随时接管，在巡航飞行时，方向舵回传作动器不工作且不控制脚蹬运动）；

3）侧风或发动机停车时，提供脚蹬随动功能（AP 接通时，回传作动器驱动脚蹬随动，目的为方便人工随时接管）。

9.1.4.2　滚转角限制的工作原理

滚转角限制（BAP）功能只在主飞行控制系统（PFCS）处于正常模式时工作。在 AP 接通和 AP 不接通两种状态下，只要条件满足都可激活。该功能可以防止飞机滚转到一个很大的滚转角。

如图 9-1 所示，AP 不接通且人工操纵飞机，当飞机滚转角大于 35°时，激活滚转角限制功能，主飞控通过反驱作动器使驾驶盘上的力加大，随着滚转角由 35°增加到 60°，该扭矩呈线性增加。

当飞行员不操纵驾驶杆/盘且飞机滚转角大于 35°时，激活滚转角限制功能。主飞控通过反驱作动器操纵驾驶杆/盘将飞机滚转角减小到 30°。

当飞机滚转角小于 35°时，滚转角限制功能退出。

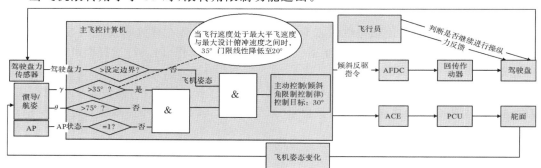

图 9-1　人工操纵飞机时副翼回传系统的工作原理

如图 9-2 所示，当 AP 接通时，正常情况下，AFCC 接收 PFC 控制指令，使得反驱作动器驾驶杆/盘/脚蹬随动。当主飞控系统监控到飞机的滚转角超出 35°或滚转角速率超出 15°/s 时，激活滚转角限制功能。此时 AP 滚转指令被抑制，而由 BAP 接管飞机控制，通过反驱作动器控制驾驶杆/盘使飞机滚转角减小到 30°。

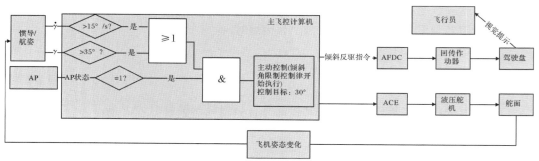

图 9-2　AP 接通时副翼回传系统的工作原理

9.2　回传作动器

9.2.1　驾驶柱回传作动器

俯仰回传伺服作动器安装在飞机驾驶舱内,与驾驶柱操纵机构连接。自动飞行控制计算机的俯仰控制指令输出到俯仰回传伺服作动器,俯仰回传伺服作动器控制驾驶柱操纵机构运动,接口原理图如图 9-3 所示,安装位置如图 9-4 所示。

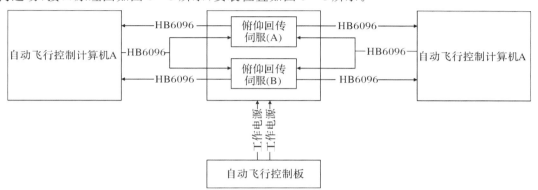

图 9-3　俯仰回传伺服作动器的接口原理图

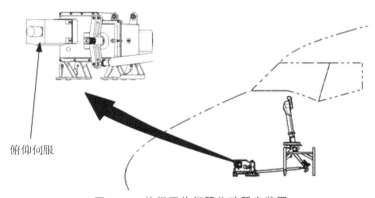

图 9-4　俯仰回传伺服作动器安装图

考虑俯仰回传伺服作动器的质量、安全性等要求,俯仰回传伺服作动器采用智能化伺服,故障-消极保护(Fail-Passive systems)型设计,通过两个独立通道的控制器(数字信号处理)进行计算。同时,设置离合器断开电源开关,在应急状态下,可采用断开离合器电源开关的方式断开驾驶柱回传伺服作动器。

俯仰回传伺服作动器包括能完成电机控制和伺服完整性监控的硬件和软件。每个通道能够独立通过 HB6096 总线的形式接收自动飞行控制计算机发送的控制指令,包括位置、速率、扭矩、接通/断开指令和限制等指令,同时将伺服作动器的位置、速率、扭矩以及状态等通过 HB6096 总线的形式发送给自动飞行控制计算机用于回传系统的闭环。

9.2.2 驾驶盘回传作动器

副翼回传伺服作动器安装在飞机驾驶舱内，与驾驶盘操纵机构连接。自动飞行控制计算机的滚转控制指令输出到副翼回传伺服作动器，副翼回传伺服作动器控制驾驶盘操纵机构运动。副翼回传伺服作动器的工作原理与俯仰回传伺服作动器的工作原理相同，采用智能化伺服，故障-消极保护型设计，通过两个独立通道的控制器（数字信号处理）进行计算。同时，设置离合器断开电源开关，在应急状态下，可采用断开离合器电源开关的方式断开驾驶盘回传伺服作动器。接口原理同图9-3的俯仰回路，安装位置如图9-5所示。

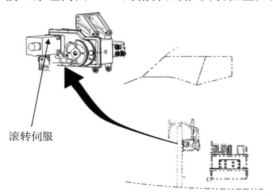

滚转伺服

图 9-5 驾驶盘回传伺服作动器安装图

9.2.3 脚蹬回传作动器

脚蹬回传伺服作动器安装在飞机驾驶舱内，与脚蹬操纵机构连接。自动飞行控制计算机的方向控制指令输出到脚蹬回传伺服作动器，脚蹬回传伺服作动器控制脚蹬操纵机构运动。脚蹬回传伺服作动器的工作原理与驾驶盘/驾驶柱回传伺服作动器的工作原理相同，采用智能化伺服，故障-消极保护型设计，通过两个独立通道的控制器（数字信号处理）进行计算。同时，设置离合器断开电源开关，在应急状态下，可采用断开离合器电源开关的方式断开脚蹬回传伺服作动器。

9.2.4 回传作动器关键部件

根据回传伺服作动器的故障模式分析，回传伺服作动器的故障模式包含非指令动作、极偏、无法断开等，在出现故障后，对飞行员造成较大的干扰。因此，回传伺服作动器是回传系统的核心部件，安全性要求高，出现上述故障的失效率应小于10^{-9}。

伺服电机作为作动器的动力源，当其失效时，直接导致作动器无法正常工作；电磁离合器作为作动器接通/断开的执行部件，当无法接通时，作动器无法工作；而当人工操纵时需要断开电磁离合器或当作动器故障时需要断开电磁离合器改为人工操纵时，电磁离合器无法有效断开，会导致人工操纵需要非常费力或根本无法人工操纵，从而影响飞机的安全性。

因此，伺服电机和电磁离合器是作动器的关键部件，需要设置摩擦离合器作为电磁离合器无法断开时的强力操纵保护措施。

(1)伺服电机。伺服电机作为回传伺服作动器的关键部件,为二相四极无刷电机,专门应用于故障-消极保护的自动驾驶。转子由四个稀土材料的磁体、输出齿轮和敏感磁体组件组成。两个线圈电流的矢量与电机扭矩有关,电流矢量幅值与输出的扭矩成正比。电流矢量使转子磁极位置与期望的扭矩或转动方向成 90°。每个定子线圈都有冗余的感抗或霍尔效应电流传感器,一个用于独立的控制,另一个独立用于另一侧通道控制器的监控。

电机运行产生期望的扭矩和速率要依靠每个定子线圈中适当的电流,决定这个电流依靠的是各自通道指令信号、传感器输入和计算电流值。

任何一个通道的故障,如定子线圈的短路或开路、电源二极管的开路或短路或指令转换的错误等,导致电机最大运动是 90°。无刷直流电机固有的安全性程度就是:线圈必须是处于受控状态才能保证持续的运动。如果其中一个线圈中的电流值是常值,电机的运动就不会超过 90°。

电机输出驱动二级行星齿轮减速机构,然后再驱动伺服支架上的减速柱齿轮。柱齿轮提供需要的输出扭矩和速率,确保电机转子在最坏的情况下,即 90°极偏故障下输出轴小于1.5°。行星齿轮机构的环形齿轮可以在电磁离合器断开时自由地转动,而在离合器接通时锁定在径向位置。

(2)电磁离合器。电磁离合器组件采用牙嵌式电磁离合器结构,其结构如图 9-6 所示。当电磁离合器线圈绕组(8)通电时,在电磁吸力的作用下,动齿盘(3)克服返回弹簧(6)的弹力与定齿盘(4)啮合。电机通电,力矩经齿轮传动系放大,通过电磁离合器,将力矩传递到输出轴(1)。当电磁离合器线圈绕组(8)断电时,返回弹簧机构(6)的弹力克服端齿面摩擦力及剩余电磁力,带动动齿盘(3)迅速脱离定齿盘(4),使作动器的输出轴(1)与传动系分离,作动器不输出力矩。电磁离合器的牙嵌式结构保证离合器在工作时,动、定齿盘可靠结合,输出较大力矩;而返回弹簧机构可在离合器断电时,使动、定齿盘迅速脱开。

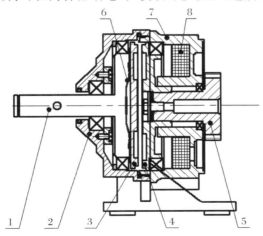

图 9-6　电磁离合器结构图

1—输出轴;2—支架壳体;3—动齿盘;4—定齿盘;5—齿轮轴;6—返回弹簧;
7—电磁离合器壳体;8—电磁离合器线圈绕组

每个离合器线圈都有独立的电流传感器,传感器提供电流信号到各自的控制器。每次离合器要接通时,都要验证离合器的断开能力。这样可检测出潜在的部件故障,以保证离合器能可靠地断开。

当电磁离合器无法正常脱开时,飞行员可通过操纵驾驶柱或驾驶盘,克服摩擦离合器的摩擦力矩实现强力操纵。

9.3 回传指令

9.3.1 回传指令计算

回传驱动控制功能作为自动飞行控制计算机(AFCC)的子功能之一,由 AFCC 内部的两个回传处理模块和一个回传驱动模块实现,整个回传作动器的驱动控制回路如图 9 - 7 所示。

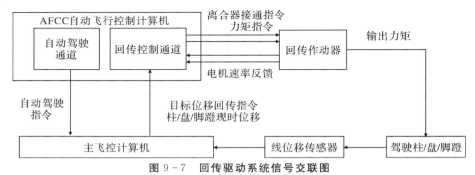

图 9 - 7 回传驱动系统信号交联图

AFCC 内的回传控制通道从主飞控计算机接收回传控制指令(包括驾驶柱/盘/脚蹬目标位置指令、现时位置和自动驾驶接通指令),采集回传作动器电机的速度反馈信号,经位置环、速度环、电流环计算,形成离合器接通指令和电机控制指令,输出给驾驶柱、驾驶盘和脚蹬回传作动器。

回传系统由两台 AFCC 内的回传处理模块、回传驱动模块和六个回传作动器组成。每台自动飞行控制计算机内有两个回传处理模块和一个回传驱动模块。两台计算机分别组成两个通道,一台 AFCC(即一个通道)控制一侧三个回传作动器(驾驶柱、驾驶盘以及脚蹬),左右一对回传作动器通过机械连接。

每台 AFCC 内的两个回传处理模块采用主控/监控通道的工作方式,分为 A、B 两个支路,A 支路为主控支路,B 支路为监控支路,A、B 支路同时接收外部数据,并进行比较监控和表决,数据经处理后再进行同步比较监控,并由 A 支路向回传驱动模块发送指令。

这样的双回传系统满足故障-工作自动着陆和巡航有效性的要求。

回传系统的伺服控制计算包括位置环伺服算法和速度环伺服算法。位置环伺服算法的输入为通过 HB6096 接收的位置指令和位置反馈,输出为速度指令,算法采用经典 PID 算法。

速度环伺服算法的输入为速度指令和速度反馈,输出为电流指令。速度指令是位置环的输出,速度反馈通过旋变反馈转换得到,电流指令通过 DA 数模转换输出到回传驱动模块。速度环一般采用 PI 算法。

电流环通过电机驱动芯片实现,通过反馈电流,实现驱动电机的力矩控制。

9.3.2　回传指令控制

回传控制功能在 AFCC 的两个计算支路实现,电机指令采用比较监控方式,离合器采用双端控制方式。AFCC 内部的回传控制模块 A 和回传控制模块 B 同步工作,完成回传控制指令的接收和计算,并由位于指令支路的回传控制模块 A 输出电机力矩指令和离合器高端控制信号,以及由位于监控支路的回传控制模块 B 输出离合器低端控制信号,通过回传驱动模块驱动回传作动器的电机和离合器。

当回传驱动系统工作时,回传处理模块 A 和回传处理模块 B 通过 HB6096 总线接收 AFCC 内发送的回传控制指令(包括位置指令、位置反馈和接通指令)、采集电机速度反馈与换相信号、离合器接通状态信息,通过输入表决、位置环和速度环伺服计算、输出表决,形成电机力矩电流指令,由回传处理模块 A 输出至回传驱动模块的集成电机驱动芯片实现电流环,产生电机 PWM 驱动信号,控制回传作动器工作,如图 9-8 所示。

同时,回传处理模块 A 控制离合器接通的高端,回传处理模块 B 控制离合器接通的低端,经回传驱动模块中离合器驱动电路控制接通回传作动器的离合器。

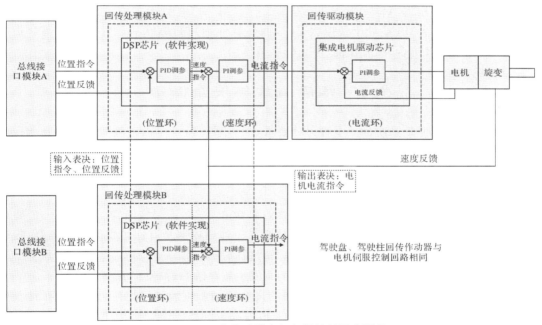

图 9-8　回传作动器电机伺服控制回路原理

9.4　回传控制逻辑

回传控制逻辑包括回传作动器电机和离合的状态控制,其中电机的控制包括电机的伺服电源控制和电机驱动芯片的使能控制。

电机的伺服电源通过"驾驶柱/盘/脚蹬电机上电"离散量输出控制,只有当 AFCC 主控和监控支路都输出上电指令时,对应的驾驶柱/盘/脚蹬伺服电源才接通。驾驶柱、驾驶盘的伺服电源在初始化后上电,除测试及故障处理情况之外,其他均保持伺服电源上电。

电机的使能通过"驾驶柱/盘/脚蹬电机使能"离散量输出控制,只有当 AFCC 主控和监控支路都输出使能指令时,对应的驾驶柱/盘/脚蹬电机驱动芯片才使能。上电后,软件将离散量初始化成断开使能状态。

离合的接通/断开通过"驾驶柱/盘/脚蹬离合接通"离散量输出控制,只有当 AFCC 主控和监控支路都输出离合接通指令时,对应的驾驶柱/盘/脚蹬离合器才能接通。上电后,软件将离散量初始化成离合断开状态,周期任务中根据 HB6096 的离合指令输出对应的状态。离合器根据 HB6096 的离合指令接通或断开。当离合接通且双支路都达到接通状态时,电机使能;当接收到离合断开指令时,断开电机使能,断开电机使能时必须同时置输出电流指令为零。离合状态改变后须连续监控到多个周期状态不变,才能确定离合状态为改变后的状态。

伺服算法也只有在电机使能回绕为接通后才进行计算。软件须保证双支路在同一周期启动伺服计算。当某个周期接到离合断开指令时,需要断开离合、断开使能、停止伺服运算。

位置环伺服计算仅在位置差有更新且已通过了位置差交叉比较监控时进行。

回传软件还会根据 AFCC 状态进行伺服工作。当 AFCC 处于主控状态时,回传软件按 AFCC 指令工作;当 AFCC 处于备控状态时,回传软件不判断 AFCC 软件发送的离合指令状态,而是自主断开离合、断开使能、停止伺服运算。

9.5 故障监控与安全保护

为了满足回传驱动系统的安全性设计要求,回传系统设计了以下故障监控以及相应的安全性保护措施。

(1)电源失效故障监控:当电源过压、欠压故障或电源模块电源有效信号报错时,发出电源有限监控信号。

保护措施:关断本通道所有回传作动器的离合和＋28 V 伺服电源,同时另一个通道 DSP 接收到此电源有限监控报错信号后将切断另一通道内部所有回传作动器的离合,接通开关和使能信号,并将此故障信号上报自动飞行控制系统。

(2)看门狗超时故障监控:当通道内看门狗发生超时故障时,发出看门狗信号。

保护措施:关断本通道所有回传作动器的离合和伺服电源,同时另一通道 DSP 接收到此看门狗定时器(WTD)报错信号后将切断通道内部所有回传作动器的离合,接通开关和使能信号,并将此故障信号上报自动飞行控制系统。

(3)电流指令表决监控:通道内部程序监控到两个通道的电流驱动指令计算结果不一致。

保护措施:停止 DA 输出,断开本通道离合,接通开关和使能信号,同时通过 HB6096 总线上报故障。

(4)HB6096 总线接收故障监控:通道内部程序监控到连续几个周期没有接收到 HB6096 总线数据。

保护措施：断开本通道离合,接通开关和使能信号,同时通过 HB6096 总线上报故障,通过硬线将"综合故障"信号发送到另一通道。

(5)电流过流故障监控：当电机母线电流超出门限时,此故障信号通过硬线断开伺服电源的过流关断开关,同时此故障信号通过程序监控。

保护措施：断开本通道离合,接通开关和使能信号,同时通过 HB6096 总线上报故障,通过硬线将"综合故障"信号发送到另一通道。

(6)HALL 换相故障监控：通道内部程序监控到 FPGA 发送的 HALL 换相故障信号。

保护措施：断开本通道离合,接通开关和使能信号,同时通过 HB6096 总线上报故障,通过硬线将"综合故障"信号发送到另一通道。

(7)速度反馈故障监控：通道内部程序监控到旋转变压器反馈的模拟速度信号与 HALL 的反馈速度信号超差。

保护措施：断开本通道离合,接通开关和使能信号,同时通过 HB6096 总线上报故障,通过硬线将"综合故障"信号发送到另一通道。

(8)离合故障监控：通道内部程序监控到离合监控电压超限。

保护措施：断开本通道离合,接通开关和使能信号,同时通过 HB6096 总线上报故障,通过硬线将"综合故障"信号发送到另一通道。

9.6　本章参考文献

[1] 杨松源.机电控制技术及应用[M].北京:电子工业出版社,2005.

第 10 章 自动油门

10.1 概 述

自动油门系统用于飞机起飞至着陆期间自动控制发动机推力,可减轻飞行员工作负担,其系统是一个计算机控制的机电系统。自动油门系统的主要任务就是与自动驾驶配合,根据所选的工作方式以及不同飞行阶段的要求,自动确定工作方式,通过驱动油门杆改变发动机推力,精确控制飞机的航迹、姿态及飞行速度,实现自动飞行。自动油门系统可以在起飞、爬升、巡航、下降、进近、着陆和复飞各阶段使用。

10.1.1 功能

10.1.1.1 N_1 工作方式

N_1(发动机低压风扇的转速)工作方式是指自动油门系统根据所确定相应的 N_1 限制值、由发动机电子控制器得到的 N_1 指令值、油门杆角度解算器的目标值和实际值对发动机推力进行控制。此工作方式在起飞、爬升以及复飞阶段使用。配装 GE 公司发动机的飞机使用 N_1 表征推力,配装罗罗和普惠公司发动机的飞机使用 EPR 表征推力,其含义是一样的,都是表征推力工作方式。

在选择 N_1 工作方式时,改变发动机的推力,将改变飞机的爬升率,从而控制飞机的垂直轨迹运动,但前提是飞机飞行速度的保持是由 AP 控制升降舵改变飞机俯仰角实现的。在俯仰角控制系统的基础上,增加一个速度控制外回路即构成速度控制系统,为了实现速度负反馈,必须要测量表速及表速的变化率。

在这种工作方式下,自动油门控制计算机主要接收下述信号完成指令计算:飞行管理计算机的 N_1 目标值、飞管 N_1 目标对应油门杆角度、发动机电子控制器采集的油门杆解算器角度实际值以及发动机电子控制器给出的 N_1 和油门杆角度最大值。该方式的具体过程如下:由飞行管理计算机根据飞行阶段的要求,提出 N_1 目标值,并经由发动机电子控制器计算一个对应的油门杆解算器角度目标值,并将其发送给自动油门计算机;同时自动油门计算机还接收由发动机电子控制器传送的实际油门杆解算器角度值,并以此生成速率指令发送给自动油门伺服电机,由自动油门伺服电机控制发动机推力达到 N_1 目标值。最大的油门杆解算器角度目标值能够确保自动油门控制过程中的发动机限制不被超过。

10.1.1.2　速度/马赫数工作方式

速度/马赫数工作方式是指在自动驾驶保持飞机高度或俯仰姿态的条件下,通过控制发动机推力来控制飞机的速度或马赫数,使实际的空速/马赫数与目标空速/马赫数保持一致。目标空速/马赫数来自方式控制板上的设置或飞行管理计算机的指令。

发动机推力控制飞机速度的系统原理如图 10-1 所示。图中控制算法模块是指控制发动机油门位移的伺服控制系统,发动机模块表示油门变化后发动机推力变化的动态过程。自动飞行控制系统通过升降舵控制飞机高度和俯仰姿态来配合自动油门控制飞机增速或减速。

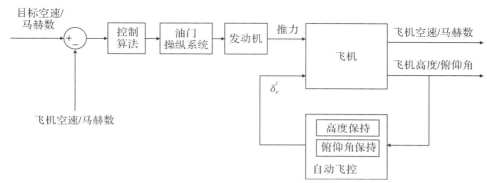

图 10-1　速度方式控制原理图

速度/马赫数工作方式可以人工或自动地选择。若自动飞行控制系统被衔接,则该系统自动地根据系统目前的俯仰工作方式选择飞行管理计算机或自动飞行控制板速度工作方式。自动飞行控制板的速度工作方式也可通过人工按压速度电门来进行选择。在速度工作方式下,自动油门计算机使用下述输入数据进行管理和指令计算:目标空速、目标马赫数、计算空速、马赫数、前向加速度和最小使用速度。

自动油门计算机将目标空速与来自大气数据惯导基准组件飞机的实际空速或马赫数相比较,实际速度与目标速度的差产生一个油门杆的速率指令以设置推力。为了改善速度控制质量,指令生成控制规律还引入前向加速度等信号。自动油门计算机将来自失速管理计算机的最小使用速度与来自大气数据惯导基准组件的计算空速相比较,设定一个最小速度下限。自动油门计算机将不允许速度低于这个速度下限。

10.1.2　组成

10.1.2.1　B737-NG 飞机自动油门系统

B737-NG 飞机自动油门系统由以下部件组成:自动油门计算机、自动油门伺服电机、自动飞行方式选择板、油门杆及其控制电门、飞行管理计算机、显示电子组件、发动机电子控制器、大气数据惯性基准组件、无线电高度表及失速管理计算机等。

自动油门计算机是自动油门系统的核心部件,是一个数字式的计算机。它获取多个系统的输入信号来计算油门杆指令,并向自动油门伺服电机传送指令以移动油门杆。自动油门计算机持续地监控系统的工作。

如图 10-2 所示,自动油门伺服电机在中央操纵台和驾驶舱地板下面,从 A/T 计算机接收数字油门杆速率指令并将数据转换成电脉冲来驱动伺服电机。电机经由齿轮箱使油门杆移动到所期望的推力解算器角度(TRA),并将速率反馈到 A/T 计算机。

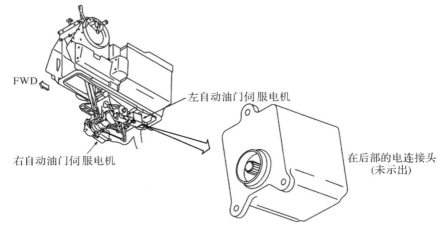

图 10-2　B737-NG 飞机自动油门执行机构

自动飞行方式选择板的左边包含几个有关自动油门系统的选择开关,有 A/T 预位电门、A/T 方式选择电门、指示空速/马赫数选择及显示。

油门杆位于驾驶舱内,在左、右油门杆上有 TO/GA 电门和 A/T 断开电门。按压 TO/GA 电门来衔接自动飞行控制起飞/复飞指引和自动油门到起飞/复飞推力方式。按压 A/T 断开电门可以断开自动油门系统。

飞行管理计算机作为发动机推力的管理层,根据每个飞行阶段计算发动机 N_1 限制值和 N_1 目标值,并将其发送给显示电子组件(DEU),同时还向自动油门计算机发送 N_1 目标值等。

显示电子组件显示 N_1 的限制值,并向 EEC 传送 N_1 目标值。EEC 使用该数据计算与其对应的 TRA 目标值,并向 A/T 计算机传送各种有关数据等。发动机电子控制器根据解调的实际油门杆角度 TRA 控制推力输出。

大气数据惯性基准组件、无线电高度表及失速管理计算机为不同阶段及工作方式的自动油门控制指令计算提供所需要的大气数据和飞机姿态信息等。

10.1.2.2　A320 飞机自动油门系统

A320 飞机自动推力(A/THR)是飞行管理和制导系统的一个功能,包括两个独立的 A/THR 指令。每个指令都可通过两个发动机接口组件和两个电子发动机控制器同时控制两台发动机的推力。只有一部飞行管理和制导计算机控制工作的 A/THR,被称为主飞行管理和制导计算机。

发动机的推力模式分为手动模式和自动模式。手动模式取决于推力油门杆的位置,自动模式则是通过飞行管理和制导计算机计算出推力指令,然后经由飞行控制单元、发动机接口组件和 FADEC 到达发动机,实现自动推力控制。自动油门通过推力控制执行以下功能:

（1）速度或马赫数的控制（FMGS 的计算或来自推力杆的位置）；

（2）推力的控制（FMGS 的计算或来自推力杆的位置）；

（3）在最终进近中，下降和平飞期间的推力减小；

（4）大迎角保护。

机组用推力手柄来完成以下工作：

（1）人工选择发动机推力；

（2）预位和启用自动推力；

（3）接通反推；

（4）接通起飞和复飞方式。

10.1.2.3　自动油门伺服机构

空客飞机的自动油门不随动，因此没有自动油门伺服机构。本节以 B737 - NG 飞机为例，介绍自动油门（A/T）伺服机构的技术特征。

A/T 伺服机构［即 A/T 伺服电机（ASM）］在中央操纵台和驾驶舱地板下面，分别有左、右两套，通过齿轮箱、油门解算器组件以及操作台下面的机械装置与油门杆相连。ASM 从 A/T 计算机接收指令。ASM 使用这些指令通过两个分开的齿轮箱组件分别向前或向后移动油门杆。每个油门杆有其自己的伺服电机和齿轮箱。

伺服电机 ASM 由 ARINC429 收/发器、控制组件、电机和电源组成。

（1）ARINC429 接收器。A/T 计算机向 ARINC429 接收器传送下列信号：

1）油门杆速率指令；

2）油门解算器角度（TRA）；

3）TRA 最大限制；

4）使能信号。

ARINC429 接收器将这些信号转换成适当的格式，然后将它们送到控制组件。

（2）ARINC429 发送器。ARINC429 发送器将控制组件数据转换为适当的格式并将这些信号送到 A/T 计算机，转换的数据如下：

1）计量的油门杆实际速率；

2）计量的油门杆实际力矩；

3）伺服状态。

（3）控制组件。控制组件接收下列这些输入：

1）用于识别油门杆的可编程销钉信号（离散信号）；

2）逻辑电源；

3）来自数字接收器的数据；

4）来自电机的速率反馈。

使用这些输入，控制组件完成下列工作：

1）确定何时传动电机速率指令；

2）控制电机旋转速度及方向；

3）限制油门杆角度低于最大值；

4）确定信号发送目标油门杆（左或右）。

（4）电机。电机是一个可变向的直流步进电机。当 A/T 衔接时,它从 A/T 计算机接收电机电源,也从控制组件接收速率指令来控制电机的旋转。

电机除了向控制组件传送实际油门杆速率反馈外,还通过一个输出轴连接于齿轮箱,而齿轮箱能将油门杆角度解算器驱动到所期望的位置。

10.1.3 工作原理

自动油门系统在飞机的整个飞行过程中,由于不同飞行阶段飞机的飞行状态和推力需求不同,所以推力控制的方式和要求亦不相同。因此,本节将从飞机起飞、爬升、巡航、下降、进近、复飞等阶段进行简要介绍,描述自动油门系统如何进行发动机推力控制。

（1）起飞阶段。为了在起飞阶段使用自动油门,飞行前应在 FMC CDU 上输入必要的数据,将 MCP 设为起飞方式并输入所需参数,将 A/T 预位电门放置在预位处。输入完成后,应在相应显示器上核实相应的状态和参数。

在起飞滑跑开始前,飞行员按压油门杆上的 TO/GA 电门,油门的工作方式变为 N_1 起飞,并且 A/T 移动油门杆到 FMC 计算起飞 N_1 限制对应的油门杆角度 TRA。

在发动机推力和转速增加到起飞 N_1 限制时,飞机加速。当空速达到 80 kn 时,A/T 计算机进入油门保持方式,切断自动油门伺服机构供电。此时,油门杆角度维持在相对于起飞 N_1 限制的目标 TRA。

飞机离地,当高于 400 ft 无线电高度时,飞行员可以在 MCP 上选择一个新的 A/T 方式。如果自动驾驶是衔接的,则将自动选择与飞行方式相一致的 A/T 方式。

（2）爬升阶段。在开始爬升过程中,A/T 控制发动机的推力到 MCP 上所选择的 A/T 方式。可以是 N_1 或速度方式,或者如果自动驾驶衔接,自动驾驶自动选择 A/T 方式。在 N_1 方式爬升期间,A/T 前推油门杆到由 EEC 根据 FMC 爬升 N_1 目标所计算的目标 TRA。

存在以下 3 种自动驾驶爬升阶段俯仰方式:

1）垂直导航（VNAV 速度）爬升。正常的起始爬升是 VNAV 俯仰方式。在 VNAV,自动驾驶选择 N_1 作为 A/T 方式。下列是在 VNAV 爬升期间的方式通告:

A. A/T 处于 N_1 方式;

B. N_1 方式灯亮;

C. MCPIAS/MACH 速度窗是空白的;

D. VNAV 速度是自动驾驶俯仰方式;

E. N_1 基准游标位于 FMC 爬升 N_1 限制;

F. A/T 控制油门杆到相应于 FMC 爬升 N_1 的目标 TRA。

2）高度层改变（LVL CHG）爬升。在爬升期间,可以在 MCP 上选择 LVL 作为自动驾驶俯仰方式,自动驾驶将选择 N_1 为 A/T 方式。下列是 LVL CHG 爬升的方式通告:

A. A/T 在 N_1 方式;

B. N_1 方式灯亮;

C. MCP IAS/MACH 窗口显示所选择的速度;

D. MCP 速度是自动驾驶俯仰方式。

3）垂直速度（V/S）爬升。在起始上升过程中,可以选择 V/S 作为自动驾驶俯仰方式并设置所期望的垂直速度。自动驾驶将为 A/T 选择 MCP 速度方式。下列是 V/S 爬升方式的通告：

　　A. A/T 在 MCP 速度方式；

　　B. 速度方式灯亮；

　　C. MCP IAS/MACH 窗口显示所选择的速度；

　　D. V/S 是自动驾驶俯仰方式。

　　(3)巡航阶段。在巡航飞行期间，A/T 控制发动机推力来控制空速，可能是 FMC 目标速度或在 MCP 上选择的目标速度。在巡航飞行期间，正常的自动驾驶俯仰方式是 VNAV，也可以选择高度保持作为自动驾驶俯仰方式。

　　1)VNAV 高度捕获/高度保持。在 VNAV 爬升期间，飞机爬升到 FMC 目标高度或在 MCP 上所选择的一个较低的中间高度，A/T 是在 N_1 方式。当飞机接近所选择的高度时，自动驾驶获得该高度并在该高度上改平，A/T 从 N_1 方式进入 FMC 速度方式。下列是飞机改平后的通告：

　　A. A/T 从 N_1 变为 FMC 速度方式；

　　B. MCP IAS/MACH 窗空白；

　　C. 自动驾驶俯仰方式是高度捕获，然后在 MCP 高度上改平为高度保持，或对于 FMC 高度为 VNAV PTH。

　　2)VNAV 巡航。在 VNAV 巡航期间，A/T 是在 FMC 速度方式。A/T 控制推力以保持 FMC 目标空速，而自动驾驶使用升降舵来保持高度。下列是 VNAV 巡航期间的通告：

　　A. A/T 在 FMC 速度方式；

　　B. A/T N_1 和速度方式灯在 MCP 上是灭的；

　　C. MCP IAS/MACH 窗口是空白的；

　　D. VNAV PTH 是自动驾驶俯仰方式。

　　3)高度保持。在高度保持方式中，目标高度是 MCP 上所选择的高度。在爬升(下降)期间，当飞机接近 MCP 上所选择的高度时，自动驾驶捕获并保持该高度。A/T 控制油门杆以保持 MCP 上所选择的目标空速，而自动驾驶使用升降舵来保持在 MCP 上所选择的高度。下列是高度保持方式的通告：

　　A. A/T 是在 MCP 速度方式；

　　B. 速度方式灯亮；

　　C. MCP IAS/MACH 窗显示所选择的速度；

　　D. 高度捕获及其后高度保持是自动驾驶俯仰方式。

　　(4)下降阶段。在下降期间，A/T 控制发动机推力来控制空速或下降速率(V/S)，取决于所选择的方式。在下降期间，正常的自动驾驶俯仰方式是 VNAV。飞行员可以选择其他的方式。

　　1)VNAV 下降。在 VNAV 巡航期间，当飞机达到 FMC 计算的下降顶点时，A/T 慢慢地向后移动油门杆以减小推力到慢车使飞机下降。下列是 VNAV 下降方式的通告：

　　A. A/T 从 MCP 速度变化到 RETARD，然后到 ARM(预位)；

　　B. A/T 方式灯灭；

C. MCP IAS/MACH 窗是空白的（FMC 速度）；

D. VNAV 是自动驾驶俯仰方式。

2）LVL CHG 下降。LVL CHG 可以作为自动驾驶俯仰方式选择来下降或爬升。对于下降，飞行员在 MCP 上选择一个较低的目标高度并选择 LVL CHG。A/T 减小发动机推力到慢车，然后飞机下降到所选择的高度上。在 LVL CHG 下降期间，下列是 LVL CHG 下降方式的通告：

A. A/T 从 MCP 速度变化到 RETARD，然后到 ARM 方式；

B. A/T 方式灯灭；

C. MCP IAS/MACH 窗显示所选择的空速；

D. MCP 速度是自动驾驶俯仰方式。

3）V/S 下降。V/S 方式是另外一个用于下降（或爬升）的自动驾驶俯仰方式。按压 MCP 上的 V/S 方式电门，然后用指轮设置 V/S 速率。下列是 V/S 下降方式的通告：

A. A/T 进到 MCP 速度方式；

B. 速度方式灯亮；

C. MCP IAS/MACH 窗显示所选择的空速；

D. V/S 是自动驾驶俯仰方式。

（5）进近阶段。在下滑信标截获之前，根据所选择的方式，A/T 在预位方式或速度方式，可分为以下 3 个阶段。

1）下降回收。在 VNAV 下降且下滑道截获之前，A/T 通常处于下降回收并将推力设置为慢车，或取决于所选择的自动驾驶俯仰控制处于速度方式。下列是下降回收的通告：

A. A/T 回收油门杆到慢车；

B. 回收方式在 FMA 上以 RETARD 通告，然后是 ARM；

C. 在 MCP 上的 N_1 和速度方式灯灭；

D. MCP IAS/MACH 窗是空白的。

2）下滑信标（G/S）截获。在下降期间，按压进近方式（APP）电门截获下滑信标，A/T 方式是 MCP 速度。自动驾驶俯仰方式是下滑道 G/S，通过使用升降舵来保持下滑信标的航迹，A/T 调节油门杆来跟踪在 MCP 上所选择的速度。在进近过程中，飞行员放下襟翼降低 MCP 上的空速。下列是下滑信标截获后的通告：

A. A/T 进到 MCP 速度方式，速度方式灯亮；

B. MCP IAS/MACH 窗显示所选择的空速。

3）拉平回收。在拉平之前，A/T 方式为保持 MCP 速度。当无线电高度小于 50 ft 时，自动驾驶开始拉平机动直到接地并向 A/T 计算机发送一个拉平离散信号。拉平在 FMA 上显示为有效的自动驾驶俯仰方式。在拉平期间，A/T 维持在 MCP 速度方式直到无线电高度为 24 ft，然后给出拉平回收指令，油门杆移动到油门台后止动位（慢车）。下列是拉平期间的通告：

A. A/T 方式从 MCP 速度变为 RETARD；

B. A/T 方式灯灭。

（6）复飞阶段。在进近着陆的下滑道上，A/T 工作在速度方式，保持 MCP 所选择的空速。当无线电高度低于 2 000 ft 时,A/T 为复飞预位。在它预位后,如果在进近期间按压 TO/GA,A/T 进入复飞推力方式。

A/T 可在有或无自动驾驶衔接时用于复飞。对于自动驾驶复飞,在按压 TO/GA 之前,两个自动驾驶都必须已衔接于指令方式。在复飞期间,自动驾驶使用升降舵来控制俯仰以保持在 MCP 上所选择的空速,而 A/T 控制复飞推力。

1)减推力复飞。按压 TO/GA 电门进入复飞方式。A/T 向前移动油门杆,使发动机达到减推力复飞状态,飞机按照正常爬升率爬升。下列是减推力复飞的通告:

A. 在 FMA 上的 A/T 方式变为 GA(减推力);

B. 油门杆向前移动到减推力复飞;

C. GA 是 FMC 推力方式;

D. N_1 基准游标位于 FMC 最大复飞 N_1 限制位。

2)最大推力复飞。在复飞期间,当第二次按压 TO/GA 电门时,A/T 移动油门杆到由 FMC 计算的最大复飞 N_1。最大推力复飞在 FMA 上的 A/T 方式指示及在发动机状态显示页上的 FMC 推力方式指示,与减推力复飞的指示基本相同,但下列这些变化有所不同:

A. 在 FMA 上 A/T 从 GA 变为 N_1(最大推力);

B. 油门杆前移到 FMC N_1 限制的最大推力。

3)高度改平。在复飞期间,FMA 上的自动驾驶俯仰方式通告为 TO/GA。当飞机接近 MCP 高度时,自动驾驶获得并在此高度改平,然后进入高度保持方式。当 A/T 控制油门杆来保持 MCP 上所选择的空速时,A/T 方式从 N_1(或 GA)变为 MCP 速度。

10.2　自动油门与自动飞行控制

自动油门的作用主要是控制飞机速度,实现飞机速度的控制有两种方式:

第一种是通过操纵升降舵来实现(能量的再分配),将当前速度信号和目标速度信号引入自动驾驶俯仰通道,通过改变飞机的航迹倾角来改变飞机的飞行速度,自动油门控制推力。

第二种是通过控制发动机油门的方法实现(能量的增量变化),将当前速度信号和目标速度信号引入自动油门控制系统,通过控制发动机油门来改变飞机的飞行速度。

不论哪种方式,飞机的速度保持都离不开自动油门。在参与自动飞行控制过程中,自动油门充当配角,不论是以推力方式还是速度方式,都是在配合自动飞行控制实现精确的飞机速度控制。油门的速度控制既可以用于巡航飞行,又可以用于进场着陆或爬升下滑段的速度保持与控制。

10.2.1　自动油门与自动驾驶关系

由于飞机纵向运动中飞行速度和俯仰姿态角之间存在着气动耦合,当增加推力时,不仅直接引起飞行速度的增加,而且还会引起俯仰角的增加,俯仰角增大又会导致飞行速度下降,所以要改变飞行速度必须保持俯仰角。通常自动油门必需与自动驾驶配合使用才能达到速度控制的目的。

对速度进行控制的时候,通常对其他俯仰运动参数也要进行控制,如在自动进近过程中,自动驾驶俯仰轴控制飞机的航迹角或下滑轨迹角,自动油门控制飞行速度。

10.2.2 自动油门与自动飞行控制协同工作

从系统组成角度分析,自动飞行控制包含自动油门。自动油门配合自动飞行控制纵向工作模式,实现速度控制和推力控制,可用在起飞、爬升、巡航、下降、进近着陆和复飞阶段。

自动飞行控制不论是在自动驾驶工作方式,还是在飞行指引工作方式下,其纵向工作模态均能与自动油门工作方式建立协同工作关系。自动飞行控制的纵向工作模态有俯仰角保持、垂直速度保持、航迹倾角保持、高度层改变、垂直导航、下滑道、复飞、起飞指引。一般地,自动油门会根据当前所选择的自动飞行控制纵向工作模态自动匹配相应的油门工作方式,如自动连接推力方式或速度方式。

(1)起飞阶段。起飞阶段,自动飞行控制一般工作在起飞指引模态,自动油门工作在推力控制模态,自动油门移动油门杆到起飞推力位置。

(2)爬升/下降阶段。爬升/下降阶段,自动飞行控制工作在自动驾驶/飞行指引方式下的俯仰角保持、垂直速度保持、航迹倾角保持或垂直导航高度/轨迹模态,自动油门工作在速度控制模态。

爬升/下降阶段,自动飞行控制工作在自动驾驶/飞行指引方式下的高度层改变或垂直导航速度模态,自动油门工作在推力控制模态,由自动驾驶控制速度,自动油门控制推力。

(3)巡航阶段。巡航阶段,自动飞行控制工作在自动驾驶/飞行指引方式下的高度保持或垂直导航高度/轨迹模态,自动油门工作在速度控制模态。

(4)进近着陆阶段。进近着陆阶段,自动飞行控制工作在自动驾驶/飞行指引方式下的航迹倾角保持或下滑道模态,自动油门工作在速度控制模态。

(5)复飞阶段。复飞阶段,自动飞行控制工作在自动驾驶/飞行指引方式下的复飞模态,自动油门工作在推力控制模态,自动油门移动油门杆到复飞推力位置。

10.3 自动油门与推力管理

10.3.1 概述

飞机快速飞行离不开发动机提供的强大推力,而发动机推力的大小变化既能改变飞行速度,也能影响飞机的爬升率,即垂直剖面轨迹。随着航空技术的发展,设计自动控制发动机推力大小的装置来减轻飞行员工作负担,已经成为现代飞机必备的功能之一。显然,通过自动方式控制发动机推力大小必然涉及两个问题,一是自动推力控制边界范围的确定问题,二是在推力边界范围内研究如何进行速度控制和轨迹控制。对于问题一推力控制边界范围的研究称之为推力管理,对于问题二所包含的速度和轨迹控制研究就是指自动油门(空客飞机因为在自动控制条件下没有驱动油门杆,而是直接控制发动机,所以学术名词上称为自动推力,本质含义相同)。

在发动机专业领域,通常采用一张四维输入、多维输出的数据插值表(不考虑引气、功率提取等)来表征发动机的推力性能,插值表的四个输入变量分别是油门杆角度、飞行高度、飞行马赫数和温度偏差(当前环境温度与标准天温度偏差),这是宏观的影响因素。实际上,推力是作用力与反作用力的产物,在油门杆角度一定的条件下,影响推力大小的微观因素是发动机进口空气流量,流量越大,相应的推力也越大。流量是密度与流速和发动机进口面积的乘积,其中发动机进口面积考虑不变,空气密度受气压高度和环境温度影响,流速受马赫数影响。在一定飞行马赫数条件下,飞行高度越高或环境温度越高,相应的外界环境空气密度就越低,则涡扇发动机进口空气流量随之降低,从而使得发动机推力减小。

10.3.2　推力管理原理

根据飞机平飞推力与阻力相等,可推导出平飞推力需求主要由环境压力(可表征为飞行高度)和马赫数决定,与环境温度(OAT)无关。因此,在设计发动机推力管理调节计划时,应保证在指定的高度和马赫数条件下,推力保持恒定,不随环境温度变化。

但是,发动机的内部工作温度、压力、转速等性能参数与环境温度密切相关。当环境温度变化时,某些性能参数可能超限,导致发动机的输出推力不得不低于预期给定值。如图10-3所示,当环境温度上升时,若保持输出推力不变,则燃烧室出口温度和涡轮工作温度〔一般用发动机排气温度(Exhaust Gas Temperature,EGT)表征〕上升。当涡轮温度上升至其正常工作的温度上限时,就必须降低功率/推力水平,使得涡轮工作温度不超过给定的限制值。此时发动机推力随环境温度上升而下降。基于此,发动机的推力保持对应一个环境温度的最大值,称为拐点温度(Flat Rated Temperature,FRT),记为 T_f。相应的发动机物理转速先上升后下降,压比先保持恒定后下降。

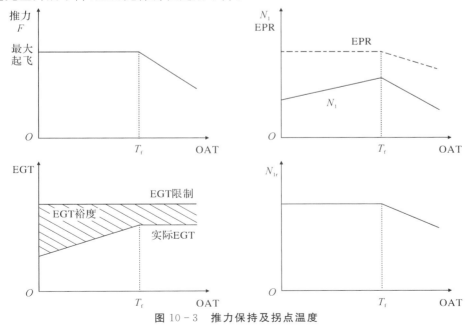

图 10-3　推力保持及拐点温度

发动机依据这样的原理,就会设计出多个推力等级。如果按推力大小排序,则有最大起飞(MTO)＞最大连续(MCT)＞最大爬升(MCL)＞最大巡航(MCR)。由于高压涡轮的工作温度关系到发动机整机安全性和寿命,以及为保证飞行安全和发动机使用寿命,所以每个推力等级都是依据飞机对推力的需求以及使用时间来进行设计的,相应的各推力等级涡轮限制温度就有所区别,如图 10-4 所示。一般而言,最大起飞、最大连续、最大爬升、最大巡航推力等级对应的涡轮限制温度是依次减小的。

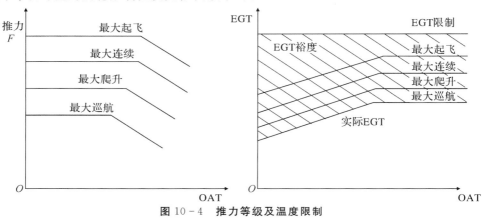

图 10-4　推力等级及温度限制

飞机在除起飞之外的飞行阶段,自动油门的上限一般是最大爬升(MCL),但如果发生单发失效,为使飞机获得更多的能量保证飞行安全,则自动油门工作的上限就会调整为更大的最大连续(MCT)推力等级。

10.3.3　起飞推力管理

发动机推力随高度和温度变化的特性使得飞机在高海拔、高温机场起飞推力不足,而在低海拔、低温机场起飞推力富余,因此飞机在高海拔机场运行设计有增推力装置,在低海拔机场运行设计了减推力功能,相应的自动油门工作上边界也会随着海拔高度、温度等发生变化。

联邦航空局(FAA)咨询通告 AC25-13 定义了两种减推力起飞方法,一种是减推力等级法(Derated Takeoff),另一种是降推力法(Reduced Takeoff),降推力法也称为假设温度法(ATM)或灵活温度法(Flex Temp Takeoff)。假设温度法和灵活温度法的基本原理相同,都是通过设置一个较高的环境温度达到降低推力的目的,波音公司将该方法称为假设温度法,空客公司将该方法称为灵活温度法。

图 10-5 为假设温度减推力起飞原理。由于发动机推力调节计划规定,当外界环境温度高于拐点温度时,发动机电子控制器(EEC)为了保护发动机在工作时不超温,只能通过降低推力来保证发动机仍具有较为安全的 EGT 裕度,所以假设温度减推力起飞的方法就是通过外部向 EEC 输入一个较高的环境温度,EEC 根据输入的环境温度来降低推力进行发动机控制。具体做法通常是通过飞行管理系统的人机接口向发动机输入一个高于实际环境温度和拐点温度的温度,EEC 比较输入的环境温度与拐点温度的大小,按照设定好的调节规律控制,减少燃油喷入量,降低发动机推力。实际上,发动机进口温度仍然是较低的当前

环境温度,发动机产生相同推力时其涡轮前温度更低。

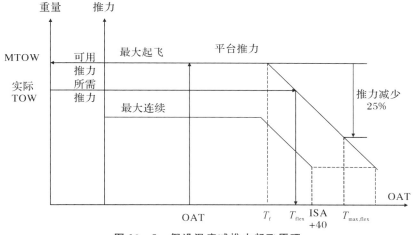

图 10 - 5　假设温度减推力起飞原理

在灵活温度减推力起飞情况下,自动油门系统接收到的目标油门杆位置也会低于正常起飞油门位置(TO/GA),如图 10 - 6 所示。图 10 - 6 仅是灵活温度减推力起飞目标油门杆角度与换算转速 N_{1r} 的示意对应关系。在某些飞机减推力起飞设计中,灵活温度减推力油门角度可能还会比最大爬升推力等级对应油门角度更低。

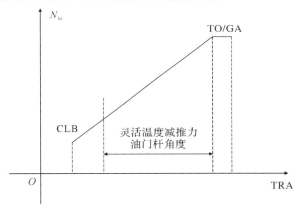

图 10 - 6　灵活温度减推力起飞目标油门角度示意

10.3.4　慢车推力管理

自动油门工作的下限一般是慢车挡位。慢车状态是发动机维持运转的最小转速,其推力约为起飞推力的 5%。不同的飞行阶段,飞机所需要的慢车推力也不一样。例如:进近慢车需要发动机转速高一些,以缩短复飞时所需的加速时间;着陆慢车的转速比地面慢车略高,需要与反推慢车转速保持一致,以缩短使用反推时的发动机响应时间。按照一般的转速与油门杆线性关系,多种慢车转速就对应多个慢车油门杆角度,飞机从进近到着陆,历经时间短,多个慢车油门角度会增加飞行员操纵负担,影响任务可靠性及飞行安全,也会增加自动油门设计的复杂度。推力管理通过复杂的逻辑对多种慢车状态进行非线性管理,而提供给飞行员的多种慢车却是唯一的油门杆角度。另外,发动机除了为飞机提供推力外,还向飞机提供气源和电/液功率。机械式发动机若增大引气和功率提取,则下降过程中需要提高油门杆角度,发动机推力管理系统能够根据引气和功率提取需求,自动地提高发动机转速,而不需要改变油门杆角度,这样自动油门系统的下限也不会随引气和功率提取发生变化。

在确定好自动油门工作的油门角度上、下限之后,自动油门就会在其上、下限之内,自动调节发动机推力,配合自动飞行控制纵向工作模式,为飞机提供速度控制和轨迹控制功能。

10.3.5　自动油门与推力管理关系

现代航空发动机采用 FADEC 控制技术,其推力管理做得都比较完备,比如具有完善的慢车推力管理、起飞推力管理以及推力等级设计,自动油门的控制目标就仅仅是油门杆角度,控制范围也比较固定,上限是最大起飞油门杆角度,下限是慢车油门杆角度,控制律设计及相应的逻辑设计也不会复杂。

对于没有推力管理的航空发动机,自动油门的设计还需要考虑部分推力管理的内容。以早期转速控制为调节规律的机械式发动机为例,该类型发动机仅有对起飞状态的超压保护机构设计,对于爬升推力则没有特别设计。比如当环境温度较低(冬天),空气密度较大,同样的爬升转速对应的发动机内部压力就有可能接近标准天起飞状态发动机压力,长期使用就会影响发动机寿命,因此自动油门需要根据环境温度适当降低目标爬升转速,以防止发动机内部压力过大。

10.4　涡扇发动机自动油门控制模式和控制律

涡扇发动机是现代航空运输飞机上使用最多的空气喷气式发动机,其特点是推力大、噪声小和耗油率低。空客和波音飞机分别根据主动式和被动式两种自动油门工作方式设计了各自对应的控制模式。多数控制模式含义相同,如推力控制和速度控制;部分控制模式有所区别,如 HOLD 模式仅波音飞机具有,而 ALPHA - FLOOR 为空客飞机所特有。

10.4.1　推力基准

推力基准用于起飞/复飞模式下的自动油门推力控制,当飞行员按压 TO/GA 按钮接通起飞/复飞模式时,自动油门自动接通推力基准模态,油门杆被自动前推到起飞位置。在起飞模式下,若目标推力状态设置为灵活温度起飞,则油门杆自动推至减推力起飞位置;若目标推力状态设置为正常起飞,则油门杆自动推至最大起飞推力位置。

推力基准采用发动机性能允许的最大油门杆位置作为控制目标,通过对目标油门杆位置与现时油门杆位置做差,采用比例控制解算给定油门杆速率指令,然后发送给油门伺服作动器实现油门角度的闭环控制。基于安全性考虑,需对给定油门杆速率进行限幅,限幅值需满足适航规定的快速性要求,即需在 8 s 内使发动机达到 95% 复飞推力状态。考虑到发动机转子本身具有的惯性,根据仿真研究,建议油门杆需在 5 s 时间内由慢车位推至起飞位。波音 737 飞机油门杆角度范围为 0°～50°,设计的起飞复飞状态油门杆移动速率是 12.5°/s。

推力基准控制原理如图 10 - 7 所示,要求控制律设计响应均匀,目标油门杆处无超调。

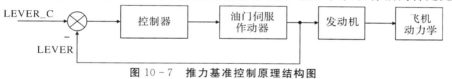

图 10 - 7　推力基准控制原理结构图

图 10 - 8 为油门杆角度在起飞/复飞模态下的动态响应过程平稳无超调,油门杆从慢车 0°到起飞 50°的响应时间不超过 5 s。

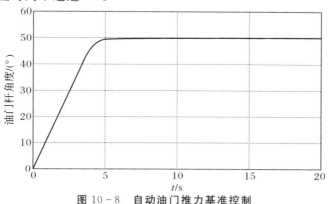

图 10 - 8　自动油门推力基准控制

10.4.2　推力控制

自动油门推力控制模式用于飞机的快速爬升或者快速下降阶段。当飞机快速爬升时,自动油门系统将油门杆自动控制到最大爬升位或者最大连续位(单发失效),使飞机从发动机能获得最大可用能量;当飞机快速下降时,自动油门系统将油门杆自动控制到慢车位(飞行慢车),将发动机输出能量设置到最小,有利于飞机尽快降低高度。

由于自动油门推力控制模式由对应的爬升和下降油门杆角度确定,所以控制方法上采用油门杆角度外回路闭环和油门杆速率内回路闭环,算法采用比例方法来实现油门目标角度控制目的。具体方法是根据油门杆角度偏差,经过比例增益得到油门杆速率指令,并经过限幅处理后送给自动油门伺服控制器。自动油门推力控制模式的控制律原理图如图 10 - 9 所示。

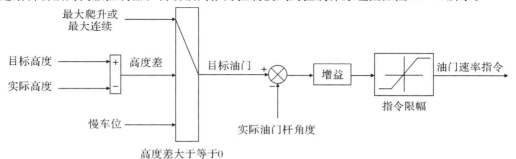

图 10 - 9　自动油门推力控制模式控制律原理框图

对于目标油门是最大爬升(或最大连续)还是慢车位的判断则通过目标高度与实际高度相减得到的高度差进行判断:若高度差大于等于 0,则判断为飞机爬升,目标油门杆角度为最大爬升(或最大连续);若高度差小于 0,则判断为飞机下降,目标油门杆角度为慢车位。

通常发动机的慢车推力被设计成尽可能小。当飞机的构型为非光洁构型时,如襟缝翼的放出会较大增加飞机阻力,使飞机在下降过程中速度减小过大,此时需要根据飞机构型对下降过程中的油门慢车位进行适当补偿,即根据襟翼位置增加油门杆角度,以保证飞机在下降过程中具有足够的安全速度。

自动油门推力控制模式与自动飞行控制纵向模态高度层改变(或垂直导航)密切相关,当自动飞行控制纵向选择为高度层改变模态或垂直导航速度模态时,自动油门系统自动链接推力控制模式,并根据高度差决定使用爬升推力还是慢车推力。如果自动飞行控制纵向选择除高度层改变或垂直导航速度模态以外的如垂直速度、航迹倾角、高度保持等模态,则推力控制模式自动退出,切换为自动油门速度控制模式。

自动油门推力控制模式的仿真曲线与推力基准相似,如图 10-10 所示。

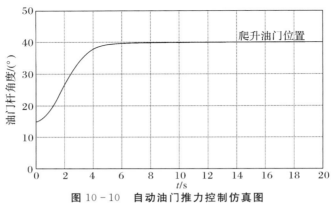

图 10-10　自动油门推力控制仿真图

10.4.3　速度控制

自动油门速度控制通过目标速度和现时速度差调节油门角度,从而改变发动机推力实现飞机速度控制。速度控制包括飞机表速控制和马赫数控制,低空飞行采用表速控制,高空飞行采用马赫数控制。典型速度控制系统原理如图 10-11 所示。

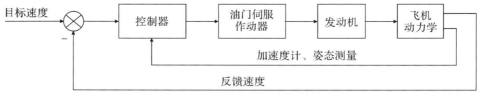

图 10-11　自动油门速度控制

由于涡扇发动机推力相对于油门杆运动存在滞后性,自动油门控制器应设计超前校正环节以减少滞后性产生的不利影响;同时考虑发动机的非线性特性带来的速度累积误差,应设计积分环节以提高控制精度。基于经典 PID 算法的自动油门速度控制律如图 10-12 所示。

图 10-12　自动油门速度控制律

分别在低空和高空状态下进行自动油门表速和马赫数控制仿真,如图 10-13 和图 10-14 所示。其中 CMD_AT 表示油门速率指令,LEVER 表示油门杆角度。

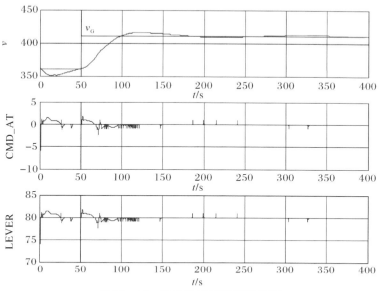

图 10-13　自动油门表速控制仿真

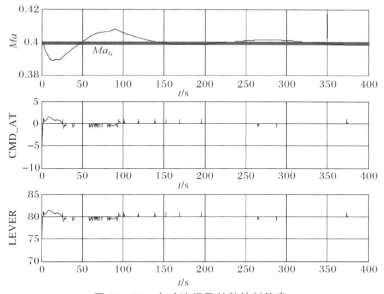

图 10-14　自动油门马赫数控制仿真

10.4.4　HOLD 模式

具有伺服执行机构的自动油门系统需要设计 HOLD 模式,如波音飞机这类具有伺服机构的自动油门系统中就设计有 HOLD 模式。而像空客的自动推力系统是将油门杆手动固定在相应的挡位,没有伺服机构,因此空客飞机的自动推力系统没有 HOLD 模式。

"HOLD"一词,顾名思义就是油门保持的意思,其设计逻辑是在该模式下,切断油门伺服电机的 28 V 供电。HOLD 模式在波音飞机上用于以下四种情况:

(1)起飞推力模式下,且计算空速(Computed Air Speed,CAS)大于 80 kn;

(2)垂直导航慢车下降;

(3)高度层改变慢车下降;

(4)飞行员超控的高度层改变。

HOLD 模式设置的本质想法就是为了防止自动油门非指令运动,切断油门伺服电机的供电,无论自动油门系统有任何指令,都无法得到执行。比如第一种情况,飞机正常起飞,如果自动油门在中途非指令收回油门,则可能导致灾难性后果,影响飞机起飞安全。因此,在按压 TO/GA 按钮,空速达到 80 kn 后,自动油门计算模块切断自动油门伺服电机的激励电源,自动油门模式由 THR REF 进入 HOLD 模式,油门杆被固定在起飞位置,除非飞行员手动收回油门杆,中止起飞。垂直导航和高度层改变中的慢车下降进入 HOLD 模式,原因是在垂直导航、高度层改变这两个自动飞行控制纵向模态中使用慢车推力,就是希望飞机以最快的下降率进行下降,因此不期望移动油门杆增加推力,否则会减小下降率,与选择该模态的初衷相悖。对于飞行员超控的高度层改变模态,如果自动油门不进入 HOLD 模式,则自动油门在被超控后,又会回到计算机计算的油门指令位置,如爬升或下降。飞行员在高度层改变模态下超控油门杆就是希望改变升降率,因此本着优先响应飞行员控制需求的设计原则,自动油门此时应退出当前推力控制模式,进入 HOLD 模式。

飞机在第一种起飞情况下进入 HOLD 模式,自动油门会保持 HOLD 模式直到垂直导航或高度层改变接通,或者无线电高度大于 400 ft,才会切换为推力基准(THR REF)或者推力控制(THR)。

在工程设计中,具有伺服机构的自动油门系统,起飞阶段的 HOLD 模式是必须要设计的,因为自动油门系统的设备研制保证等级通常为 C 级(重要度等级为一般),无人能够承担较低设备研制等级带来的起飞安全风险。对于垂直导航或者高度层改变模态下的 HOLD 模式则是根据实际需要进行设计,毕竟过多的字符信息切换也会令飞行员眼花缭乱,而垂直导航或者高度层改变下自动油门的非指令仅影响升降率,飞行员可以通过其他方式进行人工干预。

10.4.5　RETARD 模式

RETARD 模式用于油门杆自动收回至慢车位动作的指示,最初见于波音飞机。相较于推力控制和速度控制等主动模式,RETARD 模式与 HOLD 模式一样,属于自动油门的被动控制模式。早期的 B737 飞机还在飞行通告区 FMA 设计有 RETARD 字符显示,用于指示下降时的油门收回(Descent RETARD)和拉平时的油门收回(Flare RETARD)。在较新的 B777 飞机上仅保留了拉平时的油门收回(见图 10 - 15),但已经取消了 RETARD 字符显示,改为 IDLE 字符显示。空客飞机也仅有拉平时的 RETARD。

B737 飞机在 Descent RETARD 模式下油门杆的运动速率为 1°/s,Flare RETARD 模式下油门杆的运动速率为 3°/s,正推油门杆范围为 0°～50°,意味着在 RETARD 模式下,飞机所需推力的降低应是适中的,不能引起飞机俯仰姿态的剧烈变化。

下降油门收回用于垂导速度下降或者高度层改变下降,两者在下降过程中都是控制飞机空速,一般开始于下降顶点(Top of Descent,TOD)。RETARD 模式将油门杆收回到慢车位,移动的过程中显示字符"RETARD",在油门杆移动到慢车位后,字符由"RETARD"变为"ARM",自动油门工作模式会一直停留在 ARM 状态直到新模式被选择。ARM 是一种预位模式,指自动油门当前没有工作指令,处于等待指令状态。

拉平油门收回用于飞机拉平着陆时的油门控制,当无线电高度低于 24 ft 时,自动油门指令油门杆由当前位置收回到慢车位,并在 FMA 上显示 RETARD 字符用于指示油门收回过程。飞机接地后 2 s,自动油门断开。

从目前的发展趋势来看,自动油门的 RETARD 模式仍然会在具有伺服机构的系统中保留,但相应的过程显示会取消,仅显示 RETARD 模式后的最终结果,比如用 IDLE 字符显示代替整个 RETARD 模式。

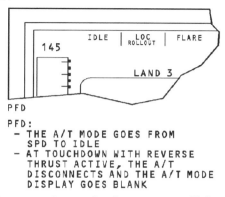

图 10-15 B777 飞机 Flare RETARD 模式显示

10.4.6 ALPHA FLOOR 推力控制

ALPHA FLOOR 是空客飞机用于自动保护飞机迎角的一种功能,以应对飞机失速危险情况。对于自动油门,ALPHA FLOOR 功能被激活后,会指令发动机推力自动增加到复飞推力状态,以增加飞机速度,减小迎角,增强飞机自动防失速改出能力。

ALPHA FLOOR 通常翻译为迎角平台功能,国内航空公司的机组手册翻译为迎角底限,并解释为一种飞机保护功能,实际上翻译为迎角底限从字面意思上更为贴切。这项保护功能的作用范围从飞机起飞开始一直持续到进近落地无线电高度 100 ft 结束。

飞行包线计算机(FEC)负责 ALPHA FLOOR 功能触发条件的监控,即当飞机达到很大迎角时,该迎角大于预设的迎角门限,飞行包线计算机发送 ALPHA FLOOR 监控信号给飞行增稳计算机(FAC),FAC 产生一个信号来触发 ALPHA FLOOR 模式。不论自动油门当前处于什么模式,均设置发动机为复飞推力状态,也不管当前油门处在什么位置。ALPHA FLOOR 的迎角门限与飞机的襟缝翼构型有关,在着陆构型中,该迎角门限会依据飞机减速率而减小(最小减到-3°)。

只要 ALPHA FLOOR 保护条件满足,FMA 上就以绿色显示"A. FLOOR"并有一闪烁的琥珀色框包围,发动机警告显示器上以琥珀色显示"A. FLOOR"。当飞机退出 ALPHA

FLOOR 保护时，FMA 上以绿色显示"TOGA LK"，即显示起飞复飞推力锁定。

当出现下列故障组合之一时，ALPHA FLOOR 保护功能失效：

（1）襟缝翼控制计算机 1 和飞行增稳计算机 2，或襟缝翼控制计算机 1 和飞行增稳计算机 1，或两个飞行控制单元（FCU）通道，或 1 个发动机接口装置（EIU），或两个飞行管理导引计算机；

（2）在备用或直接飞行操纵模式下；

（3）在单发情况下襟缝翼放出。

断开 ALPHA FLOOR 保护功能的方法是按压油门台上的 AT 切断按钮。

10.4.7　发动机转速配平

运输类飞机的动力装置通常为涡轮螺旋桨发动机和涡轮风扇发动机，其中低速类型的运输机配装涡轮螺旋桨发动机，高速类型的运输机配装涡轮风扇发动机。这两种类型的航空发动机均会导致运输类飞机产生拍频噪声，相比军用运输机，民用运输机的噪声控制要求更为苛刻，抑制拍频噪声技术首先在民用运输类飞机上被重视。

当配装大涵道比涡扇发动机或涡轮螺旋桨发动机的运输类飞机巡航飞行时，由于两台或多台发动机工作相近（但存在一定的转速不一致），所辐射的噪声频率接近，容易在客舱形成声波干涉，产生拍频噪声。俄罗斯学者穆宁在其著作《航空声学》中描述了这种现象，作者提出可以通过移动油门杆，改变发动机工作状态来消除拍频噪声现象。现代飞机的设计普遍采用电传飞行控制和全权限数字电子发动机控制技术，强大的数据传输能力和计算能力以及高精度控制技术为自动抑制拍频噪声提供了可能。发动机电子控制器能够根据高精度传感器测量的风扇或螺旋桨转速值进行精确控制，飞管计算机或自动飞行控制计算机比较两台发动机物理转速，产生发动机转速配平（英文称为 N_1 trim）指令，使两台发动机转速相同，消除拍频噪声。

双发飞机的动力装置最典型布局就是翼吊式对称分布或尾吊式对称分布，左、右两台发动机同时工作就相当于两个对称分布的声源。有研究表明，大涵道比涡扇发动机和涡轮螺旋桨发动机的主要噪声为叶片离散单音噪声。

以配装双发动机 CFM56-7B 的干线客机 B737 为例，两台涡扇发动机为翼吊式，对称布置在距客舱较远的机翼下方，则其左、右两发（左发为 1 发、右发为 2 发）风扇噪声数学模型分别表示为

$$p_1 = \sum_{s=1}^{\infty} p_{s,1} \mathrm{e}^{-\mathrm{i}(sB\omega_1 t + \theta_1)} = \sum_{s=1}^{K} p_{s,1} \mathrm{e}^{-\mathrm{i}(sB\omega_1 t + \theta_1)} + O(\varepsilon_1) \tag{10-1}$$

$$p_2 = \sum_{s=1}^{\infty} p_{s,2} \mathrm{e}^{-\mathrm{i}(sB\omega_2 t + \theta_2)} = \sum_{s=1}^{K} p_{s,2} \mathrm{e}^{-\mathrm{i}(sB\omega_2 t + \theta_2)} + O(\varepsilon_2) \tag{10-2}$$

由于两台发动机同型号，在相同工作条件下两台发动机风扇噪声幅值（噪声分贝）几乎相等，且发动机对称布置，当两台发动机风扇转速相近时，其声压在客舱处近似相等，即 $p_{s,1} \approx p_{s,2} \approx p_s$。

根据声波线性叠加原理，对两台发动机风扇噪声求和，有

$$p = p_1 + p_2 = \sum_{s=1}^{K} p_s \left[\mathrm{e}^{-\mathrm{i}(sB\omega_1 t + \theta_1)} + \mathrm{e}^{-\mathrm{i}(sB\omega_2 t + \theta_2)} \right] + O(\varepsilon) \tag{10-3}$$

因为 $\mathrm{e}^{-\mathrm{i}\alpha} + \mathrm{e}^{-\mathrm{i}\beta} = 2\cos\dfrac{\alpha-\beta}{2}\mathrm{e}^{-\mathrm{i}\left(\frac{\alpha+\beta}{2}\right)}$，所以式（10-3）可整理为

$$p = \sum_{s=1}^{K} 2 p_s \cos\left(sB\frac{\omega_1 - \omega_2}{2} t + \frac{\theta_1 - \theta_2}{2} \right) \mathrm{e}^{-\mathrm{i}\left(sB\frac{\omega_1+\omega_2}{2}t + \frac{\theta_1+\theta_2}{2} \right)} + O(\varepsilon) \tag{10-4}$$

由于 $\omega_1 \approx \omega_2$，所以比较式（10-4）与式（10-1）各项可知，两台发动机在客舱的叠加噪声除了存在与单台发动机叶片通过角频率相近的高频噪声外，还出现了角频率为 $sB\dfrac{\omega_1 - \omega_2}{2}$ 的拍频波动项 $\cos\left(sB\dfrac{\omega_1 - \omega_2}{2} t + \dfrac{\theta_1 - \theta_2}{2} \right)$。拍频现象当两个较为接近的频率叠加时才会出现，表现为在高频振动的基础上伴随着低频振动，正如式（10-4）所描述的高频波动与低频波动乘积，人耳直观感受是原有高频单音噪声的强弱缓慢变化。

图 10-16 是以配装 CFM56-7B 发动机的 B737 飞机为例进行的拍频噪声仿真，该发动机风扇部件包含 24 片宽弦叶片，风扇最大允许转速为 5 380 r/min。假设 1 发风扇转速 85.1%，2 发风扇转速 84.5%，则计算的 1 发风扇离散单音噪声频率为 1 831 Hz，2 发风扇离散单音噪声频率为 1 818 Hz，人耳所感受到的两台发动机所形成拍频噪声频率为 13 Hz。

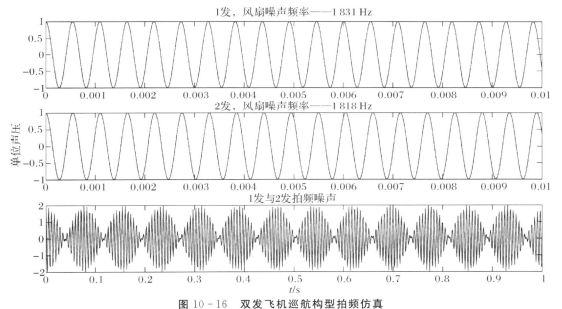

图 10-16　双发飞机巡航构型拍频仿真

当倍数 s 逐渐增大时，低频的拍频波动会转为高频，拍频现象不明显，因此拍频主要集中在前 s 项。因为 $s=1$ 项是其声压级最大的一项，且由于不同声波频率的不相干性，所以实际分析中简化为仅研究第 1 项。当 $\omega_1 = \omega_2$ 时，拍频现象消失，从而可以推导出抑制拍频噪声的必要条件是两台发动机转速相同。四发飞机拍频噪声的产生过程更为复杂，但抑制其拍频噪声的必要条件经推导为四台发动机转速均相同，其推导过程可见文献《多发涡扇飞机拍频噪声抑制原理及应用》。

发动机转速配平范围的设计与风扇叶片个数、最大风扇转速以及对飞机航向影响等多种因素密切相关，需综合考虑。某支线客机发动机转速配平的调节范围为$(0.1\%\sim2.5\%)N_1$。

每台发动机 EEC 根据油门角度等传感器计算的风扇参考目标转速 $N_{1\,ref}$ 很难保证一样，飞机上的飞管计算机或自动飞行控制计算机将来自两台发动机的参考目标转速进行比较，产生转速配平指令 ΔN_1，并叠加到参考目标转速 $N_{1\,ref}$，形成 EEC 的最终控制目标值 $N_{1\,cmd}$，如下式所示：

$$N_{1\,cmd} = N_{1\,ref} + \Delta N_1 \qquad (10-5)$$

对于转速配平基准的确定，双发飞机约定以其中一发为基准转速，调节另一台发动机转速来同步；四发飞机也可选择其中一台发动机作基准，也可以选择多台发动机转速的平均值作基准。

波音和空客飞机公司均已使用拍频抑制技术，B787 飞机设计在其推力管理功能（Thrust Management Function，TMF）模块内。如图 10-17 所示，驻留在推力管理模块中的推力电子配平（Electronical Trim Thrust，ETTS）通过比较左、右两台发动机的风扇物理转速，计算风扇转速修正量，通过总线发送给发动机电子控制器（Electronic Engine Controller，EEC），使得两台发动机转速一致，实现 N_1 同步。

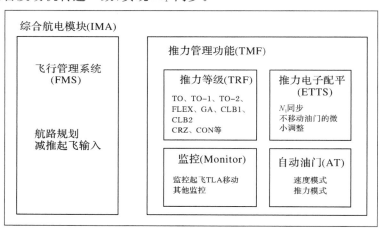

图 10-17　B787 飞机推力管理架构

B787 飞机推力电子配平中除"N_1 同步"外，还有一项功能"不移动油门的微小调整"，实现方法同"N_1 同步"，但目的不同，该功能是为了实现自动油门的微小调整而设计的。这就要求在 EEC 控制风扇转速时不仅叠加 N_1 同步信号，还要叠加 N_1 微调信号。该方法为具有伺服执行机构的自动油门系统进行微小油门调节问题提供解决办法，代表着未来先进自动油门控制技术。

10.5　涡桨发动机自动油门控制模式和控制律

涡桨发动机不能像涡扇发动机一样直接为飞机提供推力，而是输出轴功率，通过发动机轴功率带动螺旋桨产生拉力，使飞机安全飞行。

10.5.1 机械式油门控制

对于涡桨发动机,机械式油门控制器需要同时控制发动机的功率和螺旋桨螺矩,即同时设置油门杆位置和桨叶角度。具体工作方式如下。

(1)油门控制:飞行员操纵油门杆,油门杆带动传动机构运动,从而驱动油门执行机构动作,控制发动机的转速,改变发动机的功率。

(2)螺矩控制:飞行员操纵螺旋桨螺矩调节杆,调节杆带动传动机构运动,改变螺旋桨的螺距,进而控制螺旋桨桨叶角度。

根据飞机低速飞行需要拉力大、高速飞行需要拉力小的特点,机械式发动机的螺旋桨螺矩主要应用在飞机起飞、着陆等场景,目的是调节对飞机拉力的控制,在进入巡航阶段后,主要是通过油门杆来控制发动机的功率。

10.5.2 电传式油门控制

相比机械式油门控制,电传油门台仅需要控制油门杆(桨距由 FADEC 自动控制)。电传油门台易于实现多余度信号传递,避免了机械传动式油门台单点故障的可能,显著提高了油门控制系统的可靠性;同时,电传油门控制可以有效地减少机械传动环节,减轻飞机质量,提高飞行机动性。

在电传油门控制的构架下,自动油门的控制设计如同涡扇发动机,通过闭环控制油门杆的角度位置,实现飞机速度的闭环控制。

当表速传感器测得的表速信号与要求的表速信号不一致时,形成速度误差信号,自动油门计算机将这一误差信号及其他传感器信号经过控制律运算后得到控制指令,再输出至油门杆伺服放大器,油门杆伺服放大器对指令进行伺服放大运算后驱动油门杆作动器输出轴转动,带动油门杆运动,由它改变油门杆的位置,从而改变发动机推力/拉力以控制飞行速度,最终使飞行速度与要求值相一致。

自动油门控制系统的空速保持模式采用比例加积分式的控制规律,其控制规律如下:

$$\delta_p = K_{\Delta \dot{v}} \Delta \dot{v} + K_{\Delta \dot{v}s} \int \Delta \dot{v} \mathrm{d}t \qquad (10-6)$$

式中:$\Delta v = v_\mathrm{g} - v_\text{实}$,$\Delta \dot{v} = \dot{v}_\mathrm{g} - \dot{v}_\text{实}$。

为防止油门杆产生过大的动作,需对进入控制律计算的输入信号进行限幅处理;为防止油门杆行程超出其工作范围,还需对控制律输出信号进行限幅处理。自动油门控制律结构框图如图 10 - 18 所示,仿真结果如图 10 - 19 所示。

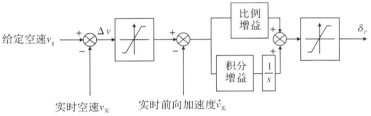

图 10 - 18 自动油门控制律结构框图

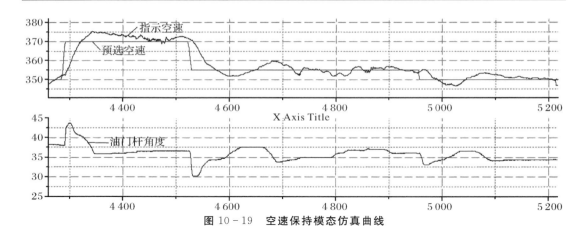

图 10 - 19　空速保持模态仿真曲线

10.6　自动油门逻辑与告警

10.6.1　控制逻辑

自动油门作为辅助飞行员控制油门的系统,对其接通和断开的控制逻辑有严格的规定。在实现其正常辅助控制发动机推力功能的基础上,需要从设计角度充分保证自动油门能够安全可靠地被断开。

10.6.1.1　接通逻辑

自动油门接通逻辑为

$$（①∩②∩③）∪（④∩⑤）$$

其中:①指飞机轮载信号为空中状态;②指飞机起飞后离地高度大于 400 ft;③指按压飞行控制板上的 AT 按钮;④指飞机轮载信号为地面,且地速小于 30 kn;⑤指按压 TO/GA 按钮。

注:飞机起飞阶段,在地面上速度大于 60 kn,直到起飞离地高度小于 400 ft 期间,自动油门无法接通。

10.6.1.2　断开逻辑

自动油门断开逻辑为

$$①∪②∪③∪④∪⑤∪⑥∪⑦$$

其中:①指按压飞行控制板上的 AT 按钮;②指扳下飞行控制板上的自动油门预位开关;③指按压左、右油门杆上的任一 AT - DISC 开关;④指人工移动油门杆超控断开;⑤指发动机故障;⑥指油门操纵台中的自动油门伺服机构故障;⑦指内部 AFCS 监控故障。

其中:①～④为人工断开自动油门的逻辑;⑤～⑦为自动断开自动油门的逻辑。

10.6.2　告警设计

在告警设计中,一般会针对自动油门断开设计注意级告警。不论是人为断开还是自动断开自动油门,都应在 CAS 页面上显示"自动油门断开"字符,并伴随灯光或语音提示。

在 B737 飞机中,自动飞行控制板上设置的 AT 开关可以使 AT 伺服电机上电(28 VDC)工作。当 AT 断开或 AT 处于 BITE 中时,AT 开关的红色警告灯会被点亮。当进行下列事件时,AT 开关警告闪光器复位:

(1)按压油门杆两侧 AT 切断电门;

(2)按压 AT 警告灯。

在着陆过程中,当自动油门自动断开时,AT 开关警告闪光器不亮,以免使飞行员紧张,但 CAS 信息仍需要显示。

10.7　本章参考文献

[1] 高金源,冯华南.民用飞机飞行控制系统[M].北京:北京航空航天大学出版社,2018.

[2] 陈宗基,张平.民用飞行控制系统设计的理论与方法[M].上海:上海交通大学出版社,2015.

[3] 张汝麟,宋科璞,等.现代飞机飞行控制系统工程[M].上海:上海交通大学出版社,2015.

[4] 夏飞,黄金泉,周文祥.基于 MATLAB/SIMULINK 的航空发动机建模与仿真研究[J].航空动力学报,2007,22(12):2134 - 2138.

[5] 张伟,高亚奎.多发涡扇飞机拍频噪声抑制原理及应用[J].南京航空航天大学学报,2019,51(6):801 - 808.

第 11 章　自动飞行控制系统软件设计

11.1　概　　述

运输机自动飞行控制系统软件属于安全关键软件,为了保证软件的质量和符合性,采用了诸如 GJB 5000A 和 DO - 178 等软件工程化的方法、标准和实践。GJB 5000A 与 DO - 178 有一定的相似性,但也存在许多的不同。GJB 5000A 最终评判的是某一组织是否具备软件开发的能力,DO - 178 最终评判的是某一机载软件产品是否合格。

自动飞行控制系统软件主要功能包括输入数据管理、BIT、计算机管理、计算机系统管理、故障管理、控制律计算、输出数据管理等,采用了结构化程序设计方法以及基于模型的设计方法(控制律软件)。基于模型的软件开发和验证尽管能带来许多益处,如更关注需求、更早的验证、需求更易理解、更高的效率以及支持形式化方法(SCADE)等,但在实际过程中,也面临工具本身和设计细节方面的一些风险。

软件测试验证过程支持所有的软件生存周期过程,是对软件开发过程和软件验证过程两者结果的技术评估。软件验证过程的目的是检测和报告在软件开发过程中可能已形成的错误,确保分配给软件的系统需求、软件需求、软件体系结构、软件设计、源代码之间的符合性和可追踪性,以及最终的可执行目标码能够满足系统需求。

软件配置管理是一个贯穿软件生命周期始终的整体性过程,跨越软件生命周期全部区域,并影响所有的资料和过程。好的配置管理有助于进行有效的变更管理和版本管理,保证软件产品和生命周期资料之间的一致性。

11.2　软件研制过程质量保证

11.2.1　GJB 5000A 软件开发流程

自动飞行控制系统软件应严格按照 GJB 5000A 标准或相关标准要求,对软件研制过程和软件维护过程中的每个阶段、每个过程域进行质量把控,以达到直接地提升自动飞行控制系统软件的质量和可靠性的目的。

根据软件生存周期模型的阶段划分,在需求稳定、技术成熟且软件产品整体交付的状态下，自动飞行控制系统软件采用"V"型软件开发与验证模型。同时，考虑使用的软件开发工具的不同，如常规的代码开发工具或基于模型的软件开发工具，其使用的开发模型也随之改变。随着软件开发技术的发展和工具的成熟，基于模型的软件开发工具替代人工编码，"V"型软件开发与验证模型演变为"Y"型软件开发与验证模型，在提高软件开发效率的同时，也使得软件设计人员有更多时间用于软件高级需求的分析和设计。

　　软件研制过程或维护过程不论使用何种软件生存周期模型，都应严格按照软件工程要求执行，对软件研制的各个阶段、每个过程域进行过程、产品的质量管控，如图 11-1 所示。

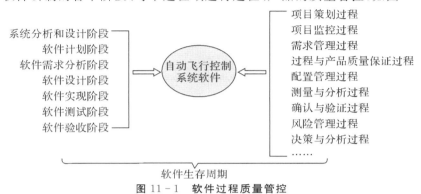

图 11-1　软件过程质量管控

　　自动飞行控制系统软件的开发与验证活动细分为系统分析和设计阶段、软件计划阶段、软件需求分析阶段、软件设计阶段、软件实现阶段、软件测试阶段和软件验收阶段。其中，软件开发过程中的每个阶段的产品输出都作为下一个阶段的输入和依据，用于实现该阶段工作的目标和要求。软件测试过程则贯穿于软件开发过程中的每个阶段，是软件验证的重要组成环节。其目的一是验证软件开发过程中的每个阶段是否满足其要求，满足需求正向追溯和逆向追溯的正确性；二是通过使用软件测试的方法和技术，发现软件中的缺陷、错误，提高软件质量。自动飞行控制系统软件的确认和验证活动中，主要采用评审、分析和测试的方法来确定软件是否符合系统要求，达到系统设计需求。

　　自动飞行控制系统软件的"V"型软件开发与验证模型主要关注每个阶段的输入和输出，确认和验证也只是对其阶段的产品进行评审、分析和测试，故结合 GJB 5000A 标准要求，对自动飞行控制系统软件研制过程进行 18 个过程域的过程管理监控，包括项目策划过程、项目监控过程、需求管理过程、需求分析过程、过程与产品质量保证过程、配置管理过程、测量与分析过程、供方协议管理过程、集成项目管理过程、产品集成过程、技术解决方案过程、决策与分析过程、确认过程、验证过程、风险管理过程、组织过程焦点过程、组织过程定义过程和组织培训过程。

　　通过对软件研制过程中涉及的每个过程域进行技术上和管理上的监控，将自动飞行控制系统软件研制项目的监控周期定为双周，由项目组成员进行双周工作汇报总结，质量保证员依据各个过程的检查单对项目开展质量检查，配置管理员对软件研制过程中产生的所有数据进行标准化管理，项目组长依据软件研制过程中实时采集的双周项目测量分析数据，监控项目的进展、风险、偏差、软件缺陷率等指标，并对软件研制过程中产生的技术问题和管理问题进行跟踪归零。

结合"V"型软件开发与验证模型和 GJB 5000A 标准要求,使得自动飞行控制系统软件研制项目达到早期策划、预防风险、实时监控,以及质量、节点等方面都在可控的范围内。

11.2.2　DO‑178 软件开发流程

RTCA DO‑178 是一套机载软件研制过程和审定的指南。机载软件通过对过程目标的满足,以确保取得认证机构的批准。对每个过程,DO‑178 给出以下三个方面指南:

(1)软件生命周期中各过程的目标;

(2)为了达到这些目标所需的活动和设计考虑;

(3)能证明这些目标已经达到的证据。

DO‑178 软件开发过程如图 11‑2 所示。

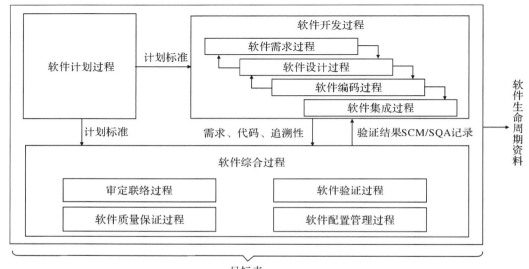

图 11‑2　DO‑178 **软件开发过程**

DO‑178 是面向目标和过程的,其附件 A 给出了一个根据软件级别定义的过程目标,表明了各个软件级别适用的目标数。软件级别是由系统安全性评估后,识别出并分配给软件的。例如:DO‑178C 中有 71 个目标,对于 A 级软件,需要满足全部 71 个目标;自动飞行控制系统软件为 B 级软件,需满足 69 个目标。表 11‑1 中提供了 DO‑178C 规定的需要提供给合格审定机构的软件生命周期过程最低要求资料汇总。

表 11‑1　软件生命周期资料汇总表

序　号	生命周期资料项目	描　述
1	软件合格审定计划(PSAC)	顶层软件计划,用于编档与合格审定机构的协定
2	软件开发计划	描述软件开发规程和生命周期,以指导开发团队和保证与 DO‑178C 开发目标的符合性
3	软件验证计划	描述软件验证规程,以指导验证和保证与 DO‑178C 验证目标符合性

续　表

序　号	生命周期资料项目	描　述
4	软件配置管理计划	建立将要在整个软件开发和验证活动中使用的软件配置管理环境、规程、活动和过程
5	软件质量保证计划	建立软件质量保证人员对项目进行监督的计划，以保证对DO－178C目标及计划和标准的符合性的计划
6	软件需求标准	为需求编写者提供指南、方法、规则和工具
7	软件设计标准	为设计者提供指南、方法、规则和工具
8	软件编码标准	为有效使用编程语言提供指南、方法、规则和工具
9	软件需求说明	定义高层和导出的高层软件需求
10	软件设计说明	定义软件体系结构、低层需求以及导出低层需求
11	源代码	包括代码文件，它们与编译、链接和加载数据一起用于建立可执行目标代码，并将其集成到目标计算机
12	可执行目标代码	被目标计算机的处理器直接读取的代码
13	软件验证用例和规程	具体说明软件验证过程是如何实现的
14	软件验证结果	验证过程的输出
15	软件生命周期过程环境配置索引	标识软件环境，包括用于开发、控制、构建、验证和加载软件的任何工具
16	软件配置索引	标识软件产品的配置，包括源代码、可执行目标码、支持的生命周期资料，还包括构建和加载指令
17	问题报告	标识产品和过程问题以保证解决
18	软件配置管理记录	包含各种软件配置管理活动的结果
19	软件质量保证记录	包含软件质量保证活动的结果，包括软件符合性评审
20	软件研制总结	总结对 DO－178C 的符合性、与 PSAC 的任何偏差、软件特性以及开发的问题报告
21	追踪数据	提供需求、设计、代码和验证资料之间的追踪证据

11.2.3　DO－178 与 GJB 5000A 对比

在 2008 年，为了更好地保证软件产品的质量，提升军工企业软件研制能力，总装备部引进国际软件行业已经非常成熟的软件能力成熟度模型（CMM）思想，在此基础上发布了《军用软件能力成熟度模型》（GJB 5000A—2008），以评价软件研制单位是否具有相应的软件研制能力，通过贯彻 GJB 5000A 的要求不断改进软件开发流程。

在以往的军用航空装备研制中，重点关注的是飞机或者任务系统各项技战术指标是否满足要求，随着科研水平的逐步提高，人们已经认识到软件对航空安全的重要影响。为确保机载软件研制的质量及其安全性，越来越多的军用软件研制过程引入了适航理念，而RTCA DO－178是民用航空软件研发的指导性标准，是衡量是否满足适航性的重要依据。

GJB 5000A 与 DO-178 都是约束软件研制过程的标准规范,两个标准的共同目标都是使研制的航空软件质量更高,安全性更好。两者之间的异同之处主要表现在如下几个方面。

(1)关注点的异同。DO-178 和 GJB 5000A 都是用于指导软件开发的标准,但是它们的目的和范围有很大的不同。DO-178 适用于民用飞机机载系统软件的开发和合格审定。GJB 5000A 则是一个通用的标准,在软件范围中广泛使用,机载软件只是其中的一部分。GJB 5000A 用来评估软件组织开发能力,专注于业务流程测量和改进。DO-178 则关注于软件产品的完整性和安全性。

(2)等级划分的异同。DO-178 和 GJB 5000A 都划分了五个等级,并围绕等级进行了说明。DO-178 是基于安全性的,通过软件对潜在失效状态的影响来划分,划分的是软件安全等级,对不同的软件安全等级提出不同的目标,并规定了不同的活动程度来满足相应的目标。GJB 5000A 是基于组织开发能力来划分的,划分的是组织开发能力的成熟度,对不同的实践来满足对应过程域目标,以证明自己成熟度的达到。这两个标准都提出了一个基于等级增量变化的方法,即在满足低级别的基础上,向高等级演变的必要条件。在建立体系文件时,需要将两者很好地结合起来进行考虑。

(3)过程域的异同。DO-178 和 GJB 5000A 都对开发过程给予了一定的指导,定义了一些软件生命周期过程。例如:DO-178C 标准要求最高等级软件满足 71 个目标,其软件生命周期包括 9 个过程;GJB 5000A 包括了 22 个过程域。

DO-178 和 GJB 5000A 过程并不能完全映射,且类似过程的关注点也不同。GJB 5000A 虽然提供了比较完整的过程域,但是它并没有规定如何做以及做到何种程度;而 DO-178 在这方面具有非常重要的指导意义,DO-178 定义了每个过程的目标、活动指导、满足目标所需的证据等。例如,DO-178 给出了验证过程的方法(评审、分析和测试),并提出了必须达到的验证指标(语句覆盖、MC/DC 覆盖等)。在建立体系文件时,可将此引入 GJB 5000A 中。

(4)灵活性的异同。DO-178 和 GJB 5000A 都没有对某个确定活动需要遵循的规程和模板进行规定。用户必须形成自己的规程和模板,这也是用来证明自己满足目标的责任。在针对不同用户时,可对自己的模板和规程进行调整。

(5)可裁剪性的异同。DO-178 和 GJB 5000A 的另一个重要不同点是 DO-178 不像 GJB 5000A 那样具有可裁剪性。在实践中应严格遵守 DO-178,或用替代方法来满足相应的目标。

11.3 开发语言与方法

11.3.1 基于模型开发

作为飞控的研发人员,需要对飞行器设计、建模、状态估计、导航制导与控制等系统进行全方面的掌握,还要保障实现功能的软件达到开发标准,因此对研发人员提出了很高要求。然而,大部分研发人员偏向于计算机软件行业或者偏向于算法研究方向,为了降低对研发人员的标准,并满足飞行器软件开发高要求,对基于模型设计的软件开发工具应用成为迫切需要。基于模型的软件开发使用了模型设计的工作流程和开发与测试相结合的软件开发平台,使系统设计和验证过程相统一,减少了开发成本,缩短了开发周期,降低了软件缺陷率。其原则是使用具有完善定义和支持工具的可视化建模作为设计基础,通过对模型的不断细化和测试来进行系统设计和验证,在此过程中持续消除其中的错误和缺陷,以保障系统设计的正确性和对设计需求的全面覆盖。基于模型设计的软件开发方法可以实现模型设计、模型调试、模型化软件设计、自动生成代码、单元测试、覆盖率测试、文档生成等功能。进行模型化开发方法研究和分析,可以有效地缩短开发时间,提高开发效率,特别适合航空航天等高安全要求领域。

基于模型的软件开发是一种软件开发理念和方法,开发过程中根据软件需求规格说明、概要设计说明进行工程模型搭建、功能覆盖率验证、模型测试验证、需求追踪。模型整个设计实现过程不断建模、测试、验证,设计缺陷随开发过程不断地暴露和解决,最后根据模型自动生成代码。飞行器实际项目中基于模型的开发工具有 Matlab、SCADE、Rhapsody 等软件,航空、国防军工、轨道交通、核能重工等高安全性软件开发标准的应用领域主要用 SCADE 软件实现模型到软件的开发。下面以 SCADE 为例,简述基于模型软件开发平台的特点。

SCADE 模型生成代码特点如下:

(1)生成的 C 语言代码与平台无关,易移植,并兼容 DO-178 和 ISO-C 标准;

(2)生成的 C 代码结构体现了数据流部分的模型架构;

(3)生成的 C 代码行为符合模型的语义;

(4)生成的 C 代码可读,可以通过对应名称、特定注释、追溯文件追踪到输入模型;

(5)确保模型的控制流部分、状态机名称和代码的可追溯性;

(6)执行时间可以确定;

(7)循环边界是确定的,递归操作被排除;

(8)融合多种语言优势,可以同时进行数据流和状态机的建模,方便用户设计模型;

(9)开发者只需关心算法和模型设计,源代码使用工具自动生成和测试验证;

(10)完全的静态内存分配,没有基于指针的运算。

SCADE 自动生成代码功能不但提高了工作效率,还有效地减少了人为引入错误的可能性,从而提高了可靠性。但是,自动生成的 C 语言代码和人为编辑代码习惯有些不同且注释较少,在没有模型支持的条件下,调参改软件略困难。

由于仿真模型通用性和软件开发工具成本限制,实际工程项目中的仿真和软件实现可以用两种工具分别实现——应用 Matlab 设计仿真,SCADE 进行软件实现。下面以自动飞行控制系统控制律软件研发流程为实例,对 Matlab、SCADE 软件应用举例说明。

(1)基于 Matlab 中 Simulink、Stateflow 平台设计控制算法和逻辑模型,并与飞管、大气、惯导、油门等外界系统交联形成闭环控制;

(2)对基于 Simulink、Stateflow 平台设计的模型进行仿真验证,优化控制方案;

(3)根据控制律方案,利用 SCADE 软件设计控制律算法和逻辑模型,且对模型进行自测试;

(4)Simulink 设计的模型和 SCADE 生成的 S 函数共同放在 Simulink 平台,搭建同源仿真环境,在相同输入信号情况下,验证 Simulink 模型和 SCADE 模型的一致性;

(5)SCADE 软件基于模型直接生成 C 代码,并与其他代码融合烧写到目标机中。

11.3.2 C 语言代码开发

目前,航空电子软件主流的编码语言是 C 语言。软件编码过程的输入来自于软件概要设计和软件详细设计,是对软件概要设计中划分的软件体系结构、产生的设计决策和软件详细设计中产生的软件单元的设计实现。在软件编码过程中,除了正确实现软件设计中的低层需求,还应基于安全性的考虑,遵循相关安全性设计标准和编码标准。另外,为了保证编码质量,软件编码人员还应关注代码的可读性、复杂度和健壮性。

《军用软件安全性设计指南》(GJB/Z 102A—2012)在编程语言通用要求、软件复杂性控制、注释要求与方法、指针使用、多余物的处理、其他要求等多个方面对软件编程实现提出了安全性相关的原则性要求,如禁止程序正常执行时直接从过程中跳出、模块的圈复杂度(即McCabe 指数)一般不大于 10 等。

当使用 C 语言作为飞控类安全关键的嵌入式软件开发语言时,目前国内主要遵循的编码标准包括《航天型号软件 C 语言安全子集》(GJB 5369—2005)和《C/C＋＋语言编程安全子集》(GJB 8114—2013)。两项标准均使用了强制准则和建议(推荐)准则两种标准类型,包括了声明定义、版面书写、分支控制、指针使用、跳转控制、运算处理、过程调用、语句使用、调用返回、程序注释、循环控制、类型转换、初始化、比较判断等类型的编程准则。

与基于模型开发的软件代码不同,手工编程实现的软件代码可读性对于整个生命周期软件维护能够产生至关重要的影响。在前期的软件评审、调试、测试验证,以及后期的软件变更等软件开发维护活动中,若代码可读性差,势必影响这些活动的质量,也会影响软件代码本身的质量。代码的可读性,体现在良好的编程风格以及合理的注释。整个软件工程代码中,应该具备统一的编程风格、逻辑明确的版面书写以及清晰的变量/函数声明。合理的注释应该解释编码的原理和思路,并与代码保持一致,而不是对代码的重复。

控制代码复杂度的重要手段就是降低程序之间的耦合。常见的耦合包括数据耦合和控制耦合,数据耦合是软件部件间的数据流传递,控制耦合是软件部件间运行方式的相关影响。当然,耦合不一定是在软件编码过程中产生的,更多的是在软件设计过程中产生的。比较常用的降低程序之间耦合度的手段包括减少全局变量的使用,以及建立清晰简洁的接口。

在安全关键的软件编程中,应该使用防御式编程来提高代码的鲁棒性。在编程过程中,应考虑各种无效输入、运行环境的可能错误以及其他无法处理的意外,阻止错误的进一步蔓延和恶化,然后对这些错误进行补救或者容错报故等。

11.4 软 件 设 计

11.4.1 软件架构

自动飞行控制系统主要由自动飞行控制计算机、自动飞行控制板、驾驶柱/盘/脚蹬回传作动器和自动油门执行机构组成。自动飞行控制计算机上电或复位后,启动操作系统,操作系统启动后直接从指定的入口地址启动固化在 FLASH 中的自动飞行控制系统软件的入口函数,自动飞行控制系统软件即进入运行状态,完成系统所要求的各项任务。

自动飞行控制系统软件通过自动飞行控制计算机的硬件接口,接收自动飞行控制板、主飞行控制计算机及远程数据集中器等系统/设备发出的指令和信息,通过信号处理、交叉传输、输入表决、控制律解算及输出表决后形成三轴电传控制量、指引指令和油门控制指令。

自动飞行控制系统软件通过自动飞行控制计算机的硬件接口,输出控制指令至主飞行控制系统和自动油门,操纵舵面和发动机油门实现自动驾驶和自动油门控制功能;输出指引指令至显示控制系统,在主飞行显示器上生成操作指引符供飞行员参考,实现飞行指引功能;同时在主飞行显示器显示相应的自动飞行控制系统当前工作方式、纵向/侧向/自动油门工作模态等信息;在自动驾驶工作方式下输出回传控制指令至回传作动器,驱动驾驶柱、驾驶盘和脚蹬使座舱杆系随自动驾驶指令运动,实现回传驱动功能。

自动飞行控制系统软件主要功能模块包括输入数据管理、BIT、计算机管理、计算机系统管理、故障管理、控制律计算、输出数据管理。软件的功能结构如图 11-3 所示。

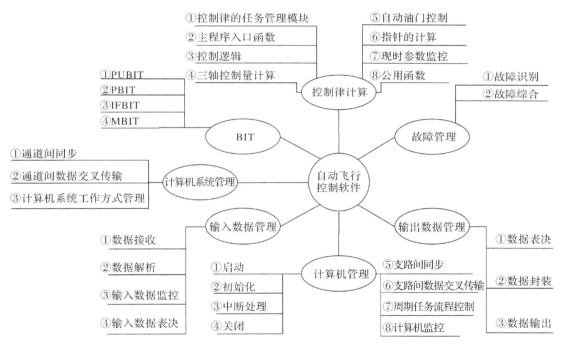

图 11-3　自动飞行控制系统软件功能结构图

(1)输入数据管理。输入数据管理模块负责采集来自自动飞行控制计算机 MBI 板接收到的外部输入数据,调用驱动程序接收和处理诸如 GJB 289A、HB 6096 总线和离散量等数据,并对输入数据进行接收、解析和数据监控表决。

首先应进行输入数据解析和监控,当发生监控故障时,应进行数据监控故障处理。当无监控故障时,应根据不同的输入数据类型,分别依次进行自动飞行控制计算机支路内输入数据表决、支路间输入数据交叉传输和表决、通道间输入数据交叉传输和表决。当表决故障时,应进行相应的表决故障处理。

(2)BIT(自测试)。BIT 软件模块完成对自动飞行控制计算机故障的检测和隔离,支持自动飞行控制律系统维护测试,并向中央维护系统上报相应的地面测试结果。实现功能包括上电自检测(PUBIT)、飞行前自检测(PBIT)、飞行中自检测(IFBIT)、维护自检测(MBIT)。

(3)计算机管理。飞控计算机上电后,计算机管理模块完成按顺序调用执行各功能,完成周期任务执行前所需进行的操作。实现功能包括任务调度管理、启动、初始化、支路间同步、支路间交叉通信、中断处理、计算机监控和关闭等。其中初始化需要完成硬件初始化、缓冲区初始化、全局变量初始化、故障管理初始化、输出初始化等。中断处理包括掉电中断、看门狗中断、定时器中断。

(4)计算机系统管理。计算机系统管理软件完成计算机双通道同步、通道间交叉通信和计算机系统工作方式的管理。按同步等待时间,两台计算机之间的通道间同步分为首次同步、长同步和短同步。同步的目的如下:

1)保证自动飞行控制计算机的两个通道在同一时刻同时进入周期工作;

2)消除自动飞行控制计算机的两个通道软件运行过程中的时间差,使两通道能进行正常的数据交叉传输;

3)消除两个通道的时钟误差的积累。

计算机系统具有主、主备和单机三种工作方式,软件根据当前系统各状态判定当前计算机系统的工作方式。

(5)故障管理。故障管理部分负责对故障集中进行处理,而不包含故障检测部分。处理的方式分为故障判定和故障综合。当自动飞行控制系统发生故障,导致功能丧失或工作方式改变时,软件将故障原因通过故障代码的方式进行上报。

(6)控制律计算。根据自动飞行控制板的按键请求,判断当前的工作状态、相应的进入/退出逻辑以及点灯逻辑;依据控制逻辑确定的工作方式和工作模态,确定控制目标参数,调用给定值计算、三轴控制量计算模块,得到送给电传的控制量;根据推力需求计算油门杆指令速率,根据飞行指引需求计算指针偏移量。此外,还对自动驾驶和自动油门相关的现时参数进行监控。

控制律计算包括控制律任务管理、控制律主程序模块、控制逻辑、三轴控制量计算、自动油门控制、指引指令计算、现时参数监控和公用模块等。

(7)输出数据管理。输出数据管理模块负责对自动飞行控制计算机的输出数据进行处理,并调用设备驱动软件,按接口控制文件的要求输出总线数据和离散量类型数据,对其进行支路间输出表决、封装和数据输出。输出数据管理包含输出数据支路间表决、输出数据封装和输出数据发送。

11.4.2 软件分区设计

分区(Partitioning)是指一个核心处理模块中包含一个或多个航空电子应用,并且这些应用要能够独立运行。为了适应模块化、综合化航空电子 IMA 系统的需求,美国航电委员会针对数据综合化的要求提出了应用程序接口标准 ARINC653。在 ARINC653 标准中,分区是一个核心概念,分区的单位称为区间,区间内的每一个执行单元称为进程。每一个区间具有自己独立的数据、上下文和运行环境。相对于传统静态分区,软件分区的好处是能够防止一个区间的错误影响到其他分区,有效保证了各个分区间代码和数据的独立安全性,达到容错和简化验证的目的,从根本上解决传统嵌入式领域安全性问题。空间分区保护与传统静态内存分配的区别如图 11-4 所示。

图 11-4　空间分区保护与传统静态内存分配的区别

另外,软件分区在 ARINC653 标准中不单单只是空间分区,时间分区也是重要的组成部分。时间分区的特点是保证一个分区的软件从共享资源所获得的服务不能受其他分区软件的影响,如相关资源的性能、速率、延迟、偏差以及访问时长等。

区间化以及区间的管理和调度是由操作系统来实现的。ARINC653 为区间的调度规定了一种基于时间窗的循环调度算法,这种调度算法的原理如图 11-5 所示。为了完成各区间的周期性调度,由操作系统维护一个固定时间长度的主时间框架,该时间框架在模块的运行期内周期性地重复。每个时间框架可以划分为若干个时间窗口。系统利用一个事先确定的配置表,在规定的时间窗口内激活对应区间的运行。这样就能够保证每个应用在分配给它的时间周期内访问公共资源不被打断。

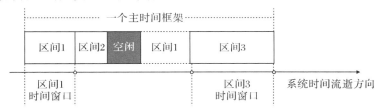

图 11-5　基于时间窗的循环调度算法原理

软件分区适用于系统复杂、综合度高的机载系统,能够将多种功能系统集成在一台设备中,大大节省了硬件资源。虽然软件分区优势明显,但是在实际工程研制中也存在若干现实问题,最明显的就是由多家单位或者团队共同使用软件分区时,需要共同进行软件架构设计,平衡每个分区的时间资源、内存资源的分配、数据传递方式以及数据类型、余度管理等。在软件开发、综合调试阶段,往往需要多家单位或者团队共同配合,难度较大。软件分区在设计时应考虑的原则如下。

(1)功能需求方面:对于数据流、控制流紧耦合的软件应划分为同一分区。

(2)软件安全性方面:不同安全保证等级的不能在一个分区。

(3)软件协作方面:不同开发团队或单位的软件最好不在同一分区。

如图 11-6 所示,以某飞机自动飞行控制系统软件为例,该自动飞行控制系统的功能软件与主飞控软件是综合在一起并驻留在飞控计算机中的,与主飞控软件共享飞控计算机软硬件平台。某飞机 FCM 硬件上驻留的软件功能由多个独立的分区组成,每个分区是一组在规定的运行时间和地址空间内以指定刷新率运行的一个或多个软件进程。根据分区的数据要求,底层分时分区操作系统为每个分区分配了运行频率、总运行时间和受保护的内存空间。除非通过特定的接口,任何分区都无法干涉另一分区的运行时间或数据。分时分区操作系统支持两种调度算法:一种算法基于 ARINC653 规范,时间按分区进行分配,每个分区将运行其包含的进程直至完成所有进程或耗尽其分配的时间,相应的时间分配和分区运行顺序固定在时间表中;另一种算法是单调速率调度(RMS),进程按速率和优先级运行,相同速率的进程优先级相同,系统为每个进程分配了指定量的时间。

图 11 - 6 某飞机自动飞行控制系统软件分区划分图

11.4.3 控制律软件设计

自动飞行控制律软件是自动飞行控制系统软件的核心计算模块,其根据输入数据对飞机的当前状态进行控制逻辑分析并解算,生成三轴控制量,发送给主飞控计算机,控制飞机自动飞行。随着自动飞行控制逻辑和控制律算法设计越来越复杂,自动飞行控制律软件也日趋复杂,规模不断增大。图 11 - 7 为自动飞行控制律软件的功能模块示例。

(1)控制律任务管理模块:进行控制律所需参数初始化,对输入参数赋值并用于控制律计算,调用控制律的主程序入口函数,根据控制律计算结果对输出参数进行赋值。控制律的主程序入口函数调用控制逻辑、三轴控制量计算、飞行指引计算、现时参数监控以及自动油门控制等模块。

(2)控制逻辑模块:根据自动飞行控制板按键请求,判断当前的工作状态、相应的进入/退出逻辑转换以及点灯逻辑和显示逻辑。

(3)三轴控制量计算模块:依据控制逻辑确定的工作方式和工作模式,确定控制目标参数,进行控制量计算,得到送电传的控制量。

(4)自动油门控制模块:依据控制逻辑确定的工作模式,计算油门杆指令。

(5)飞行指引计算模块:计算指引杆的指引控制量。

(6)现时参数监控模块:对自动驾驶和自动油门相关的现时参数进行监控。如果自动驾驶所监控的参数连续多拍超出阈值,断开自动驾驶工作方式,生成警告级告警;如果自动油门所监控的参数超出正常范围,断开自动油门工作方式,生成注意级告警。

（7）公共函数：控制律计算各模块用到的基本函数，如一阶滤波器、二阶滤波器、积分器、三角函数、一维差值、二维差值、结构滤波器等。

图 11 - 7　自动飞行控制律软件功能模块示例图

控制律软件的开发与其他机载软件开发过程一样,需要遵循软件工程化要求和DO-178标准。在实际的控制律软件开发过程中,由于控制律不断地迭代完善,所以软件需求变更贯穿于整个开发过程,软件的确认、验证、追踪和分析工作量急剧增加。传统的机载软件面临着既要开发效率高,又要保证高安全性的双重挑战。

随着软件工程的发展和完善,以及新设计方法的出现和应用推广,软件的开发方法也在不断改变,基于模型的软件开发方法为机载软件开发提供了一条新的解决途径。采用基于模型的开发流程,传统的 V 型流程变更为 Y 型开发流程,工作重心从编码转移到了模型,代码可以通过模型自动生成。如果采用通过认证的代码生成器,甚至可以节约单元测试的时间和成本。

模型是对一个系统软件集合的抽象描述,可用于软件开发和软件验证过程。模型可以进入需求层级中作为系统需求、软件需求和软件设计,能完全或部分地代表软件的需求和架构,表 11-2 为一些模型需求定义的例子。

表 11-2　模型的需求定义

活　动	例 1	例 2	例 3
系统需求	模型的高层需求	模型的高层需求	模型的高层需求
系统设计	模型		
软件高层需求		模型	
软件低层需求			模型
软件结构体系			
源代码	源代码	源代码	源代码

常用的基于模型的控制律软件设计工具有 SCADE 和 Matlab,前者软件模型是由数据流图和状态机图混合实现的,后者 Simulink 表示数据流,Stateflow 表示状态机。基于模型的软件开发验证过程与传统的软件开发验证过程相比,除需符合 DO-178C 外,还要符合 DO-331 的要求。表 11-3 和表 11-4 简要表明了基于模型的软件开发验证过程与传统的软件开发验证过程的对比。图 11-8 为基于 SCADE 的软件模型示例。

表 11-3　软件开发过程

传统软件开发	基于模型软件开发
软件需求/设计标准	软件模型标准
高层需求	规范模型
低层需求	设计模型
软件架构	设计模型
编写软件源代码	自动生成代码
追踪关系(条目化)	追踪关系(模型单元)
代码库	模型库

表 11 - 4　软件验证过程

传统软件验证	基于模型软件验证
计划和标准的审查与分析	计划和标准的审查与分析
高层需求的审查与分析	高层需求的审查与分析、模型仿真
低层需求的审查与分析	低层需求的审查与分析、模型仿真
软件架构的审查与分析	软件架构的审查与分析、模型仿真
源代码的审查与分析	源代码的审查与分析
集成过程输出的审查与分析	集成过程输出的审查与分析
测试	测试、模型仿真
测试用例、过程及结果的审查与分析	验证用例、过程及结果的审查与分析
覆盖分析(需求覆盖分析、结构覆盖分析)	覆盖分析(需求覆盖分析、结构覆盖分析、模型覆盖分析)

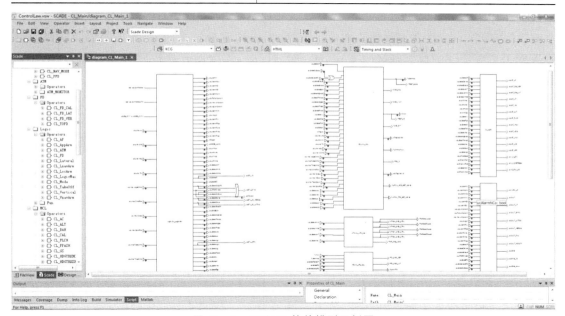

图 11 - 8　SCADE 软件模型示例图

　　基于模型的软件开发和验证能带来许多益处,如更关注需求、更早的验证、需求更易理解、更高的效率以及支持形式化方法(SCADE)等。但是,在实际软件开发过程中,也存在如下一些风险:

　　(1)系统设计和软件设计人员角色定位不清。基于模型的方法使系统设计人员更容易参与到软件开发过程中,模型可以由系统设计人员构建。实际工作中,系统人员更关注系统功能,对设计过程是否符合软件过程、如何确保标准符合性以及模型质量是否满足 DO - 178C 和 DO - 331,可能并不擅长,反而导致软件质量不高。

　　(2)工具不稳定。基于模型的软件开发与验证对建模工具依赖性很强,工具的不稳定对项目会带来较大影响。例如,项目还在进行过程中,工具维护升级,导致模型可能需要重新生成和验证。或者为避免这种情况,不同项目使用同一工具的不同版本都需要保留下来,造成项目维护管理困难。

(3)如何区别定义规范模型和设计模型。模型可以进入需求层级中作为系统需求、软件需求和软件设计,能完全或部分地代表软件的需求和架构。DO-331 提供了规范模型和设计模型指南,规定了一个模型不能既是规范模型又是设计模型,要求在模型之上必须有需求,当使用模型时将永远至少有两层需求。在实际项目中,由于模型经常包含实现的细节(如公式和算法),如何区别定义规范模型和设计模型对项目组是一个无法避免的重大问题。

(4)建模的限制。能用数据流和控制流准确描述的需求(如控制律和控制逻辑)适合用基于模型的方法,然而不是每个系统都适合建模,需要项目组人员分析决策哪些系统适合建模,避免项目返工。

(5)传统和基于模型混合开发。基于模型的软件在模型之外还有一些传统的需求和设计。控制律软件外部接口部分和某些特殊的算法(为了提高执行效率)都是由传统手工编码完成的。例如,SCADE 工具提供了可以导入手工代码的功能。这种混合开发模式必须小心定义,以确保一致性和完整性。在项目策划时,应该明确定义开发、集成和验证方法。基本原则是传统部分的按照传统的方式(如 DO-178),模型部分的按照基于模型的方式(如 DO-331)。

11.4.4 实时操作系统

实时操作系统(RTOS)是嵌入式计算机软硬件资源的管理者,应用软件是在 RTOS 的控制下执行的。RTOS 封装并抽象了低层硬件接口,使得程序员仅须专注于软件应用功能开发,而无须关注低层硬件细节。随着处理器能力的提升以及减小航空设备质量需求,为了提升处理器利用率、最小化飞机系统质量和提高维护性,综合模块化航空电子(IMA)系统正逐渐替代传统的联合式和分散式系统。ARINC653 是目前满足 IMA 需求的实时操作系统主要规范,其中最重要的是提出了分区的概念,每个分区拥有自己的存储空间和时间。图 11-9 表明了一个典型 RTOS 的部件及其与应用之间的相互关系。RTOS 作为嵌入式系统软件的一部分,现已成为诸如机载飞控系统等安全关键系统的一个核心部件,并在很大程度上决定了飞控系统的安全性和性能,故需要满足 DO-178 的要求。

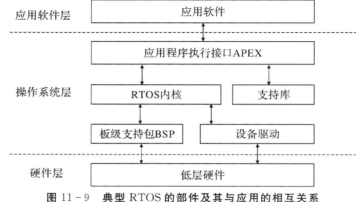

图 11-9　典型 RTOS 的部件及其与应用的相互关系

用于安全关键飞控系统的 RTOS 须至少满足如下特性或要求：

(1)确定性。RTOS 的行为必须是可预测的，即给定一个特定的输入，RTOS 须生成相同的输出。RTOS 的确定性还表现在必须满足需求定义的功能和时间的符合性，如确定的时间调度算法和确定的内存分配。

(2)可靠的性能。RTOS 必须满足使应用能执行其预期功能所需要的性能需求。许多因素决定了系统性能，包括计算时间、调度算法、中断处理、上下文切换时间(包含分区间切换时间或任务间切换时间)、缓存、任务分配、分区间通信时间等。

(3)静态资源配置。相对于不安全的动态配置，安全关键 RTOS 须静态配置内存空间和时间，包括静态配置时间调度表和调用接口、分区空间相互隔离、分区间运行时间相互隔离等。

(4)健康监控和故障处理。RTOS 健康监控负责检测、隔离、围堵和报告可能对资源或者使用资源的应用造成有害影响的失效或故障，并为应用的失效或故障做出规划，提供恢复或关机的机制。对基于分区的健康管理和故障处理，要求能够使故障不在分区间传播和相互影响。

11.4.5　软件编译和集成

当选择一种语言和编译器用于诸如飞行控制软件等安全关键项目时，应考虑如下方面：

(1)语言的安全性支持。语言和编译器必须能够满足适用的 DO‐178 目标已经要求的安全性需求，如 A 级软件要求目标码与源代码的一致性。

(2)编译器的能力须具备。具备编译时和运行时检测错误的能力，强数据类型，支持实时系统需要的能力，单独编译和调试的能力，与其他语言(如汇编)接口的能力，如果有 RTOS 还应具备支持 RTOS 的接口能力。

(3)与目标机的兼容性。选择的编译器和环境必须生成与目标机处理器和外围设备兼容的代码。

(4)编译器跟踪软件事件监控。可以采集、统计和显示目标机系统产生的各种事件，如信号量、任务、中断、消息队列、看门狗、异常、系统调用、I/O、网络、内存等。

(5)向其他目标机的可移植性。选择一种能够在一定程度上可移植(汇编通常不可移植)到其他目标机的语言和编译器可提高软件的重用性，有助于后续相似项目的开发效率和质量。

图 11‐10 表明了软件集成阶段的软件构建过程，包括了编译、链接和加载到目标机。软件编译、链接、加载和烧写过程及要求如下：

(1)编译和链接的资料与源代码一样重要，需要验证和配置管理；

(2)开发环境列出的所有工具(带有版本)、硬件以及构建环境的配置，包括编译器或链接器配置，都需要记录在软件生命周期环境配置索引中；

(3)须使用一个干净的构建软件，即通过删除所有的软件，对构建的目标机进行清理，然后用批准的软件加载或烧写入目标机；

（4）对构建过程中发现的编译器、连接器告警和错误必须进行标识和分析,并确定是否可接受,错误一般是不可接受的。

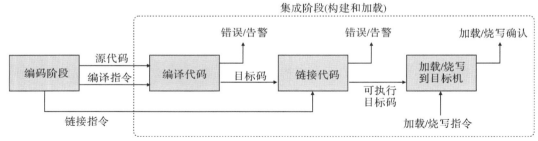

图 11 - 10 软件编码和集成

11.5 软件测试验证

随着用户对自动飞行控制的任务要求越来越复杂,自动飞行控制系统软件的规模也越来越大,功能越来越复杂,而且用户和研制方对软件测试的要求和关注度越来越高,因此,软件测试显得尤为重要。但是,目前软件测试的发展速度仍落后于软件开发技术的发展,使得软件测试面临以下几个方面的挑战:

（1）软件的作用在自动飞行控制系统中越来越重要,由此产生的软件测试任务越来越繁重;

（2）自动飞行控制系统软件的规模和功能复杂度的提高带来软件和进行充分有效的测试难题;

（3）基于模型的开发技术越来越普及,但是基于模型的测试技术却刚刚起步;

（4）对于实时性非常高的自动飞行控制系统,仍缺乏有效的测试手段。

通过目前软件测试的发展现状,可以看到以下几个方面的发展趋势:

（1）软件测试工作进一步前移,软件测试不仅仅是在软件代码编制完成后开始;

（2）基于模型的测试技术以及自动测试技术将成为一个重要的发展方向;

（3）测试职业将得到充分的尊重,并且测试的起点将会提高,只有高水平的开发者,才能胜任测试工作;

（4）测试的独立性将成为测试的基本要求,独立的测试部门将成为共识,第三方测试将得到蓬勃的发展。

自动飞行控制系统软件测试是一个全生命周期的活动,它开始于策划阶段,一直到产品定型,甚至定型后的维护。其目的是验证软件是否满足软件开发合同或软件研制任务书、软件需求规格说明和软件设计说明所规定的功能、性能、接口、安全性等要求,并发现软件的错误,为软件产品质量的评价提供依据。目前常用的测试模型为 W 模型（见图 11 - 11）,W 模型是在软件开发瀑布模型的改进模型 V 模型基础上将测试活动独立出来形成"V",与开发的"V"共同形成 W 模型;W 模型使软件测试活动更早地开始,从而可以更早地发现问题。

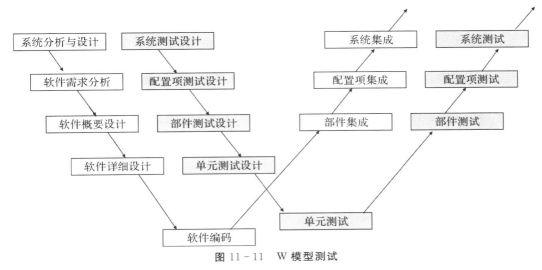

图 11-11　W 模型测试

软件测试从测试级别角度,分为单元测试、部件测试、配置项测试和系统测试四个级别;从测试方法角度,软件测试包括静态测试和动态测试,静态测试一般采用文档审查、代码审查和静态分析,动态测试一般采用白盒测试和黑盒测试。

11.5.1　单元测试

单元测试是针对软件设计的最小单元(程序模块),进行正确性检验的测试工作。其目的是检验每个软件单元能否正确地实现软件设计说明中的功能、性能、接口和其他设计约束等要求,发现单元内部可能存在的各种错误。

单元测试内容一般包括文档审查、代码审查、静态分析和动态测试。文档审查一般以检查单的形式开展,对软件设计文档的完整性、一致性、准确性和规范性进行检查;代码审查对软件代码与设计的一致性、与标准的符合性、逻辑表达和算法的正确性、结构的合理性以及代码的可读性进行检查;静态分析对软件代码的控制流、数据流、接口和表达式进行分析,一般采用静态分析工具;单元测试的动态测试主要采用白盒测试,以黑盒测试为辅,通常对软件单元的模块接口、局部数据结构、独立路径、边界条件和错误处理进行测试。

(1)模块接口测试。对模块接口的测试项目包括:①调用被测单元时的实际参数与形式参数的个数、属性、量纲、顺序是否一致;②被测试单元调用子模块时,传递给子模块的实际参数与子模块的形式参数的个数、属性、量纲、顺序是否一致;③调用标准函数的参数个数、属性、量纲、顺序是否正确;④被测单元在使用全局变量时是否与全局变量的定义一致。

若被测单元与外部设备之间有交互,则还需包含以下测试项目:①文件属性是否匹配;②输入/输出格式是否匹配;③缓冲区容量与记录长度是否匹配;④输入/输出错误是否检查并做了正确的处理。

(2)局部数据结构测试。对局部数据结构的测试项目包括:①不正确或不一致的数据类型说明;②变量名拼写或缩写错误;③使用未赋值或未初始化的变量;④错误的初始值或缺省值;⑤不一致的数据类型;⑥全局数据对软件单元的影响。

(3)独立路径测试。独立路径是指从程序入口到出口的多次执行过程中,每次至少有一条语句是第一次执行的。应设计测试用例对软件单元中的独立路径进行测试,特别是对独立路径中的基本路径进行测试,查找由于错误的计算、不正确的比较或不正常的控制流导致的错误。

常见的错误计算包括:①运算次序的错误;②运算对象的数据类型不一致;③算法错误;④初始化错误;⑤运算精度不够等。

常见的不正确的比较或不正常的控制流包括:①不同数据类型的比较;②浮点数运算精度问题造成的比较错误;③关系表达式中使用错误的变量和比较符;④错误的循环中止条件;⑤while循环中无中止条件等。

(4)边界测试。边界测试是对软件单元在边界是否能够正确运行的测试,包括:①数据流、控制流中刚好等于、大于或者小于确定的比较值时是否出现错误;②在取最大值或最小值时是否出现错误;③循环体执行到最后一次循环时是否出现错误等。

(5)错误处理测试。比较好的单元设计要求能够预见运行后可能发生的错误,并给出相应的处理措施,以保证其逻辑上的正确性。错误处理测试对软件单元运行发生错误时,验证其错误处理措施是否有效。

软件单元的错误处理功能包含错误或者缺陷时,情况有:①在对错误进行处理之前,错误条件已经引起系统的干预;②所提供的错误描述信息不足以确定造成错误的位置或原因;③显示的错误提示与实际错误不符;④对错误条件的处理不正确;⑤意外的处理不当等。

软件单元测试完成后形成的文档有软件单元测试计划、软件单元测试说明、软件单元测试报告、软件单元测试记录、软件单元测试问题报告。

11.5.2 部件测试

部件测试是针对软件部件集成的过程和集成后的软件部件,进行正确性检验的测试工作。其目的是检验软件单元和软件部件之间的接口关系,并验证软件部件是否符合软件设计说明的要求。

在软件部件集成的过程中,采用何种方式集成,直接影响到部件测试的形式、次序、费用等。常用的部件集成方式有两种,分别为一次性集成方式和渐增式集成方式。

(1)一次性集成方式。使用一次性集成方式,首先对每个软件单元分别进行单元测试,再把所有单元集成在一起进行测试,最终得到要求的软件部件。这种方式的缺点是发现问题不容易定位,适用于功能少、结构简单的软件部件,如自动飞行控制系统中的执行部件。

(2)渐增式集成方式。使用渐增式集成方式,首先对每个软件单元进行单元测试,然后将软件单元逐步集成为部件,在集成的过程中,每集成一个单元进行一次测试,以发现集成过程中出现的问题。按集成的次序,常用的方案有自顶向下、自底向上、混合型。

自顶向下的渐增式集成方式是以软件部件作为所测模块及驱动模块,其下属软件单元全部用桩模块代替,对软件部件进行测试;再采用深度优先或广度优先的策略,用真实软件单元替换相应的桩模块,再用桩模块代替真实软件单元的下属单元模块,进行测试;与已测试的软件单元或者软件部件集成为新的软件部件。这种方式的优点有:①能尽早地对程序的主要控制和决策进行检验;②减少了驱动模块的开发费用。缺点有:①由于低层模块使用桩模块代替,不能反映真实情况,导致测试不充分;②同时需要大量桩模块。

自底向上的渐增式集成方式是由驱动模块控制最底层软件单元的并行测试;再用实际单元模块代替驱动模块,与它已测试的下属单元模块集成为软件部件;配备新的驱动模块,进行测试。这种方式的优点有:①不需要桩模块;②多个软件单元可以并行测试,提高测试效率;③测试用例设计相对简单。缺点有:①对软件部件的主要控制直到最后才能接触到;②同时需要大量驱动模块。

混合型的渐增式集成方式是综合自顶向下和自底向上两种方式的优点进行集成和测试,一般对软件部件的上层使用自顶向下、下层使用自底向上的方法。这种方式的优点有:①具备自顶向下和自底向上的优点;②使用一些技巧,能够减少驱动模块和桩模块的开发。缺点是在被集成前,中间层不能尽早得到充分测试。

软件部件测试的内容一般包括动态测试和必要的静态测试(静态分析、代码审查)。动态测试主要采用白盒测试,以黑盒测试为辅,通常对全局数据结构及软件部件的适合性、准确性、互操作性、容错性、时间特性、资源利用性进行测试。

(1)全局数据结构测试。测试全局数据结构的完整性,包括数据的内容、格式,以及内部数据结构对全局数据结构的影响。

(2)适合性方面测试。对软件设计文档分配给软件部件的每一项功能逐项进行测试。必要时,测试软件部件集成过程中的中间功能模块。

(3)准确性方面测试。对软件部件中具有准确性要求的功能和精度要求(数据处理精度、时间控制精度、时间测量精度)进行测试。

(4)互操作性方面测试。对新加入的软件单元和部件与已存在的软件单元和部件之间的接口,软件部件与支持其运行的其他软件部件、例行程序或硬件设备间的接口,输入和输出数据的格式、内容、传递方式、接口协议等进行测试。

(5)容错性方面测试。测试软件部件对错误输入、错误中断等情况的容错能力。

(6)时间特性方面测试。测试软件部件的运行时间。必要时,测试软件部件集成过程中的中间功能部件的运行时间。

软件部件测试完成后形成的文档有软件部件测试计划、软件部件测试说明、软件部件测试报告、软件部件测试记录、软件部件测试问题报告。

11.5.3　配置项测试

配置项测试是针对软件配置项,进行正确性检验的测试工作。其目的是检验软件配置项的功能、性能以及其他特性是否与软件需求规格说明要求的一致。

软件配置项测试一般采用黑盒测试,以白盒测试为辅。常用的黑盒测试方法包括功能分解、等价类划分、边界值分析、判定表、因果图等。

(1)功能分解。功能分解是将软件需求规格说明中每一个功能加以分解,确保所有功能全部测试。通过功能抽象的方法将程序分解为功能单元,并使用数据抽象方法设计测试每个功能单元的数据。

(2)等价类划分。等价类划分是在分析软件需求规格说明的基础上,把程序的输入域划分成若干部分,然后在每部分中选取代表性数据形成测试用例,包括有效等价类和无效等价类,有效等价类对软件需求规格说明是有意义、合理的输入数据所构成的集合,无效等价类对软件需求规格说明是无意义、不合理的输入数据所构成的集合。

（3）边界值分析。边界值分析是针对输入或输出的边界值进行测试，使用等于、小于或大于边界值的数据对程序进行测试的方法。通常边界值分析作为等价类划分的补充。

（4）判定表。判定表由四部分组成：条件桩（列出问题的所有条件）、条件项（针对条件桩给出的条件列出所有可能的取值）、动作桩（列出问题规定的可能采取的操作）、动作项（指出在条件项的各组取值情况下应采取的动作）。在判定表中贯穿条件项和动作项的一列就是一条规则，针对每个合法输入组合的规则进行测试。

（5）因果图。因果图是一种利用图解法分析输入的各种组合情况，把用自然语言描述的功能说明转换为判定表，然后为判定表的每一列设计一个测试用例，适用于检查程序输入条件的各种组合情况。

软件配置项测试的类型包括功能测试、性能测试、接口测试、余量测试、边界测试、人机交互界面测试，必要时，应包括强度测试、可靠性测试、安全性测试、恢复性测试、安装性测试、互操作性测试等内容。

功能测试是对软件需求规格说明中的每项功能需求进行正常和异常测试，以验证其功能是否满足要求。

性能测试是对软件需求规格说明中的每项性能需求进行测试，以验证其性能指标是否满足要求，一般包括处理精度、响应时间、运行占用空间、处理的数据量等。

接口测试是检查输入/输出接口的格式及内容，以及对输入/输出接口进行正常和异常情况的测试。

余量测试是对软件需求规格说明中的每项余量要求进行测试，若无明确要求，一般至少留有 20％的余量。

边界测试是对软件的输入/输出、状态转换、功能界限、性能界限和容量界限的边界进行测试。

人机交互界面测试是测试操作和显示与软件需求规格说明的一致性和符合性、界面的健壮性，以及对错误指令或非法数据的检测和提示能力等。

软件配置项测试完成后形成的文档有软件配置项测试计划、软件配置项测试说明、软件配置项测试报告、软件配置项测试记录、软件配置项测试问题报告。

11.5.4　系统测试

系统测试是将已经集成自动飞行控制系统软件、操纵台软件或者伺服机构软件等，作为整个自动飞行控制系统的一个元素，与硬件环境、支持软件、人员等系统元素结合在一起，在真实自动飞行控制系统环境下进行的测试。系统测试的目的是在真实系统工作环境下检验软件配置项能否和系统正确通信，并满足系统/子系统设计文档和软件研制任务书规定的要求。

系统测试一般采用黑盒测试，常用的测试方法包括功能分解、等价类划分、边界值分析、判定表、因果图等。测试内容包括功能测试、性能测试、接口测试、边界测试、余量测试、强度测试、人机交互界面测试、安全性测试，必要时，应包括可靠性测试、恢复性测试、安装性测试、互操作性测试等内容。

功能测试是对系统/子系统设计文档和软件研制任务书中的每项功能需求进行正常和异常测试,以验证其功能是否满足要求。

性能测试是对系统/子系统设计文档和软件研制任务书中的每项性能需求进行测试,以验证其性能指标是否满足要求。

接口测试是检查系统/子系统设计文档和软件研制任务书中规定的输入/输出接口的格式及内容,以及对输入/输出接口进行正常和异常情况的测试。

边界测试是对系统/子系统设计文档和软件研制任务书中规定的输入/输出、状态转换、功能界限、性能界限和容量界限的边界进行测试。

余量测试是对系统/子系统设计文档和软件研制任务书中的每项余量要求进行测试。

强度测试是要检查在系统运行环境不正常的情况下,系统可以运行到何种程度的测试。比如当大于系统要求的最大运行时间时,系统运行是否正常。

人机交互界面测试是测试操作和显示是否满足系统/子系统设计文档和软件研制任务书的要求。

安全性测试是对系统/子系统设计文档和软件研制任务书中安全性需求的实现是否与要求一致的测试。

软件系统测试完成后形成的文档有系统测试计划、系统测试说明、系统测试报告、系统测试记录、系统测试问题报告单。

11.5.5　回归测试

回归测试是针对未通过软件单元测试的软件单元、未通过软件部件测试的软件部件、未通过软件配置项测试的软件配置项、未通过系统测试的软件,以及因其他原因更改后的软件单元、软件部件或软件配置项进行的一系列测试。

根据测试内容的不同,回归测试一般包括单元回归测试、部件回归测试、配置项回归测试和系统回归测试,测试方法同单元测试、部件测试、配置项测试和系统测试。

在需要进行回归测试时,根据未通过或者更改的需求或者设计,进行影响分析,确定需要回归测试的内容,提取合适的测试用例组成回归测试用例集,同时对原测试用例进行更改维护。维护的主要内容包括以下几个方面。

(1)删除无用的测试用例:出于需求或者设计更改等原因导致部分测试用例不适合被测试的软件,这部分测试用例应删除。

(2)更改不完全适用的测试用例:出于需求或者设计更改等原因导致部分测试用例的某些内容不符合更改后的需求或者设计要求,这部分测试用例应根据更改后的需求或者设计进行更改,以满足要求。

(3)增加新的测试用例:出于需求的新增或者更改等原因导致现有测试用例不能够覆盖新增或者更改的需求,应根据新增或者更改的需求增加新的测试用例来验证修改或补充的内容是否符合新的需求。

回归测试完成后形成的文档有回归测试计划、回归测试说明、回归测试报告、回归测试记录、回归测试问题报告单。

11.5.6　三方测试

软件三方测试是第三方测评机构根据委托方的要求,在符合行业标准的前提下,全面检查软件的缺陷,并对软件质量做出相应的评价。由于第三方测试机构与软件开发方是独立的,其测试行为是市场化的,所以其测试能力和权威性与市场影响力是息息相关的,这样也保证了第三方测试行为的严格性。三方测试的目标就是尽可能多地找出软件的错误,在此过程中严格把关软件质量,降低开发方后期的软件维护成本,这对委托方和开发方都有极大的益处。

三方测试的主要流程如下:申请测试、编写测试大纲、评审测试大纲、实施软件测试、出具测试报告。

目前三方测试的类型有文档审查、代码审查、动态测试三种。文档审查、代码审查同11.5.1节的文档审查、代码审查;动态测试主要包含功能、性能、接口、交互界面、强度、数据处理、安全性等测试。目前常用的测试方法有功能分解、等价划分、边界值分析、判定表、因果图等。

三方测试完成后形成的文档有测试大纲、测试说明、测试报告、测试记录、测试问题报告单。

11.5.7　鉴定测评

软件鉴定测评主要用来检测软件质量,是软件交付用户前的重要环节。其中,软件鉴定测评是由具备相关资质的独立的第三方测评机构根据相关标准和委托方的要求进行测试。第三方鉴定测评机构作为独立的第三方,不代表用户和开发方任何一方的利益,因此能够公平、公正地评判软件的质量情况,并指出软件的缺陷,从而提高软件质量。

软件鉴定测评的测试内容及形式与三方测试类似。流程为申请测试、编写测试大纲、评审测试大纲、实施软件测试、出具测试报告。通过文档审查、代码审查和动态测试对软件进行鉴定测评,最后形成鉴定测试大纲、测试说明、测试报告、测试记录、测试问题报告单等文档。

11.6　软件配置管理

自动飞行控制系统软件研制过程中产生的各种形式和各种版本的文档、程序和数据都应以标准、规定的形式进行标识和管理,并控制整个软件生命周期内软件的发放和更改,记录并报告配置的状态和更改要求,验证软件的完整性和正确性。

通过建立数据库对自动飞行控制系统软件研制过程中产生的文档、代码、资源等数据进行存储,项目组成员可随时随地对软件的不同版本、状态进行查看。通过建立基线对正式审核与同意的规格说明或产品进行打包,作为下一步开发的基础。

数据库分为开发库、受控库和产品库。软件开发组将自动飞行控制系统软件各版本提交到开发库中,包括开发完成的文档和代码,将待测试或评审通过后的软件配置项提交到受控库,将待达到交付、生产、检验验收状态的软件配置项提交到产品库。

基线分为功能基线、分配基线和产品基线。功能基线为当顶层设计要求冻结时,经过正式批准的顶层设计文件对该软件的规格说明,功能基线包括系统分析和设计阶段所产生并评审通过后的《软件研制任务书》;分配基线为当详细设计要求冻结时,经过正式审批的详细设计文件对该软件的规格说明,分配基线包括系统分析和设计阶段所产生并评审通过后的《软件研制任务书》和软件需求分析阶段所产生并评审通过后的《软件需求规格说明》;产品基线为软件组装测试完成后,通过软件验收并交付的有关软件的全部规格说明,产品基线包括软件各个阶段评审通过后的软件产品。

在软件研制过程中,当存在软件需求更改时,如软件问题报告单、软件研制任务书中的需求变更、软件在外场/联试中发现的问题等,软件开发组根据更改需求项,提请软件更改申请单,待申请通过后进行软件出库,即从受控库中提取待更改软件的基础版本。软件开发组成员按照需求更改项对软件实施更改,将更改后的软件入开发库,由软件测试组成员对其进行测试,验证是否满足软件更改需求、达到客户需求。如未达到要求,则继续进行软件更改,直至验证通过后,入受控库进行配置管理。

在自动飞行控制系统软件研制过程中根据软件研制情况发布软件配置纪实,即对软件配置状态进行详细的版本、基线信息、版本差异性等信息的记录,形成软件配置状态报告。

在自动飞行控制系统软件的配置管理过程中实施功能配置审核、物理配置审核和配置管理审核。其中:功能配置审核的目的是检查软件的测试功能特征是否已达到其功能基线文档中所规定的需求;物理配置审核的目的是检查构造的软件及其组成是否符合定义它的技术文档,按照软件配置管理计划中的要求进行文档完备性检查;配置管理审核的目的是检查配置管理记录和配置项是否完备、一致和准确。

11.7　本章参考文献

[1] 高亚奎,安刚,支超有,等.大型运输机飞行控制系统试验技术[M].上海:上海交通大学出版社,2015.

[2] RIERSON L.安全关键软件开发与审定:DO-178C 标准实践指南[M].崔晓峰,译.北京:电子工业出版社,2015.

第 12 章　自动飞行控制系统地面验证试验

自动飞行控制系统是飞机设计的重要系统,控制模态多,逻辑功能复杂,综合程度高,系统研制的正确与否对保证飞机安全飞行、减轻空勤人员操纵强度、提升乘坐舒适性至关重要,因此对系统的试验验证工作尤为重要。

12.1　概　　述

自动飞行控制系统的研制过程需要通过大量有针对性的试验来发现潜在缺陷和错误机理,为优化设计提供思路。通过各阶段、各负责单位的地面试验来逐步逐层地验证系统设计的正确、性能的可靠,以及能否满足指定的系统设计要求。

从既往飞机系统研制流程可以看出,系统设计和验证试验耦合密切、反复迭代、相互作用。对应设计确认的每一阶段,都有与之对应的验证试验活动,以确保系统开发质量并促使结果满足系统设计需求。

在有系统验证试验的情况下,尽管在系统开发初期需要付出较大的投入,但可以及早发现系统的潜在错误,从而使系统开发后期、甚至产品交付后为系统错误付出的成本会大大降低。同时,从整个开发过程来看,在有系统验证和确认的情况下,总的付出时间成本也要小很多。

12.2　地面验证试验设计

自动飞行控制系统地面验证试验是通过运行系统或项目以验证试验结果是否符合设计预期的一种方式。试验结论可以用来验证系统研制过程中对各阶段需求的满足,也可以用来表明系统对设计条款的符合性。

地面验证试验可以从以下三个方面开展工作:

(1)安全第一原则。系统验证试验环境复杂、参试人员多,任何疏忽都会造成人员、设备甚至飞机发生危险,因此,任何试验活动开始时都应以试验安全为前提,如试验前检查、试验前评审(质量、技安)等都是以试验安全为核心的技术活动。

(2)经济有效原则。系统验证试验是耗巨资的一项技术活动,但是合理科学的组织和先进工具的使用会使试验成本降为最低,如以往经验的分析与借鉴、仿真工具的充分使用、不同阶段试验内容的合理分配、测试等试验设备的通用化等。

（3）计划在先原则。科学合理规划试验对于提高试验质量、节约试验成本、缩短研制周期具有非常重要的作用,如计划风险性评估、系统分级综合、试验环境建设总体规划分步实施。通过预先计划,将临时性试验任务降为最少。

12.2.1　试验规划

自动飞行控制系统的地面验证试验是由机载设备部件级到分系统级,再到系统级逐级综合验证,验证环境也是由部件级试验环境、分系统综合试验室试验环境、铁鸟集成试验台架环境以及真实飞机试验环境组成。

自动飞行控制系统研制过程中按如下分类开展地面验证试验:

（1）机载设备验证试验。机载设备验证试验是确认机载设备功能、性能、环境适应性并不断优化完善的最基本技术手段,其试验涵盖机载设备承研单位在机载设备研制各个阶段需要完成的所有试验项目,一般由承研单位组织实施或委托第三方承试。其中研制转段试验、关键项目试验、适航考核试验、首飞安全试验及鉴定试验等,需要总师单位、客户和质量监管部门代表参与并目击试验过程。

（2）系统原理试验。系统原理试验是由承研单位建立半物理仿真试验环境对系统功能和需求进行验证的试验,相关交联系统和飞机环境采用仿真手段实现。在系统研制规划中,应尽早开展系统原理试验,确保在设计早期就可进行需求确认,检查所研制的系统是否满足需求,发现错误和遗漏,避免或减少重新设计的风险和系统性能的下降。

（3）品模评估试验。为了控制飞机飞行试验风险、降低飞行试验成本（时间和经费）,通过工程模拟器实现飞行员在环的品模评估试验,验证飞行控制律和飞行品质,对控制律设计和人机接口提出修改优化建议。

（4）铁鸟验证试验。铁鸟验证试验是在飞控铁鸟台架上完成的系统综合验证试验,是在较为真实的综合环境中运行,验证系统软硬件是否满足确定的设计要求,是飞行试验前重要的系统验证与确认过程,是决定系统能否装机的重要基础。

（5）人机组合试验。人机组合试验也称为飞行员在闭环回路中的验证试验。在系统研制过程中,应当尽早让飞行员参与系统飞行评判。当自动飞行控制系统在做铁鸟台架试验时,一般应请飞行员来评价系统。人机组合试验的主要任务是评价系统的控制显示情况,检测各种功能性能指标,培训驾驶人员对应急情况的处理等。

（6）机上地面试验。机上地面试验是在真实的飞机环境中对完整装机系统的接口定义、控制功能、模态转换、动静态性能、系统交联特性等进行全面的验证。

12.2.2　试验管理要求

系统地面验证的各项试验应该按照如下流程开展工作:

（1）试验任务书和试验大纲的编制。试验负责部门编制试验任务书,试验承试部门按照试验任务书的要求编写试验大纲。

（2）试验任务书/大纲评审。由项目管理部门等组织成立专家评审组,对试验任务书/大纲进行评审。

（3）试验前检查。在试验前的准备工作完成后，项目管理部门组织适航、计量、试验等相关专业人员根据试验大纲对试验前准备状态进行检查，并组织整改检查中发现的问题。

（4）开展试验。试验承试部门按照试验内容开展试验，相关部门按需现场目击试验过程。

（5）试验报告编制。试验承试单位编制试验报告，试验负责单位根据试验数据完成试验结果分析，给出符合性验证结论。

12.3　机载设备验证试验

12.3.1　功能性能

功能性能试验是机载设备最基本的试验，其目的是验证和确认机载设备的功能、性能是否满足设计要求。通过试验，可提早暴露机载设备设计缺陷和问题，同时挖掘机载设备潜在故障模式与机理，并采取改正措施，使机载设备可靠性得以提高。一般先进行部件级功能性能试验，然后进行分系统或系统级功能性能试验。

12.3.1.1　部件级功能性能试验

部件级功能性能试验主要验证部件是否满足飞机要求的功能及性能技术指标，验证部件接口正确性与相容性，验证部件控制逻辑的正确性，验证部件余度管理策略的有效性及部件 BIT 设计的正确性及全面性。

12.3.1.2　系统级功能性能试验

系统级功能性能试验主要验证系统是否满足飞机要求的功能及性能技术指标，验证系统及部件间接口的正确性与相容性，验证系统控制逻辑的正确性，验证系统余度管理策略的有效性及系统 BIT 设计的正确性及全面性。

12.3.2　自然环境

环境适应性是指装备在其寿命期预计可能遇到的各种环境的作用下，能实现其所有预定功能、性能和（或）不被破坏的能力，是装备的重要质量特性之一。自然环境是指在自然界中由非人为因素构成的环境。飞机在服役期间将长期经受各种自然环境的考验，自然环境试验主要包括低气压（高度）、温度、湿热、霉菌、盐雾、太阳辐射、淋雨、沙尘、酸性大气等方面的试验考核。

根据机体结构特点以及飞机飞行状态下局部区域环境情况，按照结构区域、不同位置、不同舱段（室）等，将其划分为以下 5 个不同的典型结构区域。

（1）A 区（气密区）：局部温度、湿度、压力等环境因素可控区域（舱室），如驾驶舱、工作舱和设备舱。

（2）B 区（高温区）：飞机飞行过程中受局部高温环境影响的区域，包括发动机热影响区、短舱部位、环控诱发高温区等。

（3）C 区（完全暴露区）：直接暴露在严酷海洋大气环境中，受全天候雨雪、阳光、湿热、海雾、盐雾等环境作用的区域,如飞机外部、机翼后梁外侧、尾翼后梁外侧等。

（4）D 区（部分暴露区）：飞机飞行阶段处于封闭状态,停放阶段处于敞开状态,受到湿气、盐雾、燃料废气等的作用,但不受雨雪、阳光直接作用的区域,如起落架、舱门内表面及起落架舱其他结构。

（5）E 区（其他区）：除 A、B、C、D 区域外的机身、机翼、尾翼等其他区域。

机载设备在不同结构区域面临的环境不同,因此其对应的环境试验的项目、量值等应根据机载设备具体的使用环境确定。

机载设备环境试验主要通实验室环境试验进行考核。实验室环境试验执行标准主要有《军用装备实验室环境试验方法》（军机）（GJB 150A—2009）和《机载设备环境条件和试验方法》（RTCA/DO - 160G）,试验项目可根据机载设备的结构区域、工作条件及工作方式等进行试验等级的确定。

12.3.3　机械环境

机械环境试验主要考核机载设备在使用环境中耐受机械应力的能力,机械环境试验主要包括振动试验、冲击试验和加速度试验。

12.3.3.1　振动试验

振动试验的目的是考核机载设备经受振动环境的能力,在预期的振动环境条件下,机载设备的性能不降低,结构不出现损坏。

自动飞行控制系统机载设备涉及的振动试验主要为振动功能试验和振动耐久试验。振动功能试验是用于探索或评价产品的功能是否满足规范要求的振动试验,振动功能试验量值一般取产品在寿命期全功能正常工作时所预期的最大振动量值。振动耐久试验是用加速的方式评价设备在其安装的系统或平台的使用寿命期内,在等效振动应力作用下,其结构是否产生疲劳损伤的振动试验。

振动试验的振动量值、频带带宽及振动图谱等参数根据飞机的发动机类型、机载设备类型、机载设备安装方式及机载设备在飞机上所处的位置确定。

12.3.3.2　冲击试验

冲击试验的目的是确定所研制或选用的机载设备在预期的冲击环境条件下,功能是否失灵,性能是否满足要求,结构是否产生残余变形、出现裂纹及其他机械损伤。

根据《军用装备实验室环境试验方法》（GJB 150A—2009）,冲击试验包含 9 个试验程序：功能性冲击试验、需包装的装备冲击试验、易损性冲击试验、运输跌落冲击试验、坠撞安全冲击试验、工作台操作冲击试验、铁路撞击冲击试验、弹射起飞和拦阻着舰冲击试验。对于大型运输机自动飞行控制系统机载设备,一般只涉及功能性冲击试验和坠撞安全冲击试验。

功能性冲击试验的目的是评估在冲击作用下装备的结构完好性和功能一致性。

坠撞安全冲击试验用于检验装备与安装夹具、系紧装置或箱体结构整体的结构完好性,以及装备安装的牢固性。

根据《机载设备环境条件和试验方法》（RTCA/DO - 160G）,冲击试验包括工作冲击试验和坠撞安全试验。

工作冲击试验用于验证设备在承受飞机正常工作所遇到的冲击后是否将继续工作在其性能标准范围内。

坠撞安全试验用于验证特定设备在应急着陆期间不会与安装支架分离，或者不会以一种危险的方式脱开。

12.3.3.3 加速度试验

加速度试验用于验证机载设备承受预计的使用加速度环境的能力，以确保在此环境下机载设备不会与其安装支架相分离，或者不会产生危险的分离。

根据《军用装备实验室环境试验方法》(GJB 150A—2009)，加速度试验包含三个试验程序：结构试验、性能试验及坠撞安全试验。

结构试验用来验证装备结构承受由使用加速度产生的载荷能力。

性能试验用来验证装备在承受由使用加速度产生的载荷以及之后的性能不会降低。

坠撞安全试验用来验证装备在坠撞加速度作用下不会破裂或不从固定架上脱落。

12.3.4 电磁环境

电磁环境是指存在于给定空间所有电磁现象的综合，包括自然电磁环境（如雷电、静电等）和人为电磁环境（电磁脉冲源产生的辐射和传导）。机载设备的电磁环境试验具体内容包括电磁兼容性试验、雷电试验、高能辐射场(HERF)试验、电搭接试验。

依据机载设备重要度分类，将机载设备分为关键、重要、一般三个等级。对于不同等级的系统/设备，电磁环境效应防护设计和验证强度要求不同。在对应的各项验证过程中和结束后，其功能、性能检查的内容与合格性判据应分类明确。

12.3.4.1 电磁兼容性试验

电磁兼容性试验的目的是考核系统/设备与外部系统/设备或电磁环境协调工作而不互相干扰的能力。电磁兼容性试验包括电磁发射试验和电磁敏感度试验两类。电磁发射试验是测试被测系统/设备对外部产生的电磁干扰是否满足有关标准规范的极限值要求。根据电磁干扰的传输途径，电磁发射试验又分为传导发射试验和辐射发射试验。电磁敏感度试验是测试被测系统/设备在有关标准规定或实际工作的电磁干扰环境下正常工作的能力。根据电磁干扰的传输途径，电磁干扰敏感度试验又分为传导敏感度试验和辐射敏感度试验。

自动飞行控制系统机载设备电磁兼容性试验的执行标准主要有《军用设备和分系统电磁发射和敏感度要求与测量》(军机)(GJB 151B—2013)和《机载设备环境条件和试验方法》(RTCA/DO-160G)，试验项目可根据机载设备的结构区域、重要度等级、工作环境及工作方式等进行试验等级的确定。

12.3.4.2 雷电试验

雷电是基于云中电荷放电而产生的自然现象，是大气层中最常见的干扰源。雷电试验的目的是考核机载设备雷电防护的有效性。雷电试验包括雷电直接效应试验和雷电感应瞬态敏感度试验。自动飞行控制系统机载设备一般只进行雷电感应瞬态敏感度试验。

自动飞行控制系统雷电感应瞬态敏感度试验一般根据《机载设备环境条件和试验方法》

(RTCA/DO-160G)执行,试验项目可根据机载设备的结构区域、重要度等级、工作环境及工作方式等进行试验等级的确定。

12.3.4.3　高能辐射场试验

由于近年来飞机使用电磁环境的日益复杂,尤其是电磁武器、海上平台或航空器上的雷达、无线电、电视、卫星上行数据等高功率发射机的发展和使用,高能辐射场试验的必要性日益突出,要求执行重要和关键功能的电子/电气系统暴露于 HIRF 时和暴露后其功能不会受到不利影响。

《军用设备和分系统电磁发射和敏感度要求与测量》(GJB 151B—2013)中规定的 HERF 试验项目为 RS103。

《机载设备环境条件和试验方法》(RTCA/DO-160G)中规定的 HERF 试验项目为射频能量发射试验。

12.3.4.4　电搭接试验

电搭接是使飞机金属结构部件之间以及结构部件、设备、附件与基本结构之间有低阻抗通路的可靠连接。特别是自动飞行控制计算机与飞机基本结构之间应建立低阻抗通路,按照搭接方式优先选择搭接线连接,也可选择直接搭接、螺钉/铆钉等实现搭接;若通过设备内部导线经插头座引线的方式实现电搭接,还须配合使用其他结构搭接。良好的电搭接对提高设备的电磁环境适应能力极为关键。

大型运输飞机自动飞行控制系统机载设备适用的电搭接应用主要包括防射频干扰搭接及防电击搭接。其中,防射频干扰搭接电阻应小于 2 500 $\mu\Omega$,防电击搭接电阻应小于 0.1 Ω。

12.3.5　供电兼容试验

为确保机载用电设备能够与飞机供电系统兼容工作,在飞机供电系统供电时,用电设备应能够提供规定的性能,且不会对飞机供电系统产生超过规定的影响,所有用电设备均应进行供电兼容性试验。

供电兼容性试验的目的:在地面试验环境条件下,通过模拟机载用电设备在装机使用中供电输入端可能出现的各种典型或极限供电特性,验证该用电设备对飞机供电特性的适应性;同时,通过负载特性测试,确定用电设备自身的工作不会导致飞机供电特性超出要求的范围,以及用电设备与机上配电保护装置之间的匹配性。

12.3.6　可靠性试验

可靠性是产品的一项重要指标,自动飞行控制系统机载设备的可靠性直接影响飞机的出勤率和飞行任务的完成。

可靠性试验是了解、分析、提高和评价产品(飞机、系统、机载设备、组装件、元器件)的可靠性而进行试验的总称。其目的是为了发现产品在设计、材料和工艺方面的各种缺陷;为改善产品的战备完好性、提高任务成功概率、减少维修费用及保障费用提供信息;确认是否符合可靠性定量要求。

机载设备的可靠性试验包括环境应力筛选、可靠性研制试验(含可靠性强化试验、可靠性摸底试验和可靠性加速增长试验等)、可靠性鉴定试验等。机载设备的可靠性试验工作主要在工程研制阶段和设计定型阶段开展,针对机载设备、分系统、系统和整机,开展与之相匹配的可靠性试验项目。

12.3.7 测试性试验

测试性试验的目的是通过测试性项目测试与评价,识别测试性设计缺陷,评价测试性设计工作的有效性,确认是否达到规定的测试性要求,为产品定型和测试性设计与改进提供依据。

测试性试验主要包括测试性研制试验和测试性验证试验。

测试性研制试验是指在自动飞行控制计算机、自动飞行控制板等产品的研制阶段,由指定的试验机构按事先设计好的试验方案,在受试样件上实施故障注入,并通过规定的方法进行实际测试,对产生的结果进行判断是否符合预期,以发现产品的测试性设计缺陷,采取改进措施,从而实现产品研制阶段的测试性增长,并初步评估产品的测试性相关指标值的试验与评价过程。

测试性验证试验考核自动飞行控制系统产品是否符合规定的测试性定性要求和定量要求,并发现测试性设计缺陷。测试性验证试验的内容由订购方确定或认可。

12.4 系统原理试验

自动飞行控制系统原理试验依据技术协议书和设计方案编制试验任务书和试验大纲,考核系统功能、性能、环境适应性,是优化完善系统设计的基本技术手段,其试验涵盖系统研制的各个阶段。

在系统原理试验前,应首先完成系统配套设备的原理试验并完成技术问题归零。系统试验件技术状态应与设计要求一致并试验合格。系统试验设备满足试验需求并检定合格且在有效期内。

系统原理试验的目的是检查并验证各配套设备及全系统是否已经达到设计要求,发现并改进暴露出的各种问题。通过系统原理试验,要进一步验证系统各部件的功能性能符合性、系统接口正确性、静态参数及极性的正确性。检查系统各功能模态的设置、响应及逻辑正确性和工作可靠性,通过对系统功能、接口及工作稳定性的全面性试验,选出合格的产品以供后续品模评估试验、铁鸟试验、机上地面试验及试飞使用。

系统原理试验是在实验室里进行的系统开环试验、闭环仿真试验和数学仿真试验。试验环境包括航电系统、电传飞行控制系统及动力装置系统。在系统试验环境下,除自动飞行控制系统外,其他参试系统均采用仿真模型。

系统开环试验用于验证系统接口、系统管理、模态逻辑转换、开环传动比等功能指标。

闭环仿真试验用于验证系统的动态功能、性能指标。仿真试验时自动飞行控制系统部件尽量用真实产品,如自动飞行控制计算机、自动飞行控制板。对有些难以使用真实产品参与试验的,应尽可能使用与机上技术状态接近的数学模型或仿真设备替代。

12.5　品模评估试验

电传飞行控制律的飞行品质评估常在模拟器上进行验证,实际上在品模试验台上也会评估自动飞行控制律,评估的目的是验证自动飞行控制律的功能、逻辑与性能。飞行员通过操作自动飞行控制板来验证自动飞行控制系统各功能是否正常、逻辑是否正确,并给出相应的评述意见、建议及改进说明。

品模评估试验的载体是工程模拟器。工程模拟器是先进的仿真与建模技术、飞控技术、虚拟现实技术等的综合,是集系统建模、分析、设计、仿真试验为一体的集成环境。工程模拟器能够模拟航空器执行飞行任务时的飞行状态、飞行环境和飞行条件,并在飞行员驾驶飞机时提供相似的操纵负荷、视觉、听觉以及运动感觉。

通常在运输机的研制过程中,需要有经验的飞行员直接参与自动飞行控制系统方案的设计评估。通过工程模拟器提供的尽可能逼真的飞行环境,飞行员凭着丰富的飞行经验进行模拟飞行,操纵相应器件,观察飞行仪表,感受飞机视景响应等来评定飞机自动飞行控制律的设计合理性,对控制律设计提出改进意见,设计师据此对控制律进行优化,然后再到工程模拟器上去进行飞行验证,经过多次迭代进而设计出满意的自动飞行控制律。在检查或验证设计结果时有两种途径:一种是飞行员直接参与,根据直观感受给出飞机飞行性能的定性评估;另一种是工程技术人员根据记录的数据,分析出定量评估结果。

12.6　铁鸟验证试验

不论是按照适航要求研制民用飞机还是按照国军标研制军用飞机,飞控系统铁鸟集成试验都是最重要的、验证内容最全面的、耗时最长、耗费最高的系统验证试验。自动飞行控制系统是建立在主飞行控制系统之上的外环系统,并且与航电系统、发动机系统有深入交联,因此,自动飞行控制系统铁鸟集成试验对于系统的设计验证来说更为关键。在分系统试验台上所开展的自动飞行控制系统试验以机载状态设备为被试系统,采用主飞控系统仿真、航电系统仿真、发动机控制系统仿真以及飞行仿真系统等构建完成的交联关系,但由于仿真系统和真实交联环境存在差异,无法对自动飞行控制系统的性能指标进行准确的验证,所以需要在真实的物理环境下(即铁鸟试验台)进行交联试验。

一般情况下,自动飞行控制系统铁鸟集成试验分两个阶段开展。第一阶段,自动飞行控制系统与主飞行控制系统进行实物交联验证,航电系统、发动机控制系统采用仿真替代,以提高试验效率,快速迭代;待自动飞行控制系统逐步完善且第一阶段验证充分后,进入第二阶段,将真实的机载航电系统和发动机操纵系统接入试验环境中,对与导航、显示、自动油门等相关的功能进行充分验证。

自动飞行控制系统铁鸟试验是在飞行控制系统铁鸟试验环境下进行的,试验重要支持设备是飞行控制系统试验器和飞行仿真系统。

飞行控制系统试验器是为了对飞行控制系统中各计算机、显示控制装置、各类传感器部件之间信号进行断连与检测,以及必要的信号注入、状态设置等。同时完成对系统各控制器内部状态参数的设置、读取及与外部接口信号和数据信息的检测。

飞行仿真系统接收机载传感器的信息,采集飞机运动舵面的偏角信号,解算飞机运动方程和发动机推力方程。其解算得到的飞机运动的加速度、角速率参数,通过飞行仿真系统输出与上述参数对应的加速度、角速率信号,按飞行控制系统信号传输链路反馈给计算机等控制部件;解算得到的迎角、大气数据、运动姿态、飞行位置等参数,通过飞行仿真系统的总线端口传输给系统控制部件等设备,从而形成系统闭环。

铁鸟验证试验主要完成自动飞行控制系统功能试验(包括系统接口检查、控制逻辑检查、告警与显示检查、余度管理测试、BIT 测试等)和性能试验(包括工作模态极性检查、传动比检查、动静态性能检查、稳定裕度检查等)。

12.7　人机组合试验

自动飞行控制系统人机组合试验是以飞行员为中心、以评估系统功能和逻辑为目的,在具有更多飞机系统硬件的铁鸟环境下进行的地面飞行试验。该试验是实现飞行员、自动飞行控制系统和飞机的耦合验证,是有人驾驶飞行器最高层次的地面实验室试验。

人机组合试验的基本原理是将飞行员置身于铁鸟集成试验台架座舱中,按照预定飞行任务和飞行大纲,以飞行员驾驶飞机、操作自动飞行控制板飞行并以主观评价为主进行试验。飞行员应具有扎实的飞行力学知识和丰富的评估经验,通常是首飞机组的正副驾驶。同时,试飞工程师、自动飞行控制设计人员和安全员的精心保障也是完成人机组合试验的必要条件。

试验系统要求系统状态与飞机首飞状态机上设备状态保持一致,且系统已在铁鸟试验台架上完成自动飞行控制系统全机模拟试验,其结果表明系统功能完善、性能良好,具备开展人机组合试验条件。

液压系统和航电系统需与首飞状态保持一致,座舱仪表显示及送给自动飞行控制系统的数据具备足够的精度和实时性。

仿真系统主要完成飞机模型解算。飞机模型包括标准大气模型、发动机模型、起落架模型、气动力模型、质量特性模型、动力学模型、运动学模型等。试验中,飞机模型根据飞机舵面偏度信息解算飞机飞行状态,要求解算准确、实时性好。要求视景系统能够显示并模拟飞机位置和姿态相关的外部信息,天地线显示准确,景物移动效果真实,延迟不大于 50 ms。测试系统能够采集飞行员操作飞行控制板、舵面信息及飞行状态信息,要求记录正确、可读性好。

试验的目的如下:

(1)评估自动驾驶、自动导航、自动进近、自动油门等功能和逻辑;

(2)评估飞行指引方式的自动飞行控制功能和逻辑;

(3)评估同步操纵、侧向断开和纵向断开功能和逻辑;

(4)评估模态切换瞬态及自动驾驶断开瞬态;

(5)评估飞行方式信号牌(FMA)的显示及 CAS 告警;

(6)使试飞员熟练自动飞行控制板操作,并熟悉飞机自动飞行特性。

12.8　机上地面试验

自动飞行控制系统机上地面试验是飞机进行空中飞行试验前最后一个地面试验,也是较为关键性的试验,是将空中可能出现的问题尽早被发现在地面的最后一道关卡,可以有效减少飞行试验、检飞的重复,保证飞行安全。

机上地面试验一般包括飞行控制系统验证试验、结构模态耦合试验和电磁兼容试验。自动飞行控制系统机上地面试验是作为飞行控制系统机上地面试验的一部分而存在的,侧重于对系统状态的确认和功能检查,目的是在真实机载环境下运行自动飞行控制系统的真实硬件和软件,验证机上自动飞行控制系统功能和性能是否满足设计要求。

飞机在飞行中若出现气动伺服弹性不稳定,将危及飞行安全。测算全机颤振速度、进行气动伺服弹性稳定性分析是确保飞机飞行安全的重要工作。而要进行此项工作,需要做多方面的计算分析和试验工作,结构模态耦合试验是重要的一项。其目的是获得包括结构模态传递函数在内的飞机-飞行控制系统开环频率响应,以判定其稳定裕量是否满足规范要求。自动飞行控制系统研制单位配合相关专业完成此项试验。

机上电磁兼容试验的目的是为了在飞机特定的工作环境下,在相互干扰的条件下检查系统是否能正常工作。自动飞行控制系统本身产生的电磁干扰很小,对其他电子设备影响较小,在全机电磁兼容试验中主要是配合电磁兼容专业完成在机上的雷达、发动机等强干扰源工作时,测定自动飞行控制系统能否正常工作。

自动飞行控制系统机上地面试验应遵循以下原则:

(1)极性、传动比等静态性能检查时,应完全使用机上部件和电缆,只是引出必要的测试点或监控点;

(2)仿真或激励设备应在飞机原设备安装处介入,尽可能保持和真实机载设备接近;

(3)舵面位置传感器在确认零位、极性、量程和精度满足试验要求的前提下,可以将其实测的结果接入试验系统中,如飞行仿真系统;

(4)系统控制部件均应设置测试或试验接口,能够实时对系统必要的变量进行监控或测试,同时能够对系统进行升级维护;

(5)试验内容对功能的检查应全部覆盖,对性能的检查侧重于极性、传动比等静态性能,试验结果应满足自动飞行控制系统设计规范和要求。

结构模态耦合试验主要包括纵向、横向及航向频率响应试验,纵向、横向及航向闭环脉冲裕度响应(增益余量)试验,结构共振模态下主飞行控制系统、自动飞行控制系统稳定性试验。

自动飞行控制系统电磁兼容试验主要包括电磁兼容定性检查试验、自动飞行控制系统电磁兼容定量测量试验以及适航符合性验证试验。

自动飞行控制系统机上地面试验按照评审通过的各试验项目大纲的要求、试验内容、试验方法开展试验工作。

12.9　本章参考文献

［1］赵鹏轩，朱江.飞行仿真技术在飞行控制系统研制中的应用研究［J］.测控技术，2018（B11）：383-386.

［2］高亚奎，安刚，支超有，等.大型运输机飞行控制系统试验技术［M］.上海：上海交通大学出版社，2015.

［3］张汝麟，宋科璞.现代飞机控制系统工程［M］.上海：上海交通大学出版社，2015.

［4］陈勇，赵春玲，张克志.支线飞机自动飞行与飞行管理设计与验证［M］.上海：上海交通大学出版社，2018.

［5］普拉特.飞行控制系统设计和实现中的问题［M］.陈宗基，张平，等译.上海：上海交通大学出版社，2015.

［6］申安玉.自动飞行控制系统［M］.北京：国防工业出版社，2003.

第13章　自动飞行控制系统试飞验证

13.1　概　　述

自动飞行控制系统飞行试验,是指飞机在真实的飞行环境下(形变、振动等)进行的各种试验,是对飞机在真实环境下自动飞行控制系统工作状态、系统功能、系统逻辑和飞行性能的验证。其目的是验证自动飞行控制系统的设计理论和地面试验的结果,鉴定设计指标、适航和使用性能,以便进一步完善设计。

自动飞行控制系统飞行试验是评定自动飞行控制系统性能的最终阶段,其验证结果也最具权威性。试飞验证阶段主要完成两项任务:一是发现并改进任何自动飞行控制系统的设计问题;二是验证和记录飞机的能力以供鉴定部门认证或使用部门接受。

13.1.1　试飞验证目标

自动飞行控制系统进行飞行试验的需求主要来源于三个方面:一是设计部门需要通过试飞检验自动飞行控制系统的实现与设计状态的一致性;二是依据试飞数据分析和暴露出的问题,改进并优化系统设计;三是向鉴定部门提交鉴定所需试飞数据,证明飞机功能、性能和飞行品质满足设计要求。

对于自动飞行控制系统而言,试飞验证的目标是验证自动飞行控制系统功能及性能,包括自动飞行控制系统接通和断开逻辑、功能切换逻辑和转换瞬态等。

13.1.2　试飞验证依据

编制自动飞行控制系统试飞要求的依据主要来源于项目研制总要求、项目总体设计要求、适航性要求、自动飞行控制系统详细设计报告和自动飞行控制系统控制律详细设计报告等技术文件。为了补充完善型号设计文件中的要求,军用飞机还要参考《有人驾驶飞机飞控系统通用规范》(GJB 2191—1994)、《有人驾驶飞机自动飞行控制系统与增稳系统、控制增强系统通用规范》(GJB 3819—1999)和《有人驾驶飞机(固定翼)飞行品质规范》(GJB 185—1986)等标准文件及其解释文件。

13.1.3　试飞验证对象

运输机自动飞行控制系统作为飞控系统的一部分,与其他系统之间存在相互依存关系,研发阶段存在先后次序,与飞机航电系统、动力系统等存在交联关系,与特殊试验科目存在功能影响等。为确保飞行安全,自动飞行控制系统飞行试验一般采用逐步开放各系统的方式进行。

现代运输机自动飞行控制系统的试飞验证必须以电传飞行控制系统和航电系统工作正常为前提条件,实现各种自动驾驶功能。为了保证试飞安全,试飞员需要掌握各种条件下试飞对象的使用限制和操纵技巧。因此,对不同版本的自动飞行控制系统硬件和软件,即不同的试飞对象,都需要明确编制试飞对象的差异性说明,并在试验前向试飞单位和试飞员交底。对于高风险科目(如进近着陆或起飞指引等),需要在工程模拟器或铁鸟试验台进行试验验证后方可进行飞行试验。

13.1.4　试飞验证内容

13.1.4.1　原理性试飞验证

原理性飞行试验是在飞机工程发展阶段的飞行试验,在设计师完成各种实验室试验及机上地面试验后进行。其主要目的是验证新的关键系统(或重要部件)设计的各项功能、性能及技术指标,调整系统参数,发现和排除系统设计、制造上的故障和缺陷,校正系统技术说明书和使用维护说明书。

如果通过原理性飞行试验发现设计、制造上有重大缺陷或通过调整参数仍不能达到设计指标,则系统设计师有可能需要对系统设计进行改进,经过模拟试验,再次进行原理性飞行试验。因此,在系统的工程发展阶段,原理性飞行试验可能不止一次。自动飞行控制系统在该阶段主要进行系统级的试飞,对自动飞行控制系统进行全面验证。

13.1.4.2　定型试飞试验

定型试飞专指为取得设计定型合格证所必须的获取飞行试验数据的过程,这个定义也适用于自动飞行控制系统的设计定型试飞。自动飞行控制系统进行设计定型试飞的主要目的是鉴定自动飞行控制系统的各项功能和技术指标是否达到批准的战术技术要求,同时为《飞行员手册》和《机务人员手册》提供必要的数据。

设计定型飞行试验必须由国家授权的试飞鉴定单位承担。装机试飞的系统和设备必须是批准的技术状态。设计定型试飞大纲由试飞鉴定单位根据批准的战术技术要求和定型技术状态以及研制情况,征求设计研制单位意见后起草编制,报航空军工产品定型委员会审批。

13.1.4.3　合格审定试飞验证

合格审定飞行试验是新型(或改型)民用飞机型号合格审定中符合性验证方法之一,其目的是为了演示验证系统对民用航空条例各类飞机适航标准相关条款的符合性,为型号合格审定提供依据,同时为《飞机手册》和《维护手册》提供必要的数据。

我国民用飞机型号合格审定的依据是适航标准 CCAR-25 部相关条款。飞行试验大纲由型号合格审查组审核,型号合格审定委员会批准。试飞期间应通知型号合格审查组到现场观察飞行试验。

13.2　试飞验证要求

13.2.1　试飞验证内容要求

自动飞行控制系统试飞验证内容应能够全面覆盖飞机设计定型要求(或飞机合格审定要求),同时兼顾其他飞机设计要求。自动飞行控制系统试飞验证内容一般包括以下几个方面:

(1)自动飞行控制系统逻辑;

(2)自动飞行控制系统功能;

(3)自动飞行控制系统性能。

13.2.2　试飞参数监控系统要求

试飞参数监控系统是保证飞行安全和提高试飞验证效率的必备设施。试飞参数监控系统有两个方面的要求:一方面是对监控人员的要求,另一方面是对监控系统的要求。

试飞验证前,监控人员必须经过工程模拟器和自动飞行控制系统铁鸟集成试验台培训,熟悉监控对象、监控判据、应急处理措施,掌握空地交流方式和口令等。试飞验证过程中,监控人员要全程跟踪和监视飞行员操作、自动飞行控制系统工作状态和飞行员操纵,随时与飞行员交流互动,提示下一试飞验证任务注意事项,直至飞行员安全离机。如果发现试飞验证动作和飞机响应不满足要求,应及时要求飞行员补做。

监控判据是判断飞机是否处于能够继续安全飞行或试飞验证数据是否有效的判别条件。例如:飞控系统主要机载设备(飞控传感器、飞控计算机和作动器等)是否工作有效;座舱操纵信号和角速率信号是否有效且在正常范围内;主要舵面是否卡滞等;还有自动飞行控制系统机载设备工作状态和控制所需关键状态信息等。监控判据由自动飞行控制系统工程师、试飞验证工程师、试飞验证指挥员和飞行员共同制订,在试飞验证过程中,可根据飞机实际情况进行修订。

监控系统接收机载测试数据和遥测数据,为各专业人员提供监控画面和判据显示,作为与飞行员交流的基础。因此,监控系统必须具有良好的实时性,关键信号时间延迟最大不超过 100 ms,具有足够的传输带宽(不小于 10 Mb/s),以保证传输监控信号的数量等。

13.2.3　试飞参数测试系统要求

试飞参数测试系统主要是指采集和记录试飞参数的设备系统,由机载测试系统和遥测监控系统组成。绝大部分试飞参数都来自于机载测试系统,遥测监控系统主要在试飞验证前期使用,在飞机大气数据系统和惯导系统经过试飞参数修正后,就可以不再使用遥测监控系统的数据,而是使用机载测试系统的数据。

自动飞行控制系统要求的测试系统采集和记录的试飞参数大约有 300 个,主要包括操纵系统参数(如操纵力、操纵位移、配平指令等)、操作参数(如自动飞行控制工作模式、高升力控制工作描述、控制通道等)、飞行参数(如高度、速度、迎角、过载、姿态角和角速率等)、飞机状态参数(如构型状态、起落架状态、动力系统状态、质量和重心等)、舵面参数(如舵面偏角、舵面运动速度等)、告警数据(如自动驾驶断开、丧失二级着陆等)。

13.3　飞行试验大纲

自动飞行控制系统飞行试验大纲是飞机定型飞行试验大纲的组成部分,根据自动飞行控制系统设计状态的功能、性能和调参规律编制飞行试验科目及程序,证明自动飞行控制系统能够满足设计定型文件要求(或飞机合格审定要求)、飞机研制总要求、飞机总体技术要求、自动飞行控制系统设计规范要求的飞行试验指导性文件。

13.3.1　试验大纲的分类

每一个飞行试验阶段都具有一定的针对性和目的性,需要编制其特定的飞行试验大纲。研究性飞行试验阶段的飞行试验目的较为单一,其飞行试验大纲具有较强的独立性和特殊性。试用和使用飞行试验阶段的飞行试验内容一般是在设计定型(或合格审定)飞行试验科目的基础上进行删减。因此,在此只介绍设计定型阶段的飞行试验大纲编写内容。

根据飞行试验工作安排,设计定型(或合格审定)阶段的飞行试验大纲,基本可以分为首飞飞行试验大纲、调整飞行试验大纲和设计定型飞行试验大纲(或合格审定飞行试验大纲)。

(1)首飞飞行试验阶段是指自动飞行控制系统的首飞和前几个飞行架次。首飞飞行试验阶段的自动飞行控制系统主要验证自动飞行控制系统的工作状态和基本功能,与工程模拟器试验和自动飞行控制系统铁鸟集成试验进行对比,为后续逐步放开自动飞行控制系统功能和飞行包线作充分准备。首飞飞行试验大纲规定了首飞飞行试验阶段的飞行试验任务,原则上,自动飞行控制系统应使用最基本的工作模式进行首飞,且选择的飞行状态应在包线的中间区域,并确保随时能够断开自动驾驶和自动油门功能。首飞飞行试验阶段证明飞机自动飞行控制系统工作状态与设计状态一致后,飞行试验工作转入调整飞行试验阶段。

(2)调整飞行试验阶段仍然需要在一个较为安全的包线范围内进行飞行试验,自动飞行控制系统需要逐步放开功能,直到覆盖全包线范围的所有功能,并对功能和性能进行初步评估,以达到进行设计定型飞行试验的条件。

(3)设计定型飞行试验是全状态、全包线、全功能模态地对飞机进行考核的阶段,军用飞机一般由航空产品定型委员会指定的组织或部门进行鉴定审查。设计定型飞行试验大纲应逐条明确列出设计定型要求所规定的飞行试验科目及其对应的设计定型条款,规定对飞行试验状态、程序、动作和数据等的要求。此阶段要与鉴定审查部门进行紧密沟通,以保证飞行试验状态间隔选择满足审查部门要求。

(4)合格审定飞行试验大纲是针对民用飞机为获得适航合格证而编制的飞行试验大纲。

各国适航审定机构都发布有明确的适航审定标准,一般按照其适航审定标准编制飞行试验大纲即可。需要指出的是,适航审定对飞行试验数据的要求非常严格(包括数据的采集方法、分析方法等),飞行试验过程中,一定要安排有经验的飞行试验工程师和飞行员进行,以保证数据的有效性。另外,适航审定还有目击科目,比如 RVSM 相关内容(与自动飞行控制高度保持模态相关),一定要提前与适航机构协调好飞行试验程序,安排视频记录。

13.3.2　飞行试验编制依据

飞行试验大纲编制的依据是飞机设计定型文件(或飞机合格审定标准)。此外,还会涉及飞机研制总要求、飞机总体技术要求、自动飞行控制系统设计标准规范和控制律设计要求等技术文件。

飞机设计定型文件规定自动飞行控制系统的哪些功能、哪些性能必须通过飞行试验进行验证;飞机研制总要求规定自动飞行控制系统功能性能要求;飞机总体设计要求规定了自动飞行控制系统功能性能要求以及高度-速度包线等一系列飞行限制条件;标准规范文件规定了自动飞行控制系统控制精度、剩余振荡和超调等要求;自动飞行控制系统设计文件描述了工作方式的转换、模态进入与退出、模态之间的切换和衔接等逻辑设计细节。对于民用飞机,还可以参考《中国民用航空规章》CCAR25 部,《联邦航空条例》FAR25 部、33 部和《联合航空要求》JAR25 部等。

飞行试验的目的直接反映了飞行试验大纲的编制依据,在飞行试验大纲中必须明确地写出飞行试验目的,以便各专业人员理解飞行试验程序和飞行试验动作。

13.3.3　飞行试验项目选择

飞行试验项目是飞行试验大纲中具体的、可执行的飞行试验内容,飞行试验项目直接决定了飞行试验工作的数量、周期和风险。在选择飞行试验项目时,要充分考虑飞机的设计状态(飞机质量、重心等),结合飞机飞行包线和自动飞行控制系统设计结果,既保证涵盖设计定型要求,又尽可能减少飞行试验项目,以提高飞行试验效率。

通常,飞行试验项目的选择应该遵循如下原则:

(1)飞机设计定型文件和飞机研制总要求中明确要求自动飞行控制系统提供飞行试验数据证明的条款,必须安排进行飞行试验验证,比如自动飞行控制系统的功能及相关工作模态的性能。对于其他用于自动飞行控制系统研究的内容,由飞控总师和自动飞行控制系统飞行试验主任师协商确定。

(2)组合模态的飞行验证须先安排单个模态,后安排组合模态内容,如验证自动进近组合模态须先验证航向道模态。

(3)自动驾驶接通和断开瞬态及工作模态之间的切换须验证,以评估其切换瞬态不会引起飞行员的不适。

(4)根据使用要求和以往飞行经验,需要重点验证的飞行试验项目。

(5) 相关规范和标准规定的,但在电传飞行控制系统飞行试验项目中已验证的,可以不必重复验证。比如 GJB 1690—1993 中 3.8.2 节关于侧滑角和侧向过载限制的规定,如果偏航阻尼器位于电传飞行控制系统,则对侧滑角和侧向过载的考核就会随电传飞行控制系统飞行试验进行验证。

13.3.4 飞行试验状态选择

由于运输类飞机飞行包线大(如速度-高度包线、质量-重心包线),飞机构型多(如襟缝翼构型、装载构型和外挂构型等),针对每一个飞行试验项目都需要选择适当的飞行试验状态,以覆盖自动飞行控制使用包线范围。同时,为了在一个架次中安排多个飞行试验项目,还要综合考虑飞行试验状态和容差范围。

飞行试验状态的选择需要考虑飞行阶段、飞机构型、起落架状态、飞机质量、飞机重心、飞行高度、飞行速度和气象条件等。通常对于自动飞行控制试飞,飞机构型、质量、高度、速度等是较为重要的考虑条件。

飞机因构型不同而性能存在较大差异,原则上飞机构型应当完全覆盖。飞机构型不仅影响纵向模态,也会影响侧向模态,但设计要求中仅对带构型的侧向模态有单独性能指标要求,而对纵向模态无特殊规定。通常大部分自动飞行控制系统工作模态的飞行试验都使用光洁构型,如高度层改变、高度保持、水平导航、垂直导航等。然而,与飞机构型密切相关的工作模态如自动进近、起飞/复飞指引等,则必须与相应飞机构型结合进行飞行试验验证。起落架状态在飞行试验中按需进行选择,一般都是收起状态,但在 CAT Ⅱ 进近着陆中会使用放下状态。

为了确保飞行安全,自动飞行控制系统许多飞行试验项目的飞行高度都在 3 000 m 以上。一般会按照间隔 3 000 m 的高度区间选择飞行试验状态。对于特殊模态如自动进近等则会按需选取飞行高度。而其速度-高度包线与飞机正常使用速度包线相同,速度的右边界略小于最大使用速度。飞行试验中不仅要选取速度边界值,还要选取中间速度。对于中间速度,通常会按表速进行划分并取整,一般速度间隔区 40~60 km/h 即可满足要求。

如果按以上状态进行排列组合,飞行试验项目的数量会非常巨大。因此,自动飞行控制系统飞行试验主任师应与飞行试验工程师协调,选取实际存在的典型状态,结合数值仿真计算结果,尽可能减少飞行试验架次。

13.3.5 飞行试验科目评估

飞行试验的特点是周期长、费用高和项目进度压力大。飞行试验工作能否按计划、高效率地开展,将会影响整个型号的研制、取证和交付。这其中还需要考虑天气、飞机状态等不利因素对飞行试验的影响。

自动飞行控制系统(包含自动油门工作模态)纵向和侧向模态数量有 20 多个,如果机械地按照功能模态,再结合飞机构型、速度、高度等因素进行试飞,就会造成试飞机存在多次状态调整的问题。针对该问题,首先应当从宏观上对系统级试飞科目统一考量,尽可能将构型状态相近的科目集中安排;其次,针对自动飞行控制纵向模态与侧向模态可结合的特点,按不同飞行阶段,多模态组合编排,最大程度地提高单架次试飞效率,减少试飞时间。

每个试飞架次都不能完全保证该试飞科目的完成,或者是因为天气状况中止,或者是因为飞机状态中止，也可能是试飞结果不理想，需要系统控制律优化后重新安排试飞，因此试飞架次需要预留一定的余量，保证试飞科目能够圆满完成。

13.4　飞行试验测试系统

飞行试验测试系统对于自动飞行控制系统研究和鉴定工作起着至关重要的作用，相比飞行参数记录仪（Flight Data Record，FDR），可记录的参数更多，所能反映的飞行情况更具体、更细致。

自动飞行控制系统飞行试验测试系统主要包括数据采集系统、遥测系统和数据记录系统等。数据采集系统将飞机参数和自动飞行控制系统参数通过传感器、专用接口或数据总线等进行数据采样，经过格式转换后通过遥测系统，将数据同步传输到地面数据接收站，并存储到数据记录系统中。通常从自动飞行控制计算机维护接口获取飞行数据是较为全面和方便的，但必须事先定义好维护接口所需发送的数据，并通过相应的软件代码将自动飞行控制系统输入数据、指令数据、过程监控数据等按周期实时送至维护接口，以方便测试系统随时取用。

自动飞行控制系统（AFCS）中的各模态控制律算法包含了很多需要调节的增益参数、限幅函数上下限等可调参数，这些参数的取值会影响系统的稳定性和动态响应特性。目前，自动飞行控制系统控制律参数的修改只能通过软件离线调参，将目标代码烧写到 AFCC 中完成固化，无法满足外场试验不修改软件代码的前提下修改控制律参数的需求。而 AFCS 软件从方案变更、需求变更、代码变更到代码测试、软件入库的周期较长，不利于实现控制律的快速试飞验证和迭代，直接影响到 AFCS 的研制进展。随着技术的进步，自动飞行控制工程师探索研究出了一种在线飞行试验调参技术。在线飞行试验调参测试系统用于在不更改源代码且 AFCC 不断电的基础上实现自动飞行控制系统控制参数的直接调整，使得在 AFCC 的集成与验证阶段，具备开展控制律铁鸟台/空中试飞环境下的测试技术研究能力，并在整个过程中严格满足相应的安全性设计要求。目前国内在线飞行试验调参测试系统应用在部分无人机中，还未在有人机上应用，国外在有人机上应用较为成熟。

13.5　飞行试验数据采集、处理及分析

飞行试验数据分析是自动飞行控制系统设计师判断飞机实际状态与设计状态是否一致的客观依据，是发现自动飞行控制系统设计问题、制定解决措施的有效途径。飞行试验数据采集的质量和完整性成为影响以上工作的关键因素。

在飞行试验开始前一年，自动飞行控制系统设计单位就应编制飞行试验数据需求报告，向飞行试验单位明确提出飞行试验数据需求，以便飞行试验单位进行测试加/改装。飞行试验数据采集由飞行试验测试系统完成。总师单位应及时向飞行试验单位索取飞行试验数据，以便快速处理，并对于存在问题的状态提出重新飞行试验的要求。自动飞行控制系统在飞机系统中往往扮演着"承上启下"的角色，对上与飞行管理、大气机、惯导等系统交联，对下

与电传飞行控制、油门控制等系统交联,通常需要记录的数据多达 200 ~ 300 个。如果考虑到自动飞行控制计算机本身的余度设计,则实际应该记录的飞行数据个数就会成倍增加。

飞行试验数据的处理和分析由自动飞行控制系统设计师完成,主要包括以下几个方面的内容:

(1)工作状态分析。提取飞机的高度、速度、航向/航迹等飞行状态信息,明确当前飞机所接通的自动飞行控制系统工作方式、工作模态等,首先确定飞机当前所处的飞行状态和自动飞行控制系统工作状态。

提取自动飞行控制系统周期性功能的工作状态信息,分析其工作条件和状态是否与设计状态一致,如 BIT 功能、工作周期、工作状态、余度表决、控制通道选择、指令解算和发送等。

(2)工作逻辑分析。按飞行试验任务单要求和飞行员实际操作,分析飞行员操作时系统工作状态切换是否与设计一致,转换时间和转换瞬态是否符合设计要求。

(3)控制律逻辑的对比分析。提取控制律涉及的自动油门工作模态转换、姿态保持、航向航迹保持/选择、高度层改变、高度保持、自动进近、自动导航等逻辑的启动、切换和退出时机,判断与设计是否一致。

(4)控制律输出指令分析。提取飞机当前飞行纵向和侧向及自动油门工作模态的输入信号数据信息,判断在当前输入数据情况下理论计算的输出指令与实际记录控制指令的一致性。

(5)舵面偏角分析。提取典型飞机状态和主要舵面偏角数据,判断飞机舵面偏角与控制律指令和飞机实际响应的一致性。

(6)控制输入信号分析。提取大气机、惯导、无线电高度表、组合导航、飞管等设备发送的输入信号,分析信号噪声特性,优化滤波算法。分析自动飞行控制系统故障超限断开、模态退默认等数据有效范围及有效性。

(7)故障码解析。根据故障情况,解码分析自动飞行控制系统记录的故障码,包括表决超差、监控故障、数据无效、开关故障、测试故障等。

(8)工作状态统计。根据飞行员讲评记录单和飞行试验数据,统计自动飞行控制系统正常、故障-工作和故障-安全等工作模式的工作时间和概率,统计自动飞行控制系统出现不同级别告警信息的情况和真实性,修正告警信息的判断逻辑。

自动飞行控制系统因为交联系统众多,所以飞行试验数据量非常庞大(单架次数据可达GB 数量级)。因此,必须借助功能强大的处理软件并结合少部分人工分析才能顺利完成数据处理和分析工作。完善的数据处理软件至少应包含数据预处理、专项数据分析、故障码解析等功能。

(1)数据预处理软件的主要功能是将飞行试验数据转换为可以理解的符合飞行试验数据分析需求的物理量(如将飞行高度、速度等状态变量按照时间轴进行组合形成二维数据块,方便后续的数据分析),将飞行试验数据按自动飞行控制系统所接通的模态或飞行阶段分解成可以快速处理的数据段。

图 13-1 为某试飞数据预处理软件界面,其主要功能是能够基于对话框模式读取试飞

数据文件,自动识别无效的数据行,将有效数据按变量名称分别提取并形成可供 Matlab 等数学分析软件使用的数据格式。

图 13-1 某试飞数据预处理软件界面

(2)专项数据分析软件是指根据自动飞行控制系统实际设计状态和需要分析的项目而专门编制的数据处理软件,该软件既包含对系统层级的余度表决和管理、逻辑和工作状态等内容进行分析,又包括对控制律算法、控制指令和飞机响应等内容的分析。

(3)故障码解析软件主要用于解析数据文件中以二进制格式记录的故障代码,通常记录的一个变量名包含 32 位或 16 位的二进制格式数据,需要通过软件按照解码规律解析出变量名中每一位所代表的故障含义,用于排故分析。

13.6　自动飞行控制系统排故工作经验

飞机飞行的 90% 时间都会使用自动飞行控制,因此在该时间段内出现飞行异常等故障情况,在排除了人为操纵的原因后,大家会不约而同地怀疑自动飞行控制是否出现了问题。因此,对于自动飞行控制设计人员,首先需要根据故障现象,初步判断是自动飞行控制系统故障还是其他与之交联系统故障,其次才是针对故障本身开展进一步分析。

锻炼和培养能在第一时间分清楚是否为自动飞行控制本身故障的能力,除了需要多年工作实践经验积累,还需要在设计过程中多思考,分析外部系统信号变化、多种故障模式下,自动飞行控制系统的具体表现是什么。例如分析水平导航退默认故障,水平导航模态接通后,自动飞行控制根据飞行管理系统的偏差指令控制飞机沿着预定航迹水平飞行,根据自动飞行控制的逻辑设计,水平导航所需信号无效就会退至默认模态,因此依次读取飞行管理系统所发送的水平导航控制信号(偏航距、偏航角、转弯半径和转弯方向等),发现当飞机从直线飞行方式转为弧线飞行方式时,转弯半径从无效转为有效相比其他信号延迟超过200 ms,超过信号有效性监控时间门限,故此自动飞行控制判断转弯半径信号无效,水平导航模态退出。自动飞行控制将分析结果反馈给飞行管理专业,促进其改进设计。又例如某个飞行架次在高度层改变模态下出现飞机表速无法保持现象,通过模拟当时的飞行条件,假设可能是大气机所计算的表速存在异常进行仿真分析,最终复现故障现象。根据多年的排故工作统计,虽然表现为自动飞行控制的故障,但最终能真正定位到是自动飞行控制系统故障的只占到1/3。因此,从侧面也反映出干好自动飞行控制,需要设计人员掌握较宽泛的知识,不仅了解大气机、飞管、惯导、组合导航等航电设备,还需掌握电传飞行控制、发动机、油门控制等相关知识。

如果故障原因定位为自动飞行控制本身,则需要从逻辑故障、控制算法故障、系统故障等方面分别进行甄别。对于逻辑故障,比如自动驾驶断开,应依据使自动驾驶断开的若干条具体逻辑内容一一判断,是否为姿态角超限、过载超限、迎角达到告警迎角、速度超包线等,按照最有可能的原因逐一排除。控制算法故障的分析不同于逻辑故障,不能使用排除法,需要结合仿真手段,具体包括传动比法和六自由度动态仿真法。控制算法故障具体表现为控制精度超差、控制效果不符合预期等。怀疑为控制算法故障后,首先应采用传动比法来排除软件代码故障,具体是用试飞数据驱动算法仿真模型,并将仿真输出指令与实际飞行计算机记录的输出指令做一致性比较。如果两者吻合,则表明软件代码没有错误(前提是算法仿真模型需与设计结果吻合),否则就需要软件开发人员查找代码故障。在排除软件代码故障后,进一步分析控制算法故障需要采用六自由度动态仿真法,即在桌面仿真环境下,模拟当时的高度、速度、航向等飞行条件,采用六自由度模型,比较仿真与实际飞行数据结果,定位问题原因。桌面六自由度仿真一般都能较好地复现实际飞行情况,是控制律算法排故分析不可或缺的利器。如果是系统故障,则排故过程相对复杂,需要从余度、系统交联关系、信号收发等方面逐个作假设,进行故障机理分析和问题定位。

13.7　本章参考文献

[1] 张德发,叶胜利,等.飞控系统的地面和飞行试验[M].北京:国防工业出版社,2003.
[2] 赵永杰,等.综合空中飞行模拟试验机的现状和发展[R].西安:飞行试验研究院,2010.
[3] 高亚奎,安刚,支超有,等.大型运输机飞行控制系统试验技术[M].上海:上海交通大学出版社,2015.
[4] 张鑫.民机飞控系统试飞风险评估方法研究[D].南京:南京航空航天大学,2019.

第 14 章 自动飞行控制系统设计中的几个问题

14.1 概　　述

前述章节讨论了自动飞行控制的需求、架构、功能模式及软件、验证和试飞问题。随着飞机综合化、智能化程度越来越高，自动飞行控制系统的架构设计、功能逻辑、实现方式上出现了多样性特点。因此，自动飞行控制系统设计中还需要关注这些特殊的问题，包括自动飞行控制系统与主飞控、航电系统的关系，基于传感器误差的自动飞行控制优缺点分析，自动驾驶回传作动的工作方式及必要性分析，自动驾驶与人工配平的关系，自动飞行控制与推力管理关系，等等。

14.2 自动飞行控制系统与主飞控系统、航空电子系统的关系

主飞行控制系统、自动飞行控制系统与飞行管理系统三者均具备飞行控制的功能，三者之间彼此关联，可以通过三个嵌套的回路来表示，如图 14-1 所示。

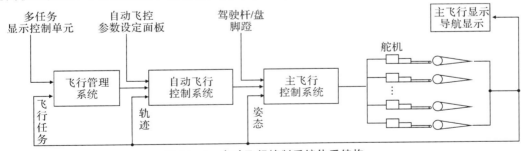

图 14-1　自动飞行控制系统体系结构

主飞行控制系统为内回路，用于控制飞机姿态。在飞行包线内，主飞控接收来自驾驶杆/盘和脚蹬的控制指令，经相关状态参数对指令进行调整，生成舵面控制指令，实现对飞机的控制。

自动飞行控制系统为主飞控的外回路，用于控制飞行速度、高度和航迹等，接收大气惯导数据提供高度保持和航向保持等功能，与组合导航系统交联能够实现自动进近和着陆功

能,与自动油门执行机构交联实现自动油门功能。

飞行管理系统为自动飞行控制的外回路,用于导航或任务功能。飞行管理系统主要完成飞行计划、导航/制导、飞行轨迹优化、飞机性能预测等功能。

自动飞行控制系统技术发展经历了以下三个阶段:

(1)机械式飞行操纵系统加独立的自动驾驶仪。自动驾驶仪有独立的控制运算单元和伺服作动单元,通过机械耦合方式与主飞控操纵系统共同控制飞机,电传飞行控制系统出现以前都采用这种形式。

(2)电传飞行操纵系统加独立的自动飞行控制系统。主飞控系统与自动飞行控制系统有各自独立的控制运算单元,使用主飞控系统的伺服作动器不再配置单独的自动驾驶作动器,实现自动油门功能有单独的执行机构,现代飞机均使用该架构方式。

(3)随着控制技术和信息技术的发展,综合化飞控系统(含主飞控、自动飞行控制、高升力等)理念的落地,自动飞行控制系统以独立软件功能模块的形式集成到主飞控计算机内,没有独立的自动飞行控制计算机和伺服作动器等硬件设备。

14.3 基于传感器工作的自动飞行控制优、缺点分析

自动飞行控制系统通常使用的传感器包括姿态与航向基准系统、大气数据系统、无线电高度表、惯性导航系统、卫星导航系统、伏尔导航/测距系统、仪表着陆系统等。表 14 - 1 给出了自动飞行控制系统常用传感器的原理及性能指标。

表 14 - 1　自动飞行控制系统常用传感器的原理及性能指标

传感器名称	测量原理	测量物理量及单位	测量精度
姿态与航向基准系统	利用陀螺原理测量俯仰/滚转/偏航三轴角速度,经解算得到三轴姿态;通过感受地磁通量变化来测量航向;通过敏感弹性元件位移测量三轴加速度	俯仰角(°)、滚转角(°)、航向(°)、俯仰角速度(°/s)、滚转角速度(°/s)、偏航角速度(°/s);法向加速度(g)、侧向加速度(g)、轴向加速度(g)	俯仰角和滚转角:$\pm0.5°$(稳态)、$\pm1°$(机动);航向角:$\pm1°$(稳态)、$\pm2°$(机动);三轴角速度:$\pm0.02°/s$或实测值的$\pm0.5\%$取大;三轴加速度:$\pm0.005g$或实测值的$\pm0.5\%$取大
大气数据系统	利用皮托管/静压系统,测量飞机的大气压力,从而解算出飞机的高度、空速等状态量;通过机械式或压差式迎角传感器,测量飞机迎角	静压(kPa)、动压(kPa)、气压高度(m)、指示空速、真空速(km/h)、马赫数、大气总温(℃)、真攻角(°)	静压:$\pm0.05\%$ F.S.;动压:$\pm0.05\%$ F.S.;气压高度:±6 m 或实测高度$\pm0.1\%$;马赫数:±0.005($\leqslant0.8$)、±0.01(>0.8);指示空速:±7 km/h(小速度)、±2.3 km/h(大速度);真空速:±10 km/h(小速度)、±5 km/h(大速度);大气总温(℃):±1 ℃;真攻角:$\pm0.6°$
无线电高度表	利用电磁波传播延迟原理,测量出飞机离地面或海平面的相对高度	无线电高度(m)	测高范围:0~1 500 m;精度:$\pm(1+1\%$高度值)m

续 表

传感器名称	测量原理	测量物理量及单位	测量精度
惯性导航系统	利用惯性测量元件(陀螺仪和加速度计)测量运动载体相对惯性空间的角运动和线运动参数,在给定的运动初始条件下,并考虑引力场的影响,由计算机解算出姿态、方位、速度和位置等参数,从而引导载体完成预定的航行任务	位置(n mile)、速度(m/s)、航向姿态(°)	位置精度:2.0 n mile/h;速度精度:3.0 m/s;天向速度:1.5 m/s;真航向精度:不大于 0.3°;俯仰、横滚姿态精度:不大于 0.2°
卫星导航系统	卫星导航系统是以人造卫星作为导航台的星基无线电导航系统,能为全球陆、海、空、天的各类军民载体,全天候、24 h 连续提供高精度的三维位置、速度和精密时间信息	导航定位(m)、授时(ns)、速度(m/s)	GPS 军码定位精度 5 m、民码 10 m;欧洲 Galileo 免费定位精度 12~15 m、商业 5~10 m;北斗导航定位精度 10 m、授时精度 20 ns、速度精度 0.2 m/s
伏尔导航/测距系统	伏尔导航通过接收 VOR 台到飞机的磁方位信息来确定飞机的地理位置;测距仪通过测量脉冲的往返延迟时间,计算飞机距地面测距台的斜距	伏尔(°)、测距仪(m)	伏尔:作用距离 370 km、误差 90 m 或 1.4°;测距仪:作用距离 370 km、误差 3% 测量值
仪表着陆系统	仪表着陆系统的作用是向处于着陆过程中的飞机提供着陆引导信息。通过感知航向信标的辐射场,提供飞机偏离航向道的偏离信号;通过感知下滑信标的辐射场,提供飞机偏离下滑道的偏离信号;自动飞行控制系统跟踪偏离信号,控制飞机沿航向面与下滑面的交线(下滑道)飞行	航向道(°)、下滑道(°)	航向台:频率范围 108~112 MHz,前航道宽度可调范围 2.4°~7.2°,扇区覆盖范围水平大于 35°、垂直地面以上 7°;下滑台:频率范围 328~336 MHz,下滑角可调范围 2°~4°,下滑角宽度可调范围 0.35°~1.4°

　　自动飞行控制系统的性能指标是基于所使用传感器的精度和工作状态来决定的。导航系统(含惯性、伏尔、卫星)、仪表着陆系统等外回路传感器如果发生性能降低或者故障,将引起自动飞行控制系统的高级功能(如自动导航、自动着陆)丧失,系统将降级为基本功能(姿态保持、航向保持)工作。而姿态航向基准系统、大气数据系统等内回路传感器如果发生性能降低或者故障,将引起自动飞行控制系统的基本性能降低或者系统断开,需要人工驾驶

飞机。

例如:当自动飞行控制系统以垂直速度方式进行爬升或下降时,若发生垂直速度异常,会引起系统控制性能降低;如果超过一定门限,则自动飞行控制系统降级为默认模态(如俯仰角保持)。

14.4　回传作动器的必要性分析

回传系统的目的是在自动飞行控制系统自动驾驶飞机飞行过程中,控制驾驶杆/盘/脚蹬或侧杆随动,使得飞机姿态变化过程中驾驶杆/盘/脚蹬或侧杆的位移和人工驾驶状态下驾驶杆/盘/脚蹬或侧杆的位移一致,实现自动驾驶期间飞行员可通过"视觉"和"触觉"方式来监控飞机的飞行状态,便于随时"接管"飞机进行人工驾驶。回传系统的实现方式包含前驱作动和反向驱动两种方式,详见第9章。

随着计算机技术和控制技术的发展,各系统的可靠性和安全性大大增加。在采用余度控制技术后,飞行过程中出现Ⅰ类故障的概率达到 10^{-9}/飞行小时量级。因此,在飞机研发设计过程中,是否设置回传作动器,需要从如下几个方面进行考虑。

(1)自动飞行控制系统的构型,是否需要控制驾驶杆/盘/脚蹬工作。比如自动飞行控制系统的计算机采用向上集成至飞管计算机构型后,与主飞控系统之间独立,可采用前驱方式与主飞控交联实现对飞机的控制,进而可以减少机上的接口,并且前驱方式更符合飞行员的操作习惯。

(2)回传伺服作动器的失效率。回传伺服作动器的故障模式会直接影响到飞行员对飞机的影响,比如作动器卡滞等故障,故障产生后会造成飞行员控制异常,影响飞行安全。

(3)回传伺服作动器的质量和尺寸。例如,驾驶舱设备多、空间小,回传伺服作动器的尺寸会影响到座舱操纵系统的使用,产生干涉问题。

(4)系列飞机的自动飞行控制系统构架。若保留与系列飞机自动飞行控制系统相同的构架,可以避免飞行员因操作习惯问题无法直接开展飞行工作,可降低飞行员的培训成本。

综合上述因素,各型飞机在是否选用回传系统构型下采用了不同的方案。有、无回传系统的优、缺点见表 14-2。

表 14-2　回传系统优、缺点分析

交联方式	优　点	缺　点
有回传系统	(1)AP 接通时,驾驶杆、盘、脚蹬随动,为飞行员提供视觉提示反馈,从人机工程学的角度,符合人工驾驶的操纵习惯; (2)AP 接通时,主飞控可介入,通过回传作动器限制滚转角、俯仰角防止飞机姿态过大,一定程度上可保证飞行安全; (3)断开 AP 时,飞行员可以直接接杆,防止飞机产生瞬变	(1)若发生故障(如卡滞等)会影响 AP 和主飞控可用性,也影响飞机飞行安全和出勤率; (2)需要配置回传作动器,增加了飞机质量; (3)有回传作动器系统结构复杂,增加了设计成本

续 表

交联方式	优 点	缺 点
无回传系统	（1）整个操纵系统结构简单，可降低系统故障率； （2）减轻了飞机的质量，符合减重要求； （3）通过软件实现各种保护限制，更愿意相信机器，从而提高安全性； （4）简化了飞行员人工操纵飞机的方式	（1）无法直观给予飞行员触觉和视觉反馈； （2）断开 AP 时，可能造成切换不平滑，对飞机造成瞬变

14.5　自动驾驶时的人工配平

运输类飞机实现人工配平功能包括俯仰人工配平、副翼人工配平和方向舵人工配平。

俯仰人工配平：通过驾驶盘上的水平安定面配平开关，将开关信号发给水平安定面作动器，实现俯仰水平安定面配平；如果系统设计有水平安定面机械控制信号，通常可通过水平安定面配平手柄产生机械控制信号，通过钢索、滑轮等与水平安定面集成控制阀机械连接，可以实现机械控制水平安定面偏转。

副翼人工配平：通过副翼配平开关，控制副翼配平机构，驱动驾驶盘运动，实现副翼人工配平。

方向舵人工配平：通过方向舵配平开关，控制方向舵配平机构，驱动脚蹬运动，实现方向舵人工配平。

GJB 2191 规定，俯仰、滚转和偏航都应有配平控制。对于串联配平，除非是"极罕见"故障，配平控制在任何位置上失效时，不应导致低于 3 级工作状态。接通自动飞行控制系统，应自动启动必要的俯仰配平。

在运输类飞机自动驾驶工作时，应考虑与如下三种配平之间的关系：

（1）俯仰配平与自动驾驶关系。现代运输类飞机一般具有俯仰自动配平功能，通常在电传控制系统中实现，作用是在飞机速度、襟缝翼构型及起落架收放等飞机气动构型变化时实现自动配平飞机。自动配平工作时，升降舵先进行自动配平，在升降舵角度大于某个角度后，水平安定面参与自动配平工作，水平安定面移动替代升降舵配平，使升降舵回中。当水平安定面失效时，自动配平仍可由升降舵实现。

在使用自动驾驶的过程中，俯仰自动配平功能与纵向自动驾驶功能采用指令叠加方式，使得升降舵偏转，实现纵向自动驾驶功能下的俯仰自动配平。

在使用自动驾驶的过程中，可以使用俯仰人工配平功能。人工配平所产生的纵向力矩，可由自动驾驶计算的过载指令通过升降舵偏转抵消。在空中飞行时，俯仰自动配平的功能优先级高于俯仰人工配平，即在俯仰自动配平功能有效的情况下，俯仰人工配平不起作用。需要注意的是，若俯仰自动配平功能失效，当使用俯仰人工配平功能时，断开自动驾驶会失去法向过载指令，此时需要人工操纵驾驶杆来维持飞机平衡，但也不必担心法向瞬态过载，因为通常会在电传飞行控制模块中增加指令淡化环节缓解瞬态响应,淡化时间随飞机差异变化。

(2)副翼配平与自动驾驶关系。在电传飞行控制飞机中,副翼配平与自动驾驶功能是相斥的。在使用自动驾驶的过程中,驾驶盘所产生的位移指令(包括人工操纵或副翼人工配平操作)不会进入侧向控制律模块,除非达到自动驾驶超控功能条件,此时自动驾驶断开,人工操纵飞机。在某些飞机上设置有同步功能,激活此功能可暂时将自动驾驶指令挂起,人工操纵飞机。

在使用自动驾驶的过程中,若设计的副翼人工配平起作用,当断开自动驾驶时,自动驾驶副翼通道指令的消失,会使飞机处于不期望的状态,对于起飞、着陆等阶段是不可接受的。因此在系统设计时,就应从软件层面禁止自动驾驶和副翼配平的共同作用。

(3)方向舵配平与自动驾驶关系。理论上,方向舵配平与副翼配平和自动驾驶的逻辑关系是相似的,因此方向舵配平与自动驾驶功能也是相斥的。然而,自动驾驶主要控制升降舵和副翼,因此对于仅控制两轴的运输类飞机,若出现非对称偏航力矩情况,比如单发失效,飞行员需要较长时间蹬方向舵来保持目标航向,这种情况下的自动驾驶就可以使用方向舵人工配平。原因是自动驾驶不控制方向舵,其指令不会与方向舵人工配平指令相矛盾,自动驾驶断开与否,都与方向舵控制没有关系。若飞机正在准备Ⅲ级着陆,则不能使用方向舵人工配平。

14.6 自动飞行控制与推力管理

随着自动飞行控制系统自动化水平的提高,人们对飞机推力和飞行速度的精确控制提出了越来越高的要求。早期,推力管理是作为自动飞行控制系统的功能之一,主要指自动油门,能够实现从起飞、爬升、巡航、下降、进近到复飞或着陆过程发动机推力的自动控制,减轻飞行员控制飞机推力或速度的工作负担。但是目前,推力管理是以飞机总体性能优化为目的而存在的系统,其含义更加宽广,所具有的功能除了自动油门外,还包括减推力起飞、发动机转速配平、发动机失效后功率自动上调等功能。推力管理系统功能需求通常由总体专业提出,然后联合飞行管理、自动飞行控制、发动机控制等专业一起开展接口定义和功能设计,以提升飞机的综合性能。

波音与空客系列飞机都有推力管理系统,虽然实现的方式有所不同,但系统之间的工作流程和所包含的功能内容基本相同,均是飞行管理系统下发速度目标值,自动飞行控制根据目标值解算控制指令,由发动机控制系统或自动油门执行机构实现,最终改变飞机速度。

波音系列飞机完整地提出了推力管理系统(TMCS)概念,其中包含了自动油门(ATS)控制律、转速配平、推力限制计算等(见图14-2)。在高度集成系统的大背景下,TMCS往往与飞行管理系统(FMS)进行硬件集成,有利于使用FMS的数据库信息。FMS功能包含导航(navigation)、性能(performance)和导引(guidance)模块,其中性能模块是指计算飞机最经济速度、最优飞行高度和下降顶点,此时FMS需要计算各个飞行阶段的推力限制值

（N_1 limits）和推力目标值（N_1 targets）。在波音的早期机型上，推力限制计算由 FMS 来完成；而在后期机型上，推力限制计算则由 TMCS 来负责。

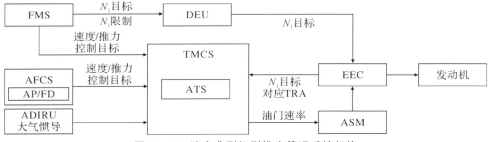

图 14-2　波音典型机型推力管理系统架构

空客飞机没有独立的推力管理系统，而是将其功能分散在飞行管理导引包线计算机（FMGEC）和发动机电子控制器（EEC）（见图 14-3）中，其中 EEC 在实现推力管理功能时起到了更为重要的作用。FMGEC 包含飞行管理、飞行导引和飞行包线保护模块，自动飞行控制和自动油门集成在飞行导引模块，因此 FMGEC 仅向 EEC 提供自动控制的推力目标值、推力等级、推力限制等计算以及自动油门指令的挂起/接通则放在 EEC 内。FMGEC 向 EEC 提供的数据依次需要经过飞行控制计算机（FCU）和发动机接口振动装置（EIVMU）。

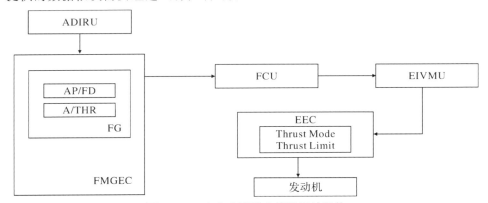

图 14-3　空客典型推力管理系统架构

从上述波音和空客系列飞机推力管理系统架构及工作原理可知，推力管理系统的根本目的是优化飞机综合能力，解决性能、飞管、自动飞行控制、发动机等专业之间的交叉耦合问题。自动飞行控制系统作为飞机自动化控制的主体系统，有学者提出了以自动飞行控制系统为核心的推力管理架构，认为其基本架构自上而下应该包括四部分，分别是推力管理层、自动油门控制层、发动机控制层和驾驶舱显示层。其中：推力管理层是推力管理系统的"指挥中心"，主要由推力管理计算机构成，负责从起飞至着陆整个飞行过程的推力性能管理；自动油门控制层接收来自于推力管理层的"指示"，自动地控制油门杆的运动，与发动机控制系统一起完成推力控制的功能；发动机控制层接收自动油门控制层的输出信号，来提供完整的发动机推力管理；驾驶舱显示层由油门方式控制板、推力方式控制板、油门方式指示和推力方式指示组成，用于选择和显示推力限制模态和油门工作方式。相对于传统的以推力管理计算机或飞行管理计算机为核心的推力管理,将推力管理架构内容集成到自动飞行控制系统中,推力管理功能实现更加直接、快捷,并可以在没有飞行管理系统介入的情况下,实现从起飞到着陆/复飞的任意阶段自动推力控制。目前还没有飞机采用以自动飞行控制系统为核心的推力管理架构,对该种架构存在的逻辑风险和技术缺点还需要做深入的分析研究。

14.7　本章参考文献

［1］HARRIS D. Flight instrument and automatic flight control system［M］. 6th edition. Malden：Blackwell Science,2016.

［2］MCLEAN D. Automatic flight control system［M］. Upper Saddle River：Prentice Hall International,1990.

［3］陈高平,邓勇.航空无线电导航原理［M］.北京：国防工业出版社,2008.

［4］姚志超.民用飞机新型推力管理架构研究［C］//第九届长三角科技论坛——航空航天科技创新与长三角经济转型发展分论坛论文集,2012.

第 15 章　自动飞行控制系统的未来发展与展望

15.1　概　　述

1901 年,威尔伯·莱特在西方工程师协会上说:"人类已经知道如何制造机翼或飞机,当其在空气中以足够的速度进行驱动,不仅能支撑它们自身的质量,同时也能支持发动机和工程师的质量,人类也知道如何制造质量足够轻、功率足够大的发动机和螺旋桨以一定的速度驱动飞机……无法平衡和驾驶飞机仍然是研究者们面对的飞行难题……一旦此问题得以解决,飞行机器时代就会到来,其他所有难题都显得微不足道。"

本书自开篇简要回顾了自动飞行控制系统的演变历史。飞行控制系统的首要任务就是要使飞机稳定在三个轴(滚转、俯仰和偏航)上;第二要务就是使飞机稳定在飞行员选定的配平飞行状态,即高度、速度、航向保持等;第三要务就是使飞机能够完成从地球上任意一个机场起飞,然后保持相对地面的飞行航迹(按照事先规划的航路)飞往另一个机场并降落。自动飞行控制系统的发展始终与飞行目的和飞行任务紧密结合,并逐步代替飞行员的控制工作,减轻驾驶负担。

电子技术和网络总线技术、计算机技术、控制理论与控制技术、仿真技术、软件技术和软件工程技术的快速发展,为现代飞行器设计提供了前所未有的技术基础,为新一代飞机的研制提供了必要的前提条件,进而为军用和民用现代航空器开展更广泛的应用,用户方提出更多新功能、更高新要求打下了基础。技术能力的提升与新需求的演化相互促进,为航空技术的发展、人类交通方式的变革提供了新的动力。

随着机载系统的发展,人们发现虽然系统功能变强,性能大幅提升,但各系统独立设计,硬件资源独占,资源利用率低,经济性还有进一步提升的空间。为了解决这一系列的矛盾,人们形成了新的设计理念和方法,试图将飞机当作一个整体进行全面的统筹设计,将基于模型的系统工程(MBSE)设计理念从部件上升为分系统,从分系统上升为系统,从系统上升为整机,开展了自顶向下的综合设计。通过系统间的功能综合、物理综合,逐步缩小机载设备的硬件规模,使得系统功能性能、可靠性与生存力、系统硬件成本得到综合优化。

集成飞行器管理系统(IVMS)就是在上述大综合的背景下应运而生的产物。经过跨系统综合后的飞机机载系统,从之前各种各样的分立系统(航电系统、飞行控制系统、火控系统、液压系统等)被合并为有效载荷系统和飞行器管理系统两大系统。有效载荷系统是与执行的作战任务或商业运营任务有关的系统(如外挂物管理、火力控制、客舱管理等),飞行器管理系统的核心则是包括所有与飞行关键功能和飞行安全性相关的功能,其实质是以飞行/推进综合控制为核心,将飞行/推进/机电/结构进行综合控制和管理的飞行平台管理系统。

例如,可将传统的用于飞行控制、液压控制、电源控制、燃油控制、环境控制、起落架控制、刹车控制、前轮转弯控制、舱门开闭控制、防火控制、发动机控制的电子计算机,综合为多余度的飞行器管理计算机,依靠软件功能实现对上述专业的控制,可极大地简化系统硬件架构。

自动飞行控制系统在未来飞行器机载系统的发展中,必然也将融入"改革的大潮"。随着飞机自动化水平越来越高,自动飞行控制系统作为一个专业,必将迎来前景更辉煌的未来,而在自身物理实现形式上,将最终变成与其他众多专业系统共享飞机机载系统核心处理能力的软件功能模块。

以此为基础,运输类飞机自动飞行控制系统未来的发展,将集中在进一步提升系统硬件综合集成度,进一步拓展系统功能应用的角度展开。下一代运输类飞机将是以变体与智能控制为主的气动/结构/控制综合的智能体,实现自主智能的全天候全地域抵达能力。自动飞行控制系统将辅助飞机实现高度、速度、姿态、轨迹的任意变化,并达到预期的性能、安全性、可靠性和经济性水平。

15.2 基于 IVMS 的自动飞行控制系统

IVMS 是 Integrated Vehicle Management System,称为集成的飞行器管理系统,是一个高度集成的系统。该系统将飞机上绝大多数的关键功能和任务集成在具有容错功能的航电设备中,目的是为了改进飞机的安全性以及提高执行某些特殊任务的成功概率。在功能集成和设备集成的基础上,与之相关的性能也获得了很大程度上的提高和改善,但并未增加飞行员的操纵负担。IVMS 的整体结构图如图 15-1 所示。

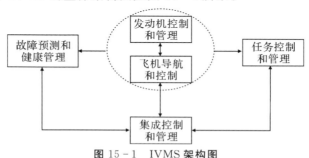

图 15-1 IVMS 架构图

IVMS 可分为以下五部分:

(1)飞机导航和控制;

(2)集成控制和管理;

(3)发动机控制和管理;

（4）故障预测和健康管理；

（5）任务控制和管理。

其中，导航、飞行控制和健康管理是 IVMS 的主要功能，飞行控制和发动机控制是 IVMS 中最关键的系统，其他与之相关的系统用来支撑这两个核心系统。飞行员界面是飞行员和飞机的交互界面，而执行机构是飞行控制和飞机的交互界面。传感器子系统提供飞控系统和发动机系统需要的数据，飞行器多功能子系统主要提供能源，计算和检测系统为整个系统进行健康诊断。

最新 IVMS 要求在进行更多任务融合的同时须降低飞行员的任务强度。系统变得更加复杂，并且使用了集成航电设备（IMA）。IMA 不仅可以减少系统质量，而且增加了系统的传输能力，可靠性、安全性方面也有很大改善。

近些年，IVMS 也逐渐在运输机中使用，波音公司在 B777 家族均使用了飞行器管理系统，增加了自动飞行控制系统和航电系统的数据传输效率，并且降低了系统质量，提高了系统可靠性和安全性。

15.3　基于视觉的自动起飞与降落

计算机视觉（也称机器视觉）主要是研究利用计算机来模拟人的视觉和分析功能，从图像中识别、提取有价值的信息，进行相应的处理，并用于实现最终的控制。计算机视觉是一门高度交叉和复杂的学科，涉及图像处理、计算机科学、生理心理学、摄影测量学等领域。计算机视觉系统与自动飞行控制系统都属于相对独立的系统，两个系统之间的接口关系通常为由计算机视觉系统提供当前飞机与其他物体（如跑道）之间的相对位置、距离，角度等信息，变成自动飞行控制系统"听得懂"的信号，再由自动飞行控制系统进行控制。

在现有的技术研究阶段，可通过检测地平线和跑道来确定飞机相对机场跑道的滚转角、俯仰角和偏航角。深度（距离）信息是视觉重建的重要参数之一，因为视觉将客观世界变为二维图像后，深度信息丢失，需要采用立体视觉测距和单目测距等方法，对深度信息进行还原。

关于基于视觉的降落，国外研究的算法主要分成两类：基于特征点的方法和基于着陆点（跑道）的模型方法。第一种方法是从获取的着陆点图像中，提取着陆点预先设置的特征点，再根据相邻图像帧的特征点计算出飞机的运动状态和相对着陆点的方位。第二种方法是根据预知的机场跑道的三维几何模型，利用选定的摄像机模型，生成机场跑道的预测合成透视图像，再提取图像的特征。同时用摄像机拍摄的跑道图像，提取图像特征，然后将预测图像特征和实时图像特征对比，使误差逼近到一定范围内，从而可以得到摄像机（载机）的位置。

在基于视觉的自动着陆控制中，导航控制可以分为以下四个过程。

（1）空中搜索过程：返航进场过程中从空中搜索预定着陆的跑道。

（2）切入对准过程：识别出跑道后，引导飞机实现跑道对准。

（3）姿态和方位确定过程：对准跑道后，利用计算机视觉连续实时地确定飞机的姿态和方位信息。

（4）着陆引导过程：将姿态信息、方位信息送给自动飞行控制系统，由自动飞行控制系统控制飞机完成自动进场着陆。

2019年,德国团队实现了钻石DA-42飞机的基于视觉自驾的自主降落;2020年,空客首次成功实现了民航客机采用基于计算机视觉引导的自动滑行、起飞、降落试飞。根据空客介绍,一架改装的A350在毫无飞行员手动干涉的情况下,全程完成自主滑行、自动起飞、自动航线飞行、自动降落,全程完全不依赖地面导航着陆系统。该项目名为自主滑行、起飞和着陆(Autonomous Taxi,Take-Off & Landing,ATTOL)。

目前,国内开展这方面工作的单位主要是一些大学和研究所,如北京航空航天大学、西北工业大学、南京航空航天大学、中国科学院软件研究所等。研究工作主要集中在理论和方案设计上,且多针对无人机,也有部分完成了实地飞行,验证了技术可行性。

15.4 自动飞行控制系统功能的扩展与提升

随着人们对飞机自动控制需求的增加,自动飞行控制系统的功能越来越丰富,并且技术的革新也使得自动飞行控制系统能够实现更加智能化的功能,极大地减轻了飞行员的工作负担。

现代作战平台在朝着无人化、智能化的方向发展,各种新布局、新概念飞行器,以及未来飞行器能否实现其功能,除了要具备精心设计的气动布局和合适可靠的动力系统外,关键取决于该飞行器是否具有智能化、自主化的飞行控制系统。在飞行自动化向飞行自主化的发展过程中,飞行控制系统要扮演决策与控制的双重角色,自主飞行控制系统可以看作是自动飞行控制系统的升级,是增强感知能力和决策能力的自动飞行控制系统,目前世界各发达国家争相投入人力和物力开展相关研究。

空客公司改装的A350飞机已经成功实现了世界上首次民航客机基于计算机视觉的自动滑行、起飞、降落。随着该自动驾驶技术的突破,人们已初步可以在无人干预的情况下,使得飞机在不依赖地面导航着陆设备的情况下自主飞行,飞机自动驾驶技术的成熟,很有可能使得自动驾驶比人飞得还要好。

同时,在空客的DISCO项目中,人工智能语音识别技术也应用于飞行员的操纵输入。同时,该项目的另外一个功能是通过眼动摄像机、脉搏传感器和体温传感器等设备,计算机可以检测到飞行员失能的状态,自动判断并接管飞机。

另外,美国佳明公司也开发了一种"紧急自动着陆系统",该系统通过一个红色按钮来启动,当任何人按下该按钮时,自动着陆系统被激活,将接管飞机的控制权。该系统用于单人驾驶舱中飞行员失能情形,佳明公司确认Piper M600(可搭载5名乘客的单引擎涡轮螺旋桨飞机)和Cirrus Vision(可搭载6名乘客的单引擎喷气飞机)这两款飞机将配备该自动着陆系统。

以上技术都属于人工智能的技术范畴,它对降低飞行员的操纵能力和驾驶技术、降低飞机油耗、提高飞行安全、缓解飞行员短缺问题、降低机场的基础设施建设成本以及缩减航空公司运营成本方面,会起到显著的效果。

综合来看,未来大型运输机自动飞行控制的扩展和提升主要表现在以下几个方面:

(1)在系统功能层面,随着人工智能技术的迅速发展,将人工智能应用于飞机自动驾驶将会是未来发展趋势,且自动化程度将越来越高。借助摄像机、图像处理算法和语音输入等技术,自动驾驶具有自我决策能力,可以自动探测并且避让其他飞机和障碍物,并可以自动起飞和降落。

(2)在系统物理层面,系统集成度越来越高,与机上其他系统共享硬件平台,它不仅可以采用软件分区的形式驻留在飞控计算机硬件上,还可以与飞管系统、飞行器管理系统等高度综合,其功能全部通过软件来实现。人机交互界面不仅仅限于传统的控制面板,也可采用触控和语音输入。

15.5　本章参考文献

［1］范彦铭.飞行控制［M］.北京:航空工业出版社,2021.

［2］刘兴华,曹云峰,刘新华.计算机视觉在无人机着陆中的应用［J］.航空计测技术,2004,24(6):1-3.

附录 缩略词

缩略词	含义
A/T	自动油门
A/THR	自动推力
AAIM	机载自主完好性监测
ABAS	机载增强系统
AC	咨询通告
ACE	作动控制器
AD	模数转换
ADC	大气机
AFCC	自动飞行控制计算机
AFCP	自动飞行控制板
AFCS	自动飞行控制系统
AFCU	自动飞行控制装置
AFDC	自动驾驶飞行指引计算机
AGL	离地高度
AIMS	飞机信息管理系统
AIN	模拟量输入模块
ALIGN	对准
ALT	高度保持
ALT ACQ	高度截获
AP	自动驾驶
ARM	预位
ASBU	航空系统组块升级
ASM	伺服电机
ATM	空中交通管理
ATM	假设温度法
ATTOL	自主滑行/起飞/着陆
BAP	滚转角限制
BIT	自检测
C4I	指挥、控制、通信、计算机和情报
CAAC	中国民用航空局
CAFM	自动飞行管理
CAS	校正空速
CAS	机组告警系统
CAT Ⅱ	二级着陆
CAT Ⅲ	三级着陆

续　表

缩略词	含　义
CCA	共因分析
CCDL	交叉通道数据链路
CDR	详细设计评审
CDU	控制显示单元
CLB	爬　升
CMA	共模分析
CMS	中央维护系统
CPU	中央处理器
CRT	计算机远程终端
CVOR	地面方向性天线
DA	决断高度
DA	数模转换
DDM	调制深度差
DDP	详细设计阶段
DES	下　降
DEU	显示电子组件
DH	决断高
DMC	显示管理计算机
DME	地美仪（测距仪）
DRAM	动态随机存取内存
DSP	数字信号处理
DVOR	多普勒伏尔
EASA	欧洲航空安全局
ECU	发动机控制单元
EEC	发动机电子控制器
EFIS	电子飞行仪表系统
EGT	发动机排气温度
EICAS	发动机显示和机组警告系统
EICD	电气接口控制文件
EIVMU	发动机接口振动装置
EPR	发动机压力比
ETA	预计到达时间
ETTS	推力电子配平
FAA	美国联邦航空局
FADEC	全权限数字发动机控制
FAF	最终进近定位点
FAR	虚警率
FCM	飞行控制模块
FCPC	飞行控制主计算机
FCU	飞行控制装置
FD	飞行指引
FDAL	功能研制保证等级
FDE	故障检测与排除
FDR	故障检测率
FDR	飞行参数记录仪
FEC	飞行包线计算机
FGS	飞行导引系统

续　表

缩略词	含　义
FHA	功能危害性评估
FIR	故障隔离率
FLARE	拉　平
FLCH SPD	高度层改变
FMA	飞行方式信号牌
FMCP	飞行模式控制板
FMGEC	飞行管理导引与包线保护计算机
FMS	飞行管理系统
FPA	飞行航迹倾角
FPGA	现场可编程门阵列
FRT	拐点温度
G/S	下滑道
GA	复　飞
GBAS	陆基增强系统
GLIDE	下滑道
GLS	卫星着陆系统
GNSS	全球卫星导航系统
GPS	全球定位系统
HALT	高加速寿命试验
HASS	高加速应力筛选试验
HDG	航　向
HERF	高能辐射场
HRA	无线电高度
HSI	电子水平状态指示器
HUD	平视显示器
IAF	初始进近定位点
IAS	表　速
ICAO	国际民航组织
ICD	接口控制文件
IDAL	项目研制保证等级
IDLE	慢　车
IFBIT	飞行中自检测
IFFPC	综合飞行/火力/推力控制
ILS	仪表着陆系统
IMA	综合模块化航空电子
INCOSE	国际系统工程师学会
INS	惯导系统
IO	输入输出
IRU	惯性基准单元
ISA	工业标准体系结构
IVMS	集成飞行器管理系统
JAA	欧洲航空安全局
JCDP	联合概念定义阶段
JDP	联合定义阶段
KCCU	键盘鼠标控制单元
LBE	局部总线扩展
LNAV	水平航迹

续 表

缩略词	含 义
LOC	航向道
LRM	外场可更换模块
LRU	外场可更换单元
LVL CHG	高度层改变
MACH	马赫数
MBIT	维护自检测
MBSE	基于模型的系统工程
MCDU	多功能控制显示装置
MCL	最大爬升
MCP	模式控制板
MCR	最大巡航
MCT	最大连续
MCU	单片机
MDA	最低下降高度
MDH	最低下降高
MFD	多功能显示器
MICD	机械接口控制文件
MLS	微波着陆系统
MMR	多模接收机
MP	建造阶段
MTBF	平均故障间隔时间
MTO	最大起飞
MTTR	平均修复时间
NASA	美国国家航空航天局
NAV	导　航
NDB	无指向性无线电信标
NextGEN	下一代空中交通系统
NVRAM	非易失性随机存取存储器
OAT	环境温度
OPCLB	快速爬升
OPDES	快速下降
PAR	精密进近雷达
PBIT	飞行前自检测
PBN	基于性能的导航
PCU	动力控制单元
PDR	初步设计评审
PFD	主飞行显示器
PID	比例积分微分算法
PIO	飞行员诱发振荡
PRA	特定风险分析
PSSA	初步系统安全评估
PUBIT	上电自检测
PWM	脉冲宽度调制
QFE	场面气压高度
QNE	标准气压高度
QNH	修正海平面气压高度
RAIM	接收机自主完好性监测
RAM	随机存取存储器

续 表

缩略词	含 义
RETARD	油门收回
RMS	单调速率调度
RNAV	区域导航
RNP	所需性能导航
ROLL OUT	滑 行
ROM	只读存储器
RTA	要求到达时间
RTO	中止起飞
RTOS	实时操作系统
RVDT	旋转可变差动变压器
RVR	跑道视程
RVSM	缩短垂直间隔
RWA	跑道对准
SCADE	高安全性嵌入式软件开发环境
SESAR	单一欧洲天空空管研究
SID	标准离场程序
SPD	速 度
SRS	软件需求规格说明
SRU	车间可更换单元
SSA	系统安全性评估
STAR	标准仪表进场程序
STC	补充型号合格
STS	软件技术规范
T/C	爬升顶点
T/D	下降顶点
TBO	基于航迹运行
TC	型号合格证
TFM	战术飞行管理
THR	推 力
TMF	推力管理功能
TO	起 飞
TRA	油门解算器角度
TRK	航 迹
TSO	技术标准规范
TVE	总垂直误差
UAV	无人机
V/S	垂直速度
VNAV	垂直导航
VNAV ALT	垂直导航高度
VNAV PTH	垂直导航航迹
VNAV SPD	垂直导航速度
VOR	伏尔台(测方位)
VP	验证阶段
VPATH	垂直航迹
WTD	看门狗定时器
ZSA	区域安全性分析